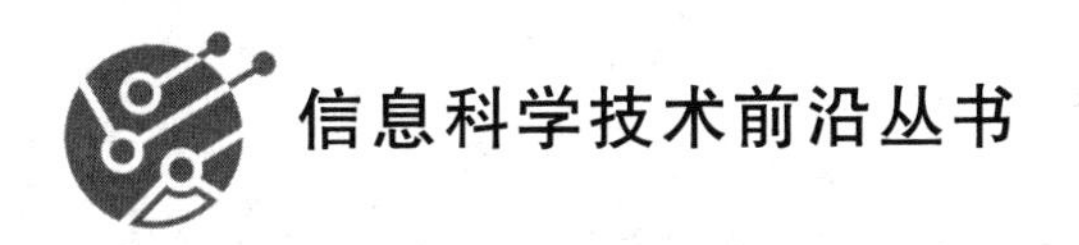

实时虚拟构造与游戏人工智能

邢树军 许仁杰 于迅博 杨嘉辉
张小明 桑新柱 颜玢玢 张 泷 著
张 勇 翟晓宁 程 洁 吴熙曦

北京邮电大学出版社
www.buptpress.com

内容简介

LVC-AI(Live，Virtual and Constructive-Artificial Intelligence)是一种结合了虚拟训练和人工智能技术的先进系统，本书对这一系统进行了全面的介绍。第一篇介绍了LVC技术的定义、背景及研究意义、发展阶段、国内外研究现状、应用领域、尚未解决的问题和发展前景；第二篇介绍了在虚拟训练中使用最多的人工智能技术，包括移动与路径发现、战略决策与学习、程序化内容生成，以及Game AI的典型案例等；第三篇介绍了设计LVC系统所需要的开发语言、可视化引擎和仿真引擎等。

图书在版编目（CIP）数据

实时虚拟构造与游戏人工智能 / 邢树军等著 .

北京 ：北京邮电大学出版社，2024. -- ISBN 978-7-5635-7345-5

Ⅰ. TP391.92

中国国家版本馆CIP数据核字第2024RF5533号

策划编辑：姚 顺　**责任编辑**：廖 娟　**责任校对**：张会良　**封面设计**：七星博纳

出版发行：北京邮电大学出版社

社　　址：北京市海淀区西土城路10号

邮政编码：100876

发 行 部：电话：010-62282185　传真：010-62283578

E-mail：publish@bupt.edu.cn

经　　销：各地新华书店

印　　刷：保定市中画美凯印刷有限公司

开　　本：787 mm×1 092 mm　1/16

印　　张：14.25

字　　数：362千字

版　　次：2024年12月第1版

印　　次：2024年12月第1次印刷

ISBN 978-7-5635-7345-5　定　价：69.00元

序

现代虚拟仿真训练技术的不断发展和创新使其在开发、制造、装备上运用了较多的高科技手段。各个领域将信息作为一种重要的仿真训练途径，信息技术在仿真训练中的应用越来越广泛。与传统仿真训练相比，各种新型设备和手段不断涌现，全球发展虚拟训练趋势明显，同时进行仿真和非仿真训练活动已成为惯常做法，非对称仿真训练形式得到了常态化的认可。为了提升虚拟训练的效果，我们必须改进现有的训练设施，以便各行业人才能够在复杂而激烈的环境中提升技能素养。实时虚拟构造（LVC）技术生成的仿真联合训练环境对于有效训练救援技能至关重要。每天进行的高保真仿真训练有助于救援人员或专业技术人员在紧张的场景下出色完成任务。目前，许多国家 LVC 开发计划已经展示了一些 LVC 的典型且分散的要素，但 LVC 的性能和规模容量有限，并且没有将仿真联合互操作性作为关键性能参数，在通用技术和接口标准、通用功能和逻辑架构、数据结构等方面还有提升的空间。为了实现“高端”训练要求 LVC 仿真联合互操作性，需要在突破先进波形、专用 LVC 数据链、安全加密、跨域方案、高速 LVC 处理器等关键技术基础上开发出一套通用的 LVC 系统族。

前　　言

在这项工作中，我们根据未来发展的需要，对 LVC-AI 做了整体的介绍和具体技术的分析，由浅入深地描述每个部分的具体内容。

LVC 是仿真联合训练虚拟化和仿真的一种技术和方法，目的是将仿真联合训练虚拟化和仿真技术相结合，以实现在一个仿真联合环境中对不同系统和平台进行测试、评估和验证的目的。Live 这个部分是现实世界的实时环境和数据，Virtual 部分是虚拟世界的模拟，而 Constructive 部分则是仿真环境的构建。LVC 技术的核心思想是将虚拟化技术运用到仿真环境中，使不同系统可以在一个统一的虚拟环境中协同工作，从而实现全局感知和全局协同，有效地降低了测试、评估和验证的成本和风险。LVC 技术可以被广泛应用于科技、航空、汽车、医疗等领域。我们在第一篇中由定义开始，详细描述了 LVC 的概念和意义，分析了 LVC 的优点和缺点，从五个方面讲解 LVC，使读者了解虚拟训练的整个过程。

而使用虚拟训练最多的领域是人工智能领域，同时人工智能也是时下最流行的技术之一。在这项工作中，我们并不想对所有的人工智能技术进行全面的分析，因为并不是所有的人工智能技术都会被用于虚拟训练，我们只结合了几个较为实用的技术来介绍人工智能的过程和原理。在 AI 部分，我们打算开展的虚拟训练使用最多的人工智能技术包括但不限于：移动与路径发现、战略决策与学习、程序化内容生成等内容。其中，移动和路径发现算法的主要目的是使游戏中的角色、NPC 或其他实体能够以自动控制的方式移动到特定的位置或执行特定的动作。路径发现算法的主要目的是为实体寻找最优路径，以最低的成本（例如时间或计算资源）到达目标位置。战略决策和学习是指游戏 AI 通过分析游戏环境和对玩家操作的反应，进行自主决策并不断优化自身的策略和技能，战略决策通常使用的是基于规则的推理方法，例如构建决策树或有限状态机等模型，让 AI 在游戏中根据不同场景的判断进行自适应。此外，我们也可以使用深度学习模型对游戏环境中的信息进行学习和预测，进行智能决策。程序化内容生成指的是使用算法和代码生成各种游戏内容，例如随机生成地图、道具、任务等。这使得游戏内容更加丰富多样，增加了游戏的可玩性和趣味性。在该部分的第六章，我们举例了目前一些游戏中用到的较为成熟的人工智能技术，以帮助读者更好地了解 AI 的实际应用过程。

在最后一部分，我们讲述了设计 LVC 系统所需要的语言与工具。在开发语言中，我们介绍了字节码、字节码模式和部分开发语言，其中字节码是由一系列指令组成的，这些指令可以执行各种各样的操作，包括加载和存储数据、执行算术和逻辑运算、控制程序流程等。字节码的设计目标是尽可能地简单，这样它就容易被实现和优化。字节码模式是指字节码序列的一种布局格式。具体来说，字节码模式定义了字节码文件中每个指令的编码方式。常用的字节码模式有三种：平衡式、追加式和混合式。其中，平衡式是最为常见的字节码模式，它的指令长度固定，并且各个部分的长度相等；追加式则是按照指令的操作数来分配长度，具有灵活性和紧凑性；混合式则是平衡式和追加式的混合体。字节码模式的选择取决于编写时需要考虑的因素，例如字节码文件大小、指令的频率、程序的运行速度等。在选择字节码模式时需要综合考虑各种因素，以获得最佳的性能和压缩效果。本部分第八章和第九章分别介绍了部分可视化引擎和仿真引擎。可视化引擎提供了一系列易于使用的工具、预设和资源，使开发人员能够更快地创建复杂的 3D 场景和交互式应用程序，从而减少开发时间和成本。开发人员可以轻松地调整、修改和扩展应用程序。此外，可重用的资源和构件可以降低开发和维护应用程序的成本。可视化引擎为不同的平台和设备提供了跨平台支持。这意味着，开发人员可以使用同一个引擎构建适用于多个平台和设备的应用程序，并且可以在这些平台和设备上运行，同时具有高度优化的图形渲染系统，能够实现各种视觉效果和渲染技术。高品质的图形和效果可以提高应用程序的用户体验，从而吸引更多的用户。仿真引擎用于各种研究和实验。例如，它可以用于物理、化学、环境科学等领域的研究，通过模拟各种现实环境和过程，来分析和预测各种物理和化学现象。此外，仿真引擎还可以在科技、航空航天、工程、医学等领域模拟各种实际情况和情景，以测试和验证各种系统和设备的性能和可靠性，也可以帮助学生和工程师通过模拟和演练，熟悉和了解各种系统和过程的运作和细节。例如，仿真引擎可以用于训练飞行员、操作员、维修人员等，模拟各种情况和危险，让学生和工程师学习和掌握各种知识和技能。

总的来说，LVC 和 AI 的结合可以实现更加复杂和真实的智能仿真和虚拟化场景。在这个过程中，AI 技术可以应用于各个方面，例如在虚拟化场景中，AI 可以被用于开发智能体、智能对话和自动化决策等方面，而在仿真环境中，AI 也可以用于决策、故障诊断与维修等方面。因此，LVC 和 AI 的结合可以打破数据孤岛和仿真环境孤立的问题，使得虚拟现实和现实世界之间的交互更加智能化、自适应和真实化，同时还能够为科技培训、演习等提供更加先进和高效的技术支持。

本书中的部分内容取自于国内外专家和同行的研究成果，沈圣、汲鲁育、许世鑫、任尚恩等同事参与了本书资料的查找和整理工作，在此向各位表示诚挚的感谢！由于作者水平有限，本书难免存在错误之处，恳请广大读者批评指正。

作　者

目　　录

第一篇　LVC 部分

第二篇　AI 部分

第三篇　语言与工具

第一篇　LVC 部分

第一章
仿真训练总览

一、定义

(一) 仿真训练的含义及特点

LVC源自美国政府训练模拟领域的专业术语,1996年,仿真互操作标准组织明确了LVC技术的含义。LVC集成训练是指融合个体训练(Live Simulation)、虚拟训练(Virtual Simulation)、推演模拟训练(Constructive Simulation)技术于一体,构建出近似实际环境的模拟仿真训练环境。在LVC训练下,个体环境是始终存在的,个体环境和虚拟训练环境、推演模拟训练环境之间具有双向、安全的交互。

三种仿真训练技术的含义和特点如下。

个体训练是指由真实的人操作真实的设备(包括指控、行动、保障等设备)在真实的环境中进行的训练。个体训练最接近于实际,但设备等需要巨额资金的支持,且个体训练因存在被设备伤害的风险使其在"贴切程度"上受到一定的限制。

虚拟训练是指由真实的人操作虚拟的设备在虚拟的环境中进行的训练。虚拟训练的优点是可用模拟训练器材代替真实的装备,可以大大降低训练的成本和受伤风险,也可以灵活地选择训练的难度和方式。虚拟训练的缺点是训练效果在很大程度上取决于模拟器的效果,且难以实现设备之间的协同训练。

推演模拟训练,有时也被称为结构模拟或构造仿真训练,是指由虚拟的人操作虚拟的设备在虚拟的环境中进行的训练。推演模拟训练是一种纯数字仿真训练,较普遍的例子是在计算机仿真支持下的兵棋推演和训练模拟等。推演模拟训练的优点是可以在不进行个体、环境的情况下由计算机模拟出交战的过程和结果,其缺点是结果取决于环境模型建立得是否合理。

人们设想将以上三种模拟训练的优点结合起来,这样既能够提高模拟的逼真程度,又能够拓展各自的应用领域,尤其在现代网络、信息技术的支持下,能够将不同空间、不同人员、不同训练单元有效地组成一个与仿真相同的整体进行训练。为此,各国都在这一领域不断探索。目前,LVC已不是三域的简单结合,而是三域深度融合后形成的体系闭环,具有自身独特的优势,其不仅提高了训练质量、增强了科目多样性、降低了装备损耗和维护成本,而且建立了一个更高的威胁密度、更广阔的虚拟空间和更安全的互操作性环境,这使得操作员可以使用先进的传感器和设备系统在高逼真度环境中进行"仿真训练",帮助他们发现各种错误。同时,LVC也将测试验证已有装备和未来装备在仿真环境下的体系贡献率。

(二)仿真训练的外延——仿真试验体系结构

当前,国际主流的仿真试验体系结构主要有分布式交互仿真技术(Distributed Interactive Simulations,DIS)、聚合级仿真协议(Aggregate Level Simulation Protocol,ALSP)、仿真高层体系结构(High Level Architecture,HLA)、试验与训练使能体系结构(Test and Training Enableing Architecture,TENA)、公共训练仪器体系结构(Common Training Instrumentation Architecture,CTIA)等。

1. 分布式交互仿真技术

DIS是一种基于计算机网络的仿真技术,于1989年被正式提出,美国国防高级研究计划局制定了一些面向分布式仿真的标准文件,以使这一技术向规范化、标准化、开放化方向发展。DIS多用于科技领域,可以支持训练人员训练、技能演练和设备论证等。美国陆军的CATT计划、WARSIM 2000计划、NPSNET计划、STOW计划等都采用了DIS标准。DIS定义了一个层次化结构,主要提供接口标准、通信结构、管理结构、置信度指标、技术规范,并将异构仿真器加到一个统一的、无缝的综合环境中。基于这种层次化的结构,DIS可将现有的不同用途、不同技术水平以及不同生产商提供的仿真设备集为一体,并实现交互作用;可将地理上分布的训练模拟器和参训人员合为一个逻辑上的整体,在逼真的视景和操作模拟环境中进行人机交互程度很高的仿真实验和演练。DIS采用的是非对称的体系结构,这种体系结构对于处理具有复杂的逻辑层次关系的任务来说是不完备的;DIS采用固定数据表示法,以保证异构仿真节点间的数据交换,这使得DIS无法做到在仿真节点间只传递变化的信息;DIS以广播方式实现仿真实体间的信息交互,因此带宽的利用率很低;DIS缺乏仿真器间时间同步的功能,可能导致时空的不一致;PDU是针对某些领域而制定的,很难适用其他领域的新型仿真器。

2. 聚合级仿真协议

20世纪80年代末,美国开始研究使用聚合级训练仿真为仿真联合演习提供支持。聚合级仿真是指在训练指挥大规模团体单元级别进行的构造仿真,而不是单个训练人员和实体的仿真。这种仿真系统通过模拟复杂的仿真环境和多元训练单元之间的相互作用,为决策和战略决策提供支持。为实现这一目标,美国国防高级研究计划局(DARPA)资助了MITRE公司进行ALSP的研究与设计。ALSP是按照DIS标准构建的仿真系统,用于描述平台级实时连续系统。而对于以聚合级的离散事件为主的训练仿真系统,ALSP被用作分布式仿真协议。实际上,ALSP是一种构造仿真。与DIS系统不同,构造仿真的时间管理并不直接与实际时钟发生联系,而是采用时间步长、事件驱动等方法,这样可以确保聚合级分布式构造仿真系统的体系结构、标准和关键技术的有效运作。基于ALSP标准的分布交互仿真系统在1992年、1994年和1996年的科技演习中得到应用,进一步改进和完善了ALSP标准。

ALSP的应用为仿真联合演习提供了强大的支持和实验平台。通过仿真系统的运行,指挥员能够实时观察和评估各种训练单元之间的相互作用和效果,从而优化决策和决策部署。同时,ALSP还提供了复杂环境下的决策实验,帮助科技人员熟悉仿真条件,提高决策技能和决策能力。随着技术的不断发展,聚合级训练仿真系统在训练和决策中发挥着越来越重要的作用。它为科技人员提供了高度逼真的仿真模拟,使他们能够在虚拟环境中进行仿真演练和训练,以提高应对复杂环境的能力。ALSP标准的引入和不断完善,为聚合级训练仿真系统的发展奠定了坚实的基础,并为未来的科技训练和决策提供了更多的可能性。

总而言之,ALSP标准的引入和应用推动了聚合级训练仿真系统的发展,并在仿真联合演习和训练中发挥了重要作用。通过模拟复杂的仿真环境和多元训练单元的相互作用,ALSP为操作员提供了决策支持和仿真训练的平台。随着技术的不断进步,聚合级训练仿真系统将继续发展,为操作员提供更加逼真、高效的仿真模拟,以提高其训练能力和决策者决策水平。

3. 高层体系结构

HLA是在美国国防部建模与仿真办公室(DMSO)1995年10月制定的建模与仿真主计划(MSMP)中,提出了未来建模/仿真的共同技术框架,是最成熟、应用最为广泛的技术架构,并在2000年9月成为IEEE 1516.X系列标准,其影响力得到了进一步扩展。HLA的组成类似于面向对象的思想,即客观世界是由对象以及对象间的交互组成。HLA的总体体系结构如图1-1所示。

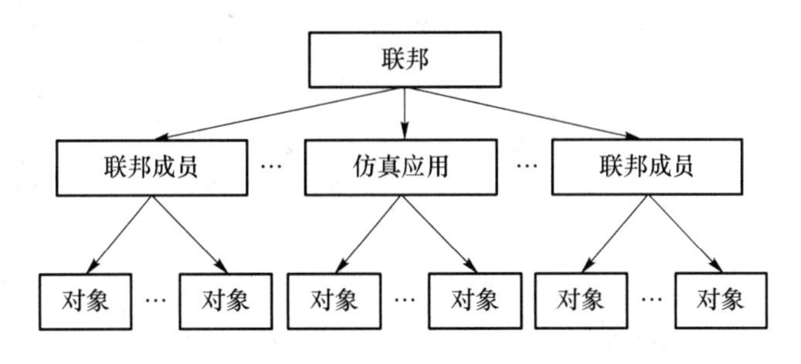

图1-1 基于HLA的仿真系统的层次结构图

HLA将实现某种特定仿真目的的仿真系统抽象为联邦,将仿真系统中存在交互关系的仿真应用抽象为联邦成员,将系统仿真过程中的实体通过对象进行组织。一个联邦包含多个联邦成员,一个联邦成员包含多个对象。仿真执行的过程正是基于联邦成员间的交互过程。HLA将仿真过程中所需的交互信息通过统一的、规范的格式进行表述。仿真过程的执行正是基于一致的信息表述,由联邦成员间的相互交互而完成。联邦成员间的交互不是独立进行,而是通过公共的基础服务支持框架(Run Time Infrastructure,RTI)实现。仿真系统被抽象为联邦成员的组合和交互。RTI是HLA的核心部分之一,它为仿真执行提供底层的基础服务支撑。RTI类似于局域网内的HUB,仿真过程中所有的信息交互必须通过RTI完成,其目标是实现建模与仿真的互操作和可重用。HLA并不是一个系统的实现，而是一种仿真应用系统的框架体系标准，其目的是针对复杂大系统，提高建立模型与仿真的效率，促进系统之间的互操作和可重用，降低建模与仿真的费用。HLA 解决的两个关键问题是：一是促进仿系统之间的互操作，二是有利于仿真模型在不同的仿真应用中的重用。HLA 的不足在于聚焦体系的交互和集成，对联邦之下更细粒度的仿真模型缺乏规范，导致仿真模型构建随意，难以重用。

4. 试验与训练使能体系结构

TENA 于 2010 年由美国提出，是美国政府在试验与训练领域体系结构方面的尝试。其组成部分主要包括：TENA 应用、非 TENA 应用、TENA 对象模型、TENA 公共基础设施和 TENA 应用程序。TENA 主要满足试验和训练领域的仿真需求，以实现体系仿真能力。TENA 体系架构具备良好的通信机制和时间管理能力，能提高试验训练实装与装备模型之间的互操作性、可重用性和可组合性，其目的是搭建一个指导各靶场装备和设备（软硬件）建设的总体规范框架，促进实现各靶场之间资源的互用性、重用性和可组合性，以便能根据具体任务要求快速、高效地建立一个无边界靶场，更好地完成网络中心环境下的信息化设备系统的研制、试验、训练和演习等任务。TENA 专注于满足靶场试验与训练领域的特定需求，较 DIS、HLA 具有更强的针对性，能提供包含 DIS 但在 HLA 以外的更多功能，对于实现网络中心战环境下的试验和训练具有重要的促进作用，其思想和技术对于解决试验训练领域所面临的需求和挑战具有重要意义，TENA、HLA 和 DIS 的功能比较如图 1-2 所示。

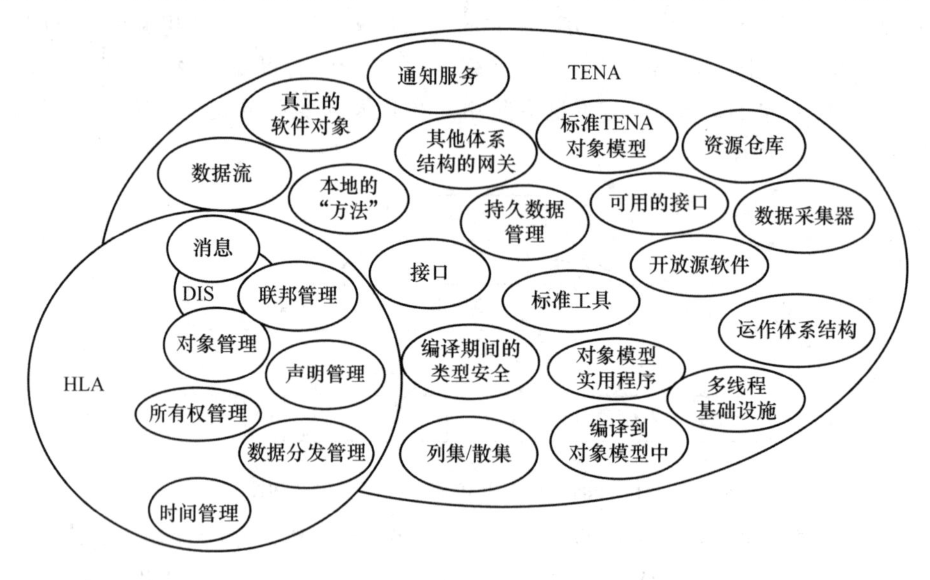

图 1-2　TENA、HLA 和 DIS 的功能比较

5. 公共训练仪器体系结构

CTIA 是美国于 2005 年研发的一种仿真体系结构，旨在为真实训练提供实验支撑。主要是为美国 LT2 产品线的研制提供试验上的支持与保障，相对于前述三种体系结构，CTIA 采用了先进的面向服务（SOA）的体系结构理念，使用了当时较为先进的 CORBA 网关技术，通信可靠性得到了提升，仿真节点之间采用了集中式通信服务策略，实现了通信带宽的

动态调度。另外,系统还提供公共数据库服务,一方面能够对训练过程中的信息进行存储,支持训练情况回放和分析;另一方面,通过对相关资源实时状态信息的保存,保证了相关组件/系统在重启后仍能被正确识别,从而无缝接入训练过程,以保证训练过程持续稳定地进行。CTIA 也是以上体系结构中唯一采用面向服务架构的体系结构。

从发展历程上看,这些体系结构似乎存在某种递进关系,但它们是在各自的领域独立发展的,并不是一个集成的体系结构。其中 HLA 侧重于不同计算机仿真系统(构造仿真系统)的集成;TENA 则更接近于 LVC 的概念本质,它具备完整的实装、虚拟和构造仿真特点,能够在一定程度上解决 LVC 的互操作和时间同步问题;CTIA 则是由美国主导,更倾向于支撑训练设施的研发试验。而且任一体系结构只适用真实仿真(Live)、虚拟仿真(Virtual)、构造仿真(Constructive)中的一个或两个领域,并不能完全适用于 LVC 仿真联合试验。TENA、HLA、CTIA、ALSP 和 DIS 各自的适用范围如图 1-3 所示。因此,建立一个能够实现 LVC 仿真联合试验的体系结构具有重大意义。

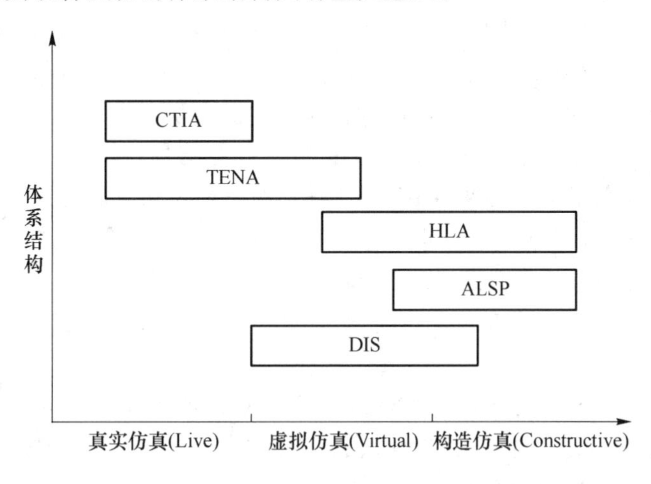

图 1-3 各体系结构适用的范围

二、背景及研究意义

目前,在社会经济发展与科技训练需求的推动下,科技装备呈现出复杂化、多样化的发展趋势。于是系统仿真技术得到快速发展,并广泛应用于社会、经济、科技等各个领域。

集成真实仿真(Live)、虚拟仿真(Virtual)、构造仿真(Constructive)为分布式系统的主要原因有以下三点。

① 设备的实际训练能力不仅受限于自身的性能特点,还受限于训练环境。任何单一的设备试验已经无法满足科技发展的需求。因此,继续 LVC 仿真研究有其存在的合理性与应用价值,目前的主要研究方向是构建将各类设施互联起来的仿真联合试验训练平台,集成共享仿真资源,实现仿真领域的新突破。

② 可以将地理位置上分散的各类仿真设施和仿真人员整合起来,构建统一的、共享的仿真资源环境;可以在现有条件下,尽可能地演练规模更为庞大,剧情更为逼真的试验训练,

为各团体共同参与的仿真联合科技演习提供条件。

③ 从经济因素考虑，大量的设施资源呈现出独立的"烟囱式"的发展态势。大量项目重复建设，制约了分布式系统间的互操作，造成资源浪费。如果将真实的、虚拟的、构造的仿真设施有效集成，便能够用低投入进行高层次的试验和训练。

随着科技的快速发展，科技装备呈现出复杂化、多样化的发展趋势，如何提升科技装备的实际训练能力成为科技领域亟待解决的问题。而系统仿真技术作为一种有效的手段，逐渐得到广泛应用。将真实仿真、虚拟仿真和构造仿真集成为分布式系统，可以解决当前分散、独立的仿真设施和仿真资源之间的互操作问题。具体来说，这种集成方式能够有效地构建仿真联合试验训练平台，实现各类设施的互联，提升试验训练的规模和逼真度。此外，构建统一的、共享的仿真资源环境，可以为各团体提供更为完备的仿真联合科技演习条件，提高训练能力。

LVC 一体化仿真联合仿真是一种针对设备体系的仿真联合仿真试验环境，它通过整合各类仿真资源，模拟出更加真实的训练环境，从而检验装备在仿真联合训练中的互操作性和体系配套性，评估装备体系的仿真联合训练能力，以及验证仿真联合训练使用规程等方面的内容。与传统的实验类型仿真相比，面向设备体系的仿真联合仿真试验具备以下新特点。

① 试验目的：不再单纯地检验装备的决策技术性能指标，而主要是检验团队和装备在仿真联合训练中的互操作性以及体系配套性、评估装备体系仿真联合训练能力、仿真联合技术与训练概念、验证装备的仿真联合训练使用规程等。

② 试验对象：不仅注重单件装备的试验，而且强调装备体系试验。

③ 试验主体：强调多方仿真联合参与，总部和分部，训练团体、试验基地以及地方实验室都参与其中。

④ 试验环境：强调在符合体系仿真训练的仿真联合训练环境中进行试验，因此构建试验环境时往往需要大量使用建模、仿真方法，并且试验环境中包含了个体实装、模拟器以及数学仿真系统在内的各种试验要素。

⑤ 互操作性和体系配套性：评估装备体系的仿真联合训练能力，以及验证仿真联合训练使用规程等方面的内容。

⑥ 然而，由于仿真技术的分布式异构性和各分系统自闭环仿真模式等原因，各分系统之间存在较大的体制差异，时间推进机制和数据通信格式等也不相同，各自成体系的仿真资源难以进行融合，构建更大范围的完整试验鉴定模式，因此需要集成各类仿真资源，将它们整合为分布式系统，形成真实仿真(L)、虚拟仿真(V)、构造仿真(C)等多种仿真技术的仿真联合仿真试验环境。这样做有利于提高试验的规模和逼真程度，同时也能够有效地降低试验成本，实现资源的共享和优化利用。

随着 LVC 一体化仿真联合仿真技术的发展，将不同类型的仿真资源集成在一起，形成分布式实时仿真环境，可以更加真实、完整地模拟实际训练环境，提高仿真联合训练能力和装备体系的综合训练效能。与传统试验类型的仿真相比，LVC 一体化仿真联合仿真更加注重装备体系试验，强调多方仿真联合参与，试验环境更加符合实际训练环境，能够有效评估装备体系的仿真联合训练能力，验证仿真联合训练使用规程，促进装备的协同训练。

LVC 一体化仿真联合仿真还能够降低试验成本，避免重复建设设施资源，提高资源利用效率。通过集成真实的、虚拟的、构造的仿真设施，可以进行低投入、高层次的试验和训练,为科技装备的发展提供技术支持和保障。随着分布式仿真技术的不断完善,LVC 一体化仿真联合仿真将成为未来先进分布仿真的重要发展方向,为国防建设和科技现代化做出重要贡献。

而仿真技术经过数十年的发展,已经形成了各式各样可独立运行的,分布式异构仿真系统,且由于各系统分期建设,造成体制差别较大。各分系统均是自闭环仿真模式,各系统时间推进机制,数据通信格式等均不相同,仿真资源自成体系,无法融合构建更大范围的完整试验鉴定模式。

科技领域是仿真技术应用的重要领域之一。特别是近年来不断出现的各种新的科技思想和训练概念,对设备的研发和测试提出了更高的技术要求。LVC 仿真联合试验作为仿真的关键步骤,其在设备系统论证、方案设计、关键技术验证、系统集成试验、系统训练等全生命周期得到广泛应用。随着仿真技术的不断发展和仿真实践的不断推进,越来越多的 LVC 仿真系统相继开发出来,LVC 仿真资源也由此不断扩充。调研 LVC 仿真技术的现实意义,主要表现在以下三个方面。

① 随着各种设备的信息化程度和复杂程度不断提高,单一的试验环境、参试装备、仿真系统越来越无法满足先进设备系统的试验和训练的要求。因此,针对特定的任务需求,将真实的、虚拟的、构造的仿真资源“无缝”集成起来进行 LVC 仿真联合试验,构建虚实结合的试验训练环境,有助于提高实验训练能力。

② 仿真任务目标层次不断提升,使得最初开发目标不相同的仿真系统能够在新的或更高层次的使命空间中有着相互联系的可能性,通过仿真联合现有的 LVC 仿真系统,能够满足新的或更高层次的任务要求,以开展更大规模的仿真试验。

③ 仿真资源的可重用是仿真领域的目标之一,通过实现 LVC 仿真联合试验,能够重用已有的仿真资源,从而提高系统的可靠性和开发效率,并避免仿真资源的浪费,提高仿真领域投资回报。

第二章
仿真训练发展史

一、LVC 历史发展

LVC 集成体系结构是一种高度集成的体系结构，将人员、硬件和软件、网络、数据库和用户界面等多个要素结合在一起，通过通用协议、规范、标准和接口实现互操作性。其目的是将实际训练环境、虚拟仿真环境和构建性仿真环境相结合，形成一个整体的训练操练环境，以提高训练的场景真实性和提升训练效果。

LVC-AI 的概念是在过去十多年中随着计算机仿真技术的发展逐步形成的。美国一直致力于建立 LVC-AI，旨在通过快速组装模型和实施仿真来支持科技训练和训练需求。LVC-AI 将建模和仿真技术与使用仿真获得信息的人员紧密联系在一起，形成了一个顶层的综合体系。

LVC-AI 的核心思想是将实际环境、虚拟仿真环境和构建性仿真环境进行集成，使不同的训练环境能够相互交互和协同工作。实际环境通常指实际的装备、平台和仿真场地，虚拟仿真环境是通过计算机生成的虚拟场景和对象，而构建性仿真环境则是基于模型和规则的仿真环境。

在 LVC-AI 中，实际环境可以与虚拟环境和构建性仿真环境进行连接，使得实际装备和平台可以与虚拟对象进行互动，并受到构建性仿真环境中的模型和规则的影响。虚拟仿真环境可以提供更加复杂和多样化的场景和突发状况，以增强训练的真实感和复杂性。构建性仿真环境则可以提供大规模、高度精确的模拟，以支持科技指挥和决策的训练。

为了实现 LVC-AI，需要采用通用的协议、规范、标准和接口，以确保不同系统和平台之间的互操作性。这样可以使不同的训练环境能够有效地进行数据交换、通信和协同操作。同时，LVC-AI 还需要支持各种硬件和软件的集成，包括网络和数据库技术，以实现实时的数据传输和存储。

通过 LVC-AI，训练人员可以在一个综合的训练操练环境中进行训练和演练，使训练更加贴近实际训练情况。LVC-AI 还可以支持多样化的训练需求，包括个体训练、团队协作训练和指挥决策训练等，为科技人员提供全方位的训练支持。

总而言之，LVC-AI 是一种集成体系结构，通过将实际环境、虚拟仿真环境和构建性仿真环境相结合，实现了训练环境的互联互通和协同工作。它为科技训练提供了更加真实和有效的平台，有助于提高训练人员的训练水平和应对能力。随着技术的不断发展和创新，LVC-AI 在未来将继续发挥重要作用，并为科技训练带来更多的可能性和机遇。

（一）先驱阶段

在 20 世纪 70 年代之前，美国政府主要依靠沙盘和图上作业等手工方法进行训练模拟。随着 20 世纪 70 年代初计算机的引入，美国政府开始利用计算机模型进行决策计算。这一变革使得团体训练局开始运用计算机模拟技术来提供更加准确和全面的决策训练。单一设备系统的仿真已经无法满足团体高级决策训练任务的需求，这就迫使 LVC 仿真技术面临从独立运营模式向联网交互模式的转型。

LVC 仿真技术以其独特的优势成为现代科技训练的重要组成部分。通过将实物训练、虚拟训练和构造仿真相互结合，LVC 仿真技术可以提供更加真实和综合的仿真环境，为团体提供高质量的决策训练。实物训练模块涉及真实装备和人员的实际操作，虚拟训练模块通过计算机生成虚拟环境和敌对目标，构造仿真模块则负责模拟非实体元素，如仿真气象和情报数据。LVC 仿真技术的转型离不开网络交互模式的发展。通过网络连接，不同的仿真系统可以实现实时的信息交换和互动，使得各个部分能够协同训练，并提供更加真实和复杂的仿真模拟。这种联网交互模式也使得团体能够进行多样化的训练，包括仿真联合训练、指挥控制和决策等方面。

LVC 仿真技术的应用范围也在不断扩大。除了用于决策训练，它还被广泛应用于设备系统研发和评估、科技演习和仿真准备等领域。通过模拟各种决策场景和条件，LVC 仿真技术可以帮助军队评估和改进装备性能，优化决策指导，提高科技行动的效能。然而，LVC 仿真技术的发展仍然面临一些问题和挑战，其中之一就是系统互操作性问题，不同的仿真系统之间需要具备兼容性和互通性，以实现信息的无缝交换和协同训练；再就是数据的准确性和实时性问题，仿真系统需要依赖准确的实时数据来保证训练和模拟的真实性。尽管面临一些问题，但是 LVC 仿真技术的前景依然广阔。随着计算机技术的不断进步和网络通信的发展，LVC 仿真技术将能够提供更加真实和复杂的仿真模拟，为仿真救援人员的训练和仿真准备提供更加精细化的支持。LVC 仿真技术将继续在科技领域发挥着重要作用，推动科学技术的发展和仿真救援人员的现代化转型。

（二）初创阶段

LVC 集成训练已经成为现代科技训练的主要方式之一。其中，虚拟和构造仿真技术的应用是现代科技训练的核心。LVC 集成训练的前驱者是美国政府。自从计算机技术得到广泛应用以来，美国政府就率先尝试运用计算机技术驱动训练技术和方式改革，以取代传统的手工兵棋作业沙盘及图上作业等模式，进而实现对现代仿真训练的仿真和模拟。

在 LVC 集成训练方面，美国政府一直是走在前列的。他们率先利用计算机技术驱动训练技术、方式改革的探索，并将这项工作纳入美国政府整体建设之中。同时，美国政府也逐渐形成了一系列的仿真协议和标准，包括 SIMNET、DIS、ALSP、HLA 和 TENA 等。这些协议和标准使其从组织领导机构、法规制度、技术标准任务规划等不断得以完善，其训练效果也越来越好。

其中，SIMNET 就是美国政府在 LVC 集成训练领域中的一个重要探索。1983 年，美国国防高级研究计划局和美国共同制订了一项合作研究计划，即网络仿真计划 SIMNET。该计划旨在将分散在各地的多个地面车辆仿真器用计算机网络连接起来，创建一个虚拟的仿真以供群体协同起来完成各种复杂任务。

每个 SIMNET 仿真器都是一个半实物仿真器，实物部分是 MI 载具的内部，车上的设备、传感器和发动机采用计算机建模仿真。模拟的仿真是德国和中欧的 50-70kin2 的区域，后来又增加了更多场景。地理信息数据能够精确地表示地形起伏，包括道路、建筑和桥梁等信息。载具组成员之间通过对讲机进行通信，而与其他仿真器的通信则通过语音和网络传送的电子信息实现。1990 年，网络仿真计划 SIMNET 完成时，已经形成了由分布在美国和德国的 11 个城市的约 260 个地面载具仿真器、指挥所和数据处理设备等组成的互联网络。SIMNET 第一次实现了训练单位之间的直接仿真训练，并能在它所提供的虚拟训练环境中使营以下的团体进行仿真联合兵种协同训练及相应的决策研究。SIMNET 是分布交互仿真的雏形，为分布交互仿真的发展奠定了基础。到 1990 年网络仿真计划结束时，它已包含分布在 9 个训练场所和 2 个研究场所的超过 250 个仿真器。

此外，LVC 集成训练在其他科技领域中也得到了广泛的应用。例如，英国于 1996 年开发了一个名为 BATSIM 的仿真系统，用于进行团体的训练和实验。这个系统可以模拟不同的仿真环境和天气情况，并提供各种任务和情景，以测试团体的反应和协调能力。法国也开发了类似的仿真系统——JCATS，用于团体的训练和准备。这些仿真系统的开发和应用，进一步促进了 LVC 集成训练的发展。

除了在科技领域，LVC 集成训练在其他领域也有广泛的应用。例如，在民用航空领域，飞行模拟器被广泛用于飞行员的培训和考核。模拟器可以提供不同的飞行条件和情景，包括机械故障和天气变化等，让飞行员在虚拟环境中学会应对不同的情况，提高飞行技能。在能源领域，模拟器也被广泛用于石油和天然气勘探和开采的培训和模拟。模拟器可以提供各种地质和沉积条件，以测试勘探人员的决策能力和技术应对能力。在交通运输领域，模拟器可以用于火车司机和汽车司机的培训和测试，以及交通管制员的培训和模拟。

（三）繁荣阶段

1983—1989 年，美国高级研究计划局在网络仿真计划的基础之上，设计分布式交互仿真体系结构 DIS，用于分布式不同位置和不同类型仿真系统的交互仿真。随着 DIS 的发展，出现了先进的分布仿真（ADS）这一术语。早期的分布式仿真采用非对称体系结构，其数据表示方法固定，采用广播方式进行信息交互，但在通信效率和系统弹性方面表现较差，在处理复杂交互关系时也会出现一些问题。而 ADS 是分布交互仿真，包括但不限于美国 Central&Florda 大学（UCF）制定的 DIS 结构和协议标准。“先进”一词是原先没有的意义和概念，包括现有的和新出现的能力。因此，现有模型、仿真实验室、试验靶场设施、硬件等和形成的能力均包括在 ADS 中。在设备系统的开发过程中，DIS 允许用户参与和实现技术开发者前馈与最终使用者的反馈，并利用 DIS 来验证设备系统的设计方案和决策性能的合理性，从而加快设备系统的研制进度，提高其性能。传统的验证与评估方法虽然是经过详尽研究产生的，但新的设备系统如果还采用传统的方法验证，则很难得到令人满意的效果。美国 JADS JFS(仿真联合先进分布仿真、仿真联合可行性研究)小组对确定 ADS 在验证与评估中的效用作了研究，确定了由 ADS 满足的许多最高级别的验证与评估要求和八种 ADS 的应用。结论是：ADS 是富有生命力的工具，但是验证与评估机构需要有关 ADS 性能量化的数据。这个研究小组做了系统综合试验和端对端试验。系统综合试验把传统的半实物仿真与真实飞机联系在一起。端对端试验采用真实硬件、仿真和模型的组合重现从目标探测到目标摧毁整个仿真过程。JADS JFS 小组认为：确定 ADS 支持验证与评估的效用的第一步是弄清在什么地方需要评估技术。为此要对过去的和计划的试验局限或不足进行评估。如果证明 ADS 没能解决所期望的改善，那么把 ADS 作为验证与评估技术可能增加成本，并会使不必要的能力增加。JADS JFS 小组确定了 361 种局限，然后由操作员的运行试验和研制试验(OT&DT)机构的成员排序。这些局限反过来又成了研究 ADS 的要求。JADS JFS 小组除了研究 ADS 应克服的验证与评估的局限外，还创新地应用了 ADS，提供的结果是以前达不到的。这些创新应用如下。

- 用电子设备综合威胁的时间—空间—位置—指示(TSPI)：当试验设备系统时，通常在类型、数量上必须模拟救援中的各种威胁。威胁模拟器分散在各处，ADS 可以提供连接这些模拟器的方法，以便提供能连接到试验系统的综合威胁环境，作为仿真的环境。
- 灵活的指挥、控制、通信、计算机、情报(CI)试验：ADS 可以提供把友方个体加入仿真空间的手段。一部分 CI 网络可以由 ADS 表示，以提供鲁棒的 CI，这样可以增强试验中的系统，或者作为支撑。
- 互操作性：在仿真联合训练空间表演的单团体系统试验中存在测试与其他团体器材资源的互操作性问题，特别是在有限供应中的高价值器材。ADS 通过采用分布交互仿真可以提供测试与大量的其他团体系统的互操作性的方法。
- 试验方案验证：当 ADS 技术用于预先计划和试验计划时，它可以作为组织试验的较好的、费效比合算的方法。在建立系统任一部分之前，试验者可以用这种技术进行灵敏度和参数分析，确定数据要求和验证试验方案。
- 实时杀伤评估：ADS 技术有希望允许实时的人交互的杀伤评估。杀伤评估问题总是真实试验中的问题，因为真实系统不知道它已被杀伤并会继续仿真一段时间，而影响其他系统的作用。
- 灵活的试验环境：采用开放式体系结构软件，ADS 可以提供采用虚拟原型方法，允许部分能力迅速改变，以便在开发试验中获得最终系统设施和结构。ADS 还可以提供将试验环境改变成采用现有设备不容易获得的训练环境的方法。
- 试验预演：ADS 的这种应用与 ADS 应用于试验计划有关。通过在实际试验之前把系统独立出来并把真实试验时间集中在特定问题方面，ADS 可以提供使真实试验时间增加的有效方法。
- 真实与虚拟混合：这是基本的应用。在这种应用中，ADS 在使试验中少数真实表演者的训练空间扩大时有很大益处。试验受到安全或环境约束的情况下，它还可以提供评价人的因素和真实响应与反应的机会。

1990 年，聚合级仿真协议 ALSP 被 MITRE 公司成功地设计了出来。1992 年，第一个能够投入使用的协议和相关的支撑系统被研发了出来。

1995 年 10 月，高层体系结构 HLA 在美国公布的建模与仿真主计划中被提了出来。

1997 年秋天，仿真标准与互操作组织（SISO）下属的参考联邦对象模型（RFOM）研究组就致力于研究和定义用户对于 RFOM 的需求。此研究的目标是进一步鼓励和指导 FOM 开发。RFOM 包含了 HLA 对象模型模板（OMT）兼容的表格和元数据，描述了在多个联邦中可以重用的对象类、属性、交互及其他相关元素；RFOM 研究组定义了五种互相独立的 RFOM 模型，基本对象模型（BOM）就是其中之一。BOM 描述了 HLA 联邦相互作用的某方面特性，它可以作为 FOM 或 SOM 的构造模块。组件化开发思想就是把可以重用的模块按照统一的标准规范集成在一起，从而达到快速和高效构成某种应用的目的。这种思想在软件开发领域取得了巨大的成就，因此也吸引了仿真开发组织的注意力。借助重用思想实现了模型的快速开发，借助公共定义的接口实现了互操作，BOM 方法学充分支持了 HLA 的两大目标：重用和互操作。它的潜在影响是增加 FOM 的柔性和简化互操作。BOM 方法学符合软件工程和组件化开发的趋势，是构建下一代模型和仿真的基础。它也使得 HLA 可以应用于更加广泛的领域包括娱乐、游戏、远距离学习、医学和制造等。HLA 的两大目标就是互操作和重用，BOM 概念的提出和实践充分体现了资源重复利用和模块化开发的思想，提高了模型和仿真的开发效率，推动了建模和仿真的发展。

1997 年 12 月，高层体系结构 HLA 被美国电子与电气工程师协会 IEEE 批准作为一个 IEEE 标准进行开发。

20 世纪 90 年代末，美国政府启动了 FI2010（Foundation Initiative 2010）工程，并在此工程中定义了试验与训练使能体系结构 TENA。TENA 的设计目的是给美国政府试验与训练提供公共的体系结构，以实现不同资源的组合试验。

2005 年，美国开发了公共训练仪器体系结构 CTIA。CTIA 是公共训练仪器体系结构，其设计的目的是为美国 LT2 产品线的研制提供试验上的支持保障。

（四）突破阶段

2007 年 4 月，美国建模与仿真协调办公室（M&SCO）发起 LVC 仿真体系结构发展路线图（LVC Architecture Roadmap，LVCAR）研究，其主要目标是：提出一个远景构想与支撑策略，以实现多体系结构仿真环境互操作性的重大提升。该路线图从技术、业务及标准三个维度对目前的主流仿真体系结构间的差异进行了分析，并制定了不同阶段的任务。第一个阶段是从 2007 年春季开始，持续 16 个月的时间，该阶段的目标是形成 LVCAR 的最终报告。第二个阶段是结合该最终报告的内容实施。LVCAR 提出了三个重点关注的领域，分别是：未来集成技术体系结构、业务模型、应该发展与遵循的标准规范与管理流程，其中技术体系结构被认为是需要首要解决的问题。该研究明确了下一步构建 LVC 仿真联合试验环境需要采取的措施以及完成的任务。LVCAR 当前已取得如下成果。

① 该路线图对目前的主流仿真体系结构包括 DIS、ALSP、HLA、TENA、CTIA 的现状进行研究，分析它们之间的异同点。并制定了不同阶段需要完成的任务。

② 对 LVC 仿真发展提出了相应的建议，通过对 LVC 仿真联合试验体系结构现状进行分析，确定了以下两个发展策略。

- 在现存的各体系结构继续被使用的情况下，加强混合体系结构环境下参与 LVC 仿真联合试验的各体系结构之间的互操作能力。
- 使用单一的体系结构，创建一种单一的体系结构或者将现存的体系结构融合成单一的体系结构。

2000 年 9 月，高层体系结构 HLA 正式成为 IEEE1516 标准。

2007 年，美国提出了 LVC 体系结构路线图，其目的是对下一代分布式仿真试验体系结构的发展做出规划，以实现各种模拟训练系统的无缝集成与融合，使其能在标准化、互操作性、适应性、仿真联合性等方面有一个整体提升。

2009 年，美国政府发布《JLVC 联邦集成指南》。美国政府为加快实施训练转型战略，在 21 世纪初颁布了《训练转型战略计划》，将发展功能强大的网络化训练与任务推演环境和形成一个全球联网、通用的一体化训练体系作为其目标之一。在随后颁布的《训练转型实施计划》中明确仿真联合国家训练能力（TC）的任务是为团体和指挥参谋人员提供 VC 训练环境来进行逼真、时效和仿真化的训练进而支持未来训练需求，搭建支持 LVC 训练的 LVC 联邦成为美国政府训练转型和提升仿真联合训练能力的重要内容。JLVC 联邦的目的是提升 LVC 联邦搭建水平，为美国政府决策级到战役级的科技训练活动提供更加实际可行和更加有效的仿真联合训练支持，并确定了三个目标：一是将各分部门、各仿真联合司令部及其余部门的模型、模拟器和工具集为一体进行仿真来支持仿真联合训练；二是用建模与仿真（M&S）技术生产的合理、完整和一致的数据对各分部门、仿真联合司令部和多国团体 C4I 系统进行仿真；三是支持各部门的仿真联合决策任务训练。

在 2012 年秋季仿真互操作研讨会上，提出了层次化仿真体系架构（Layered Simulation Architecture，LSA），目前由 LSA SG（LSA Study Group）对其进行研究论证。LSA 主张在不改变现有仿真标准的前提下，实现 LVC 仿真的互操作。目前，其已经在 DIS、HLA、TENA 等体系结构标准上进行了一些初步的验证并取得了成功。然而，对于最终的 LSA 标准是否包含数据对象模型，现在并没有确定。

2014 年，美国政府为解决以往在此领域中所存在的信息互操作能力差、资源利用率低、重复建设多的问题，提出了仿真联合训练体系架构（Joint Training Enterprise Architecture，JTEA），仿真联合试验最早是由美国提出的多团体仿真联合训练试验而来，后来简称为仿真联合试验。随着研究的深入，其内涵和外延也发生了变化。通常认为它主要包含两层含义：首先是指被试对象的多样化，其次是指仿真联合任务试验环境能力（Joint Mission Test Environment Capability ）。JTEA 应包括试验需求体系、分布式 LVC 仿真联合试验结构体系、技术体系、试验运行体系和试验网络安全体系。仿真联合试验体系的构建借鉴了扩展 C4ISR 体系概念，一般有如下体系。

① 试验需求体系。未来的设备或装备体系对试验体系提出的要求需要从无数具体要求中抽象、提炼出更高层次需求，而不是试验具体要求。主要包括：互操作性、可组合性与可重组性，实现各种试验异构系统、多种试验资源的有效共享。

② 分布式 LVC 仿真联合试验结构体系。它是标准化的、开放式的网络结构体系，以 TENA 架构为基础，实现全国范围内试验场、试验机构、半物理仿真实验室以及试验理论与方法研究中心有效连接。依据试验任务需要，可灵活建立“逻辑试验场”。

③ 技术体系。它主要包括仿真联合试验流程与试验指南、构建试验网络系统的标准与

规范、数据处理分析的准则等。一般要求是尽量采用成熟、商用标准与约定。

④ 试验运行体系。试验运行体系主要包括试验前、试验中与试验后阶段的工作。试验运行体系也称试验执行体系，主要是指“逻辑靶场”运行过程中所需要的一切试验要素，有参与者角色、运行过程、试验规划、试验执行、分析与总结等过程。

⑤ 试验网络安全体系。试验网络系统是一个开放系统，在信息化条件下各种攻击和威胁贯穿于信息获取、信息处理和分析、决策全过程，因此试验网络的安全性至关重要。应建立试验网络安全体系，以保障试验网络信息服务与管理。其中的核心组成部分即为 LVC 联邦(J-Joint. 仿真联合之意)并在 2019 年前建成基于云使能模块化服务(CEMS)的 JLVC 2020，目的是建设一个逼真、灵活、高效、经济的满足当前与适应未来的试验训练需求的 LVC 试验训练环境，以满足仿真联合力量 2020 的需求。

自 2015 年起，美国政府逐渐用 JLVC 2020 版本取代 JLVC 联邦 6. X 版本，美国政府认为随着云服务技术和计算机高速计算能力等重点技术的发展，JLVC 2020 实现面临的风险挑战会逐渐被克服。

2019 年 7 月 17 日，美能力发展司令部(CCDC)发布《美网络现代化路线图》(以下简称《路线图》)。《路线图》提出美国创建统一网络、开发简化的任务指挥套件、提高仿真联合团体的互操作性、确保指挥所生存能力的四条路线。此外，网络现代化将利用快速采办方法，与学术界和工业界伙伴合作开发成熟技术以实现相关能力。

2021 年 12 月 17 日，ASTi 公司在 2021 年团体间/行业间培训、模拟和教育会议(I/ITSEC)中赢得了美国模拟器创新比赛。该公司针对近距空中支援任务的训练需求，展示了由人工智能技术驱动的，为决策空中控制组(TACP)培训提供重点话音、数据交互支持的解决方案，丰富了空中虚拟训练环境。近十年来，自动/自主技术一直在为高级科技训练提供支持。智能代理充当仿真角色扮演者与人员进行话音及其他互动，例如在模拟飞行中增加的模拟空中交通管制员。这些能力大大减少了演训人力需求，增加沉浸感和认知训练，并最大限度地提高训练效用。美国某研究实验室的安全 LVC 高级训练环境(SLATE)项目使用了 LVC 跨域语音通信技术。众所周知的是 SLATE 中开发了一种具有高吞吐量波形的新型训练无线电在地面虚拟(V)和地面/空中构造仿真(C)训练组件与实装(L)飞机上的系统之间交换数据，将实装飞机、模拟器中的飞行员和计算机生成的团体紧密集成，增加了飞行员培训的真实性和复杂性。鲜为人知的是在某空军基地增加了两台跨域语音通信服务器。一台服务器提供与现场电台的全数字 IP 无线电(RoIP)连接。这些现场无线电分散在距服务器安装数百千米的山峰上，与 ED-137 标准兼容。此连接为非机密网络上的操作员提供接收/传输数字音频和远程无线电控制。另一台服务器将非密的无线电话音与四个加密的 LVC 网络语音通道连接起来，以实现无缝跨域(CDS)兼容性，将实装飞机训练和虚拟/建设性网络资产的话音联系在一起。在美空军 T-7A 地面训练系统(GBTS)中也增加了 LVC 话音训练能力。GBTS 基于硬件和数字软件的开放系统架构，包含对美国空中仿真训练和预防工作很重要的全套设备和教学技术，可以在更短的时间内培养出有能力的仿真救援机飞行员。LVC 话音为 T-7A 模拟器提供了关键的联网、模拟无线电通信，教员与学员话音互动，环境提示效果(例如 D 级听觉提示)功能。此外，服务器将桥接使用模拟无线电的飞行员和使用实装无线电的 T-7A 飞行员之间的通信，支持 ED-137 以太网无线电，无需额外硬件即可直接网络连接到现场无线电。

二、LVC现状分析

(一)国内研究现状

我国在LVC领域的研究起步相对较晚,但随着仿真应用需求的急剧增长,许多科研单位和企业已经加快了对LVC技术的研究步伐。国内的研究主要集中在LVC仿真联合试验的理论探索方面,并涌现出以《无边界靶场——电子信息系统一体化仿真联合试验评估体系与集成方法》为代表的理论成果。在实践方面,中国人民解放军国防科技大学、航天科工集团北京仿真中心、航天科技集团一院、哈尔滨工业大学、北京航空航天大学、北京理工大学、西北工业大学等多家科研院所和高校已经开始开展LVC体系结构与中间件的分析研究,并自主开发了一些软件产品原型。

尽管我国在LVC领域已经取得了一些成果,但总体来说,仍然缺乏整体解决方案和完整的一体化仿真联合仿真平台产品。要实现LVC系统的完整一体化,需要解决多个方面的问题,包括系统互操作性、数据共享和交换、协同性能等问题。为了推动我国LVC技术的发展,需要进一步加强科研院所之间的合作与交流,形成良好的合作机制和研发平台。同时,还需要加大对LVC领域的投入和支持,鼓励企业参与LVC技术的研发和应用。此外,加强人才培养和技术交流也是至关重要的,培养一支专业的LVC技术人才队伍,推动技术创新和实践应用。通过不断研究与开发,我国有望在LVC领域取得更大的进展和突破,为我军的训练和科技行动提供更加先进和精确的支持。

目前,国内的试训研究主要集中在HLA和TENA两方面,同时致力于自主研发部分中间件产品,下面将具体介绍。

1. 层次化的分布式虚拟试验系统运行支撑体系结构

2007年,西北工业大学针对我国虚拟现实仿真领域虚拟试验的现状,提出了层次化的分布式虚拟试验系统运行支撑体系结构(Distributed Virtual Architecture,DVTA),并设计了DVTA中间件。分布式虚拟试验系统运行支撑体系结构是一组支撑分布式虚拟试验系统运行的中间层软件的集合,是虚拟试验系统软件的核心,为虚拟试验系统的运行提供通信、数据管理和调度等服务。

虚拟试验是指在虚拟环境条件下,利用计算机建模与仿真技术、通信技术和计算机网络技术,对设备性能进行的试验,主要考核设备功能和性能是否达到设计要求。它为设备的性能测试、试验、决策技术指标考核、综合性能评估和开发提供了一条新的途径,是科技工业领域中的一项关键技术及仿真救援产品的一项重要试验手段,与传统基于实物的试验模式相比,是具有革命性的新的仿真救援产品试验模式。目前,国内虚拟试验技术尚未在复杂产品研制领域得到广泛应用,主要研究集中在虚拟试验技术的部分领域,各个领域的研究是独立的,还没有对虚拟试验技术进行全面研究的先例。特别是在航天领域,相关研究并不多见,在技术水平上还有较大的提升空间。目前,设备系统研发部门缺乏一个支持某型号研制的虚拟试验手段。新一代某型号作为重要的预研型号，在其方案确定过程中需要进行大量的虚拟试验验证，如何在有限的时间和经费条件下，充分验证设计方案的合理性，是一个十分重要的问题。因此西北工业大学引入虚拟试验系统运行支撑体系结构（DVTA）技术来辅助实物试验过程，提高某型号的整体研制水平。

基于 DVTA 的某型号虚拟试验系统是将多个系统级应用集成在一起的虚拟试验验证系统。该系统是以某型号虚拟试验系统运行支撑体系结构为核心，以设计、分析、试验和评估模型有机集成和协同为手段，以验证设计方案、辅助实物试验、缩短研发周期、降低试验成本和风险为目标，构建某型号虚拟试验系统。充分考虑新一代某型号研发的实际情况和对未来型号的可扩展性，以打通设计、虚拟试验、实物试验之间的信息回路为牵引，以产品数字化设计样机为数据来源，以支持新一代某型号试验验证应用系统对数据集成和共享的要求为阶段目标，以试验过程的虚拟化和可视化为手段。构建支持某型号研发的、统一的虚拟试验系统运行支撑体系结构。

某型号虚拟试验系统的主要研究内容包括以下五个方面。

① 某型号虚拟试验样机模型构建技术研究。

② 某型号设计和试验过程中数据、参数的集成、管理和共享技术研究。

③ 数字化某型号试验方案生成技术研究。

④ 某型号虚拟试验过程数据存储和管理技术研究。

⑤ 某型号虚拟试验数据处理、分析技术研究。

类似于 HLA 与 TENA，DVTA 的核心包括三个部分，即对象模型、中间件和一系列指导虚拟试验的建立、运行的规则。试验期间，来自各种试验和设施中的资源应用、DVTA 工具、DVTA 实用程序之间的所有通信都通过 DVTA 中间件进行，从而实现互操作。DVTA 中间件所要解决的是虚拟试验系统之间的互操作问题，DVTA 中间件的作用就是支持可互操作的、实时的、面向对象的分布系统应用的建立。DVTA 中间件的设计基于大量关键的体系结构元素、假设和技术，它极大地吸收和利用了对象技术，运用了面向对象的框架提供灵活性、可扩展性和模块化，其基本方法是建立一个足够通用、能满足虚拟试验的需要，足够互操作、能给所有的试验系统提供一个一致的 API，足够灵活、能适应给定试验任务的独特需求的设计。DVTA 中间件的设计如图 2-1 所示。

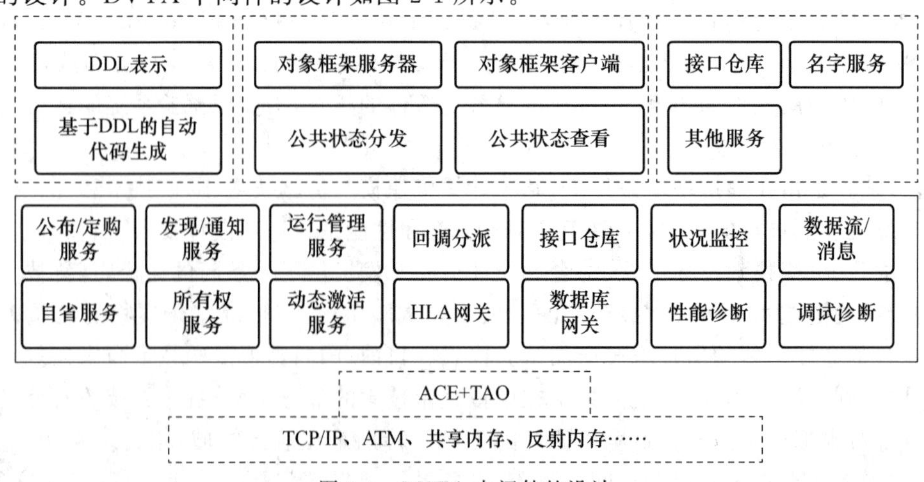

图 2-1　DVTA 中间件的设计

2. HIT-TENA 体系

2016 年，哈尔滨工业大学自动化测试与控制研究所提出了名为 HIT-TENA 的体系结构。这个体系结构旨在应用于仿真、试验和训练等领域，并为这些领域的应用提供支持和解决方案。在传统的试验系统中，通常需要从顶层开始对试验方案进行设计和制定。基于 HIT-TENA 的支撑软件平台，研究所开发了试验想定编辑工具和试验运行平台，以进一步扩充 HIT-TENA 的功能和扩大应用领域。这些工具和平台的开发旨在为试验设计人员和操作人员提供更加灵活和高效的工作环境。

HIT-TENA 支撑软件平台以试验方案文件作为输入，通过部署、加载和运行控制等功能调用各种资源应用，实现对试验的运行。平台提供了可视化界面，使用户能够监视和控制试验过程。通过这个平台，试验人员可以对试验进行全面的监控和管理，及时获取试验结果和数据，并对试验过程进行实时调整和控制。

HIT-TENA 支撑软件平台的设计目标是提供一个开放、灵活和可扩展的试验环境，以满足不同领域和应用的需求。平台支持多种资源应用和数据传递方式，可以与不同的硬件设备和软件系统进行集成。这使得试验人员能够根据具体的需求选择合适的资源和工具，并灵活地进行试验设计和执行。

除了支持试验方案的编辑和运行，HIT-TENA 支撑软件平台还提供了丰富的功能和工具，以支持试验数据的分析和后处理。平台可以对试验结果进行可视化展示，并提供数据处理和统计分析的功能，帮助用户更好地理解试验数据，并从中提取有价值的信息。

总的来说，HIT-TENA 支撑软件平台是哈尔滨工业大学自动化测试与控制研究所开发的一个用于仿真、试验和训练领域的支持工具。通过提供试验想定编辑工具和试验运行平台，实现了对试验的运行和监控，并为试验人员提供了丰富的功能和工具，以支持试验设计、数据处理和分析等任务。该平台的开发为试验工作带来了便利和效率，并在不同领域发挥着重要作用。随着技术的进一步发展，HIT-TENA 支撑软件平台将被继续完善和扩展，为仿真、试验和训练等领域提供更多的可能性和创新。运行平台包的静态关系如图 2-2 所示。

HIT-TENA 支撑软件平台主要包括五个类，分别是中间件类、控制台、试验资源类、文件类和任务类。

（1）中间件类。该类是运行平台和组件资源，以及组件资源之间进行通信的转换接口。在试验运行中调用中间件时首先需要对其进行初始化，然后依次启动试验系统管理服务和对象管理服务，使应用之间能够进行数据收发。此外，获取时间偏差、同步本地时间和获取在线成员信息也需要利用该类来实现。

（2）控制台。该类主要用于管理整个运行平台的所有功能，包括对试验方案文件的各种操作，如打开、关闭、加载、部署等功能，还包括对试验运行前和运行中的管理，如创建试验系统、启动/停止试验运行等。除此之外，控制台还用于显示加载的试验资源，并观察整个试验运行的过程。

（3）试验资源类。该类主要是对参与试验运行中需要调用的组件资源进行管理。在解析获得试验方案文件中参与试验实体名称后，调用对应的试验资源并进行实例化。根据显示信息将试验资源放置到对应的位置上，并设置其图标、资源名称、订购发布关系和试验资源的属性信息。

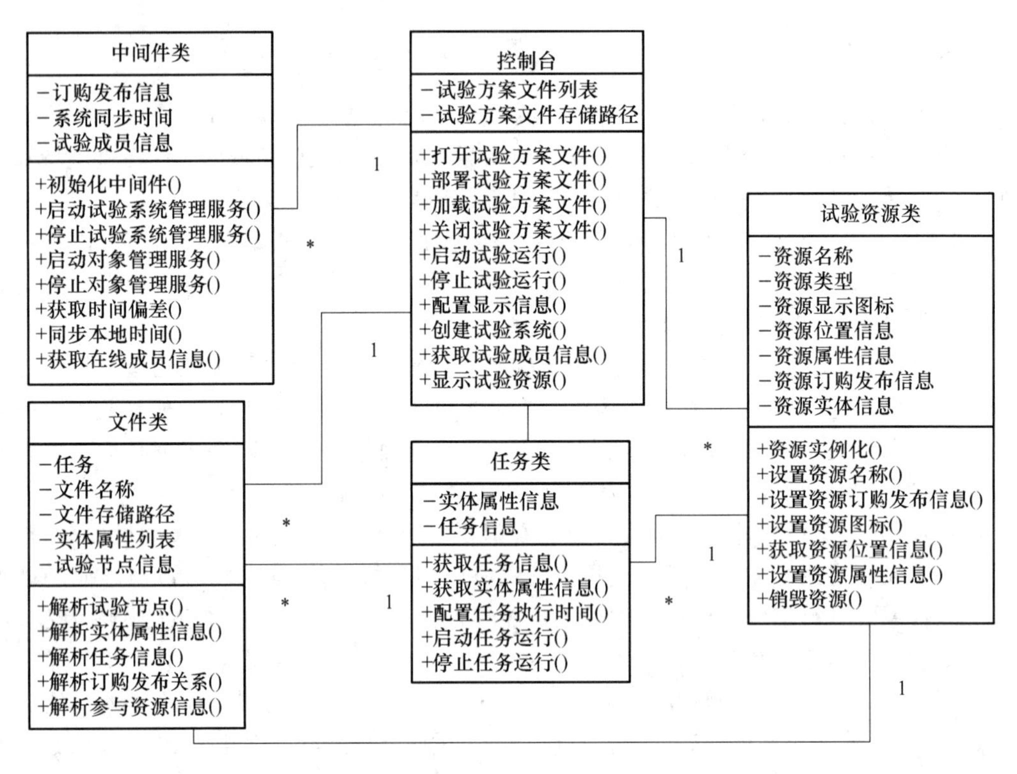

图 2-2　运行平台类图

（4）文件类。该类主要是用来对试验方案文件进行解析，包括解析部署或加载的试验节点、参与试验的实体属性信息、想定编辑过程中的任务信息实体之间建立的订购发布信息和需要调用的组件资源信息。其他类需要在想定文件类中获得所需要的信息。

（5）任务类。该类主要针对试验方案文件中包含任务的信息。通过解析想定文件获得试验任务信息，并根据任务中参与试验的实体名称调用对应的试验资源。与此同时，需要对任务中的每一条信息配置执行时间，由此控制试验的运行时间。当所有任务信息配置结束后，可以启动任务运行，观察任务运行过程。

启动任务运行的活动图如图 2-3 所示。若试验方案文件中存在任务信息，那么运行平台首先需要解析获得任务中的动作信息，并判断该条动作中是否包含目标实体。若动作属性中存在目标实体，则表示该动作在系统建模时绑定了对应的订购发布关系，不将其显示在任务运行界面中；若动作属性中不包含目标实体，则将该动作相关信息显示在任务控制界面上。动作信息获取结束后，解析获取任务中的消息信息和其对应的执行时间，并将获得的信息显示在任务控制界面。当所有任务信息获取结束后，启动运行任务，此时运行平台会通过中间件将相应的任务信息发送给组件模型，实现组件之间的数据传输，从而控制整个任务的运行。

3. 靶场虚拟试验验证系统

虚拟试验支撑框架是靶场未来快速转型发展的核心研究方向，但是由于当前我国靶场虚拟试验验证系统的构建一般是针对特定型号和指定的应用需求，这就从客观上造成了虚拟试验资源的不可重用性和互不兼容，限制了系统的拓展和升级。因此，急需在我国的虚拟试验验证支撑框架顶层设计上克服靶场“烟囱式”设计模式，实现靶场资源之间的互操作、可

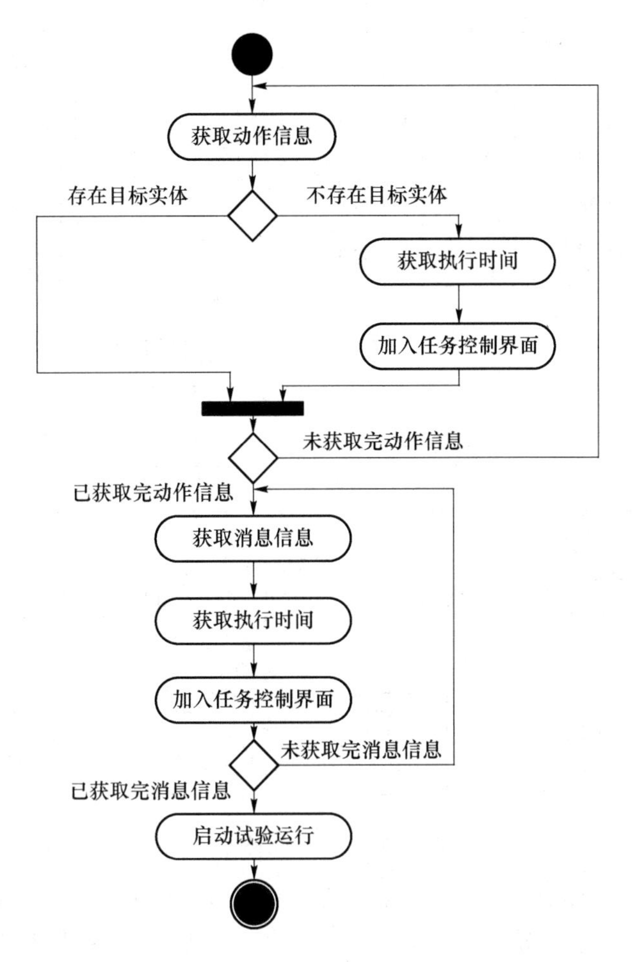

图 2-3 启动任务运行活动图

重用与可组合。2014 年,西安电子科技大学针对我国靶场分布式虚拟试验系统建设现状与需求,借鉴 TENA 体系结构基础开发了靶场虚拟试验验证系统,并设计靶场 VITA 中间件,旨在为所有靶场资源应用提供一致的应用程序接口,以满足靶场虚拟试验与训练对通用性、互操作性和可重用性的要求,支持资源应用集成开发环境进行试验系统的构建和运行,并提高靶场虚拟试验的通用性。VITA 基本结构框架如图 2-4 所示。

VITA 系统由资源库层、运行支撑层、靶场服务层和靶场应用层组成。运行支撑层由中间件和网络层构成,其最核心的部分就是 VITA 中间件,它在系统中起到承上启下的作用,它主要承担两个任务,一是负责物理位置相近的参试成员的服务请求,即支持局域单元中的信息交互,二是为运行时的参试成员提供公共的通信接口(参试成员之间不能直接通信,参试成员之间的信息交互必须通过局域通信代理向中间件进行申请,并在同一调度下完成)。在以分布式结构为主的靶场虚拟试验验证系统环境中,引入中间件最主要是为了解决底层通信层与上层应用层之间通信问题。中间件不仅可以实现各种靶场应用程序之间的互联,而且可以满足它们之间可重用与互操作的需求。另外,由于中间件位于系统的应用层和网络层之间,因此可以很好地将两者独立开来进行开发,这就便于对属相应层次的功能实现并进行透明的封装,可独立于底层实现机制单独进行应用层软件开发,从而解决不同平台之间

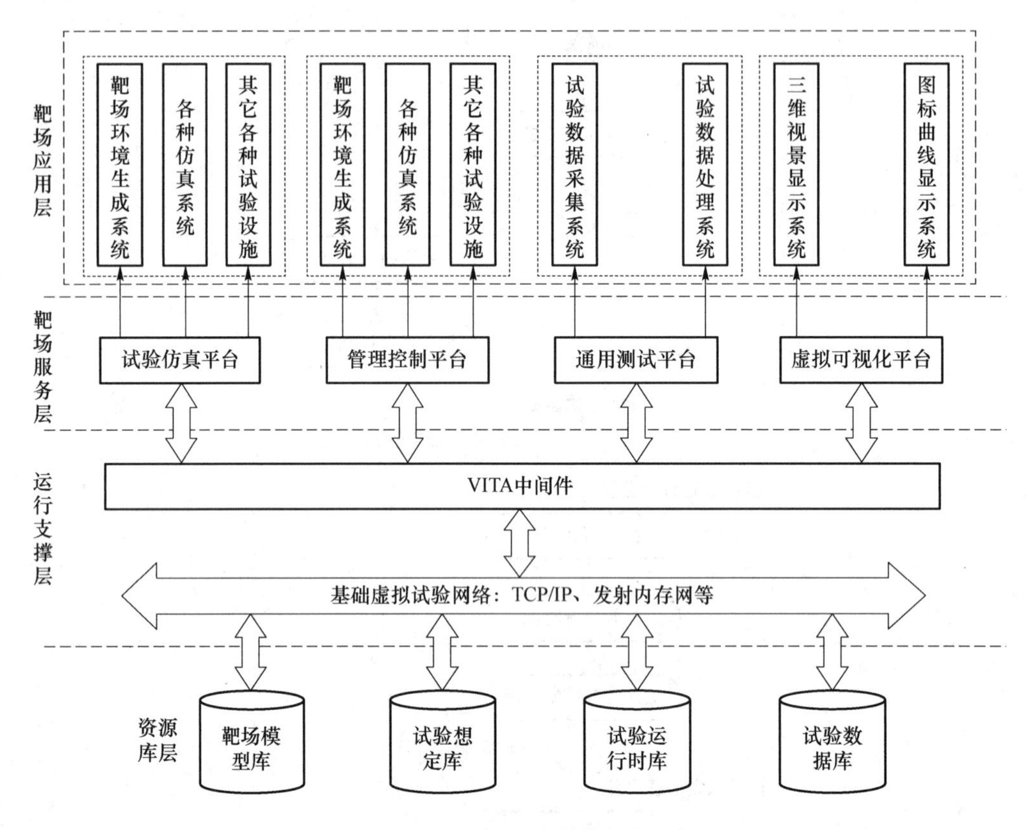

图 2-4　VITA 基本结构框架图

相同层次应用的跨平台的操作，简化分布式系统的构建。靶场应用层是组件虚拟试验验证系统的基本组作单位，它由试验服务层相关平台(程序)进行生成和管理。

VITA 中间件的一个本质其实就是一个相互协调的分布式服务的集合。VITA 中间件为服务订购者提供的数据通信机制体现了这种协调的有效性。中间件结构设计的一个概念模型如图 2-5 所示，它对 VITA 中间件进行了描述，说明了其内部结构和接口，给出了 VITA 系统中间件的运作过程，包括虚拟试验的上层应用的资源调用、过程执行管理、试验数据采集等内容，也涵盖了与底层通信层之间的通信连接模式。

参考 VITA 整个架构设计及中间件在系统中承担的功能和所处的位置，对 VITA 中间件的整体结构进行了构建，如图 2-6 所示。

由图 2-6 可知，中间件主要包括五个层次，从上往下依次是中间件 API 层、运行支持包层、内部处理包层、ACE 层和网络通信层。这五个层次从下往上逐层提供支撑，其中，中间件 API 为逻辑靶场应用提供对应的 API，运行支持包按试验运行进程又可以分为运行前支持包和运行中支持包。运行前支持包主要提供系统服务建模和声明管理服务，还承担部分 DDS 管理服务；运行中支持包主要提供系统运行服务、对象管理服务，时钟管理服务和所有权服务等。内部处理包是其中间件的一个特色，它包括对象实例化、发布订购算法、发现服务、通知服务、回调服务、兴趣过滤、数据预处理、时戳管理、消息分配、数据流处理等内容，只有在需要时，它才将经过处理的 SDO 通过接口仓库发送给上层应用(这源于 SDO 公共状态的实际分发都是使用分布式基于兴趣的消息交换(DIME)来完成的)。ACE 提供了一组丰

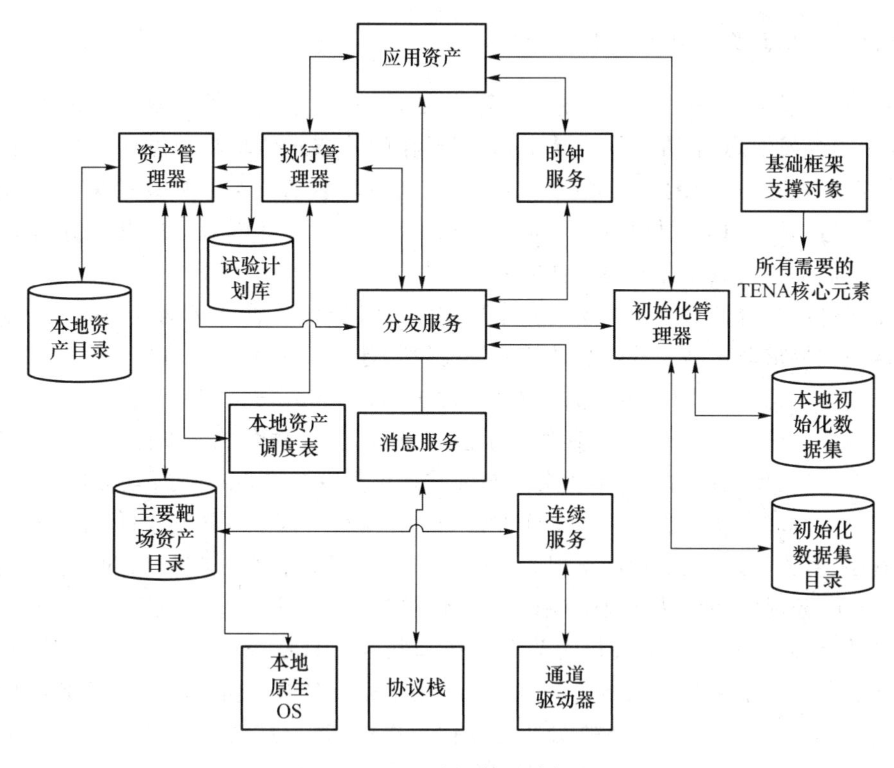

图 2-5 VITA 中间件设计概念图

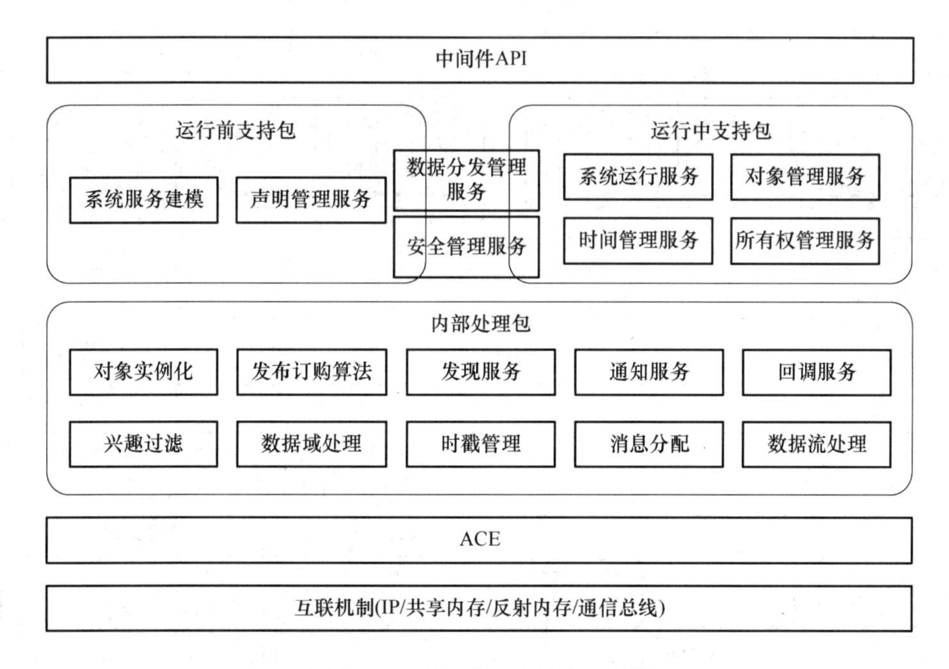

图 2-6 TENA 中间件结构模型图

富的可重用的 C++类的集合和框架组件,可跨多种平台完成通用的通信软件任务,其最大的特点就是支持分布式系统并发通信,并且是高度可移植性的。

4. 分布式仿真联合仿真支撑平台

2016 年,北京仿真中心航天系统仿真重点实验室针对设备靶场仿真联合试验训练应用需求,参考国外发展思路,提出了支持 LVC 互操作的分布式仿真联合仿真支撑平台 Josim,Josim 增强了异类异构异地仿真系统综合集成与仿真联合仿真互联互通互操作的基础支撑能力,提高了仿真资源的互操作性、可重用性和可组合性,并且可为用户提供仿真联合仿真前、事中、事后的仿真数据分析与评估支撑。

分布式仿真联合仿真试验系统是一个异构的实时分布式系统,对标准规范、协议、时统、接口或网关的要求非常高。该仿真试验系统需要构建一个分布式仿真联合仿真平台,以支持实况－虚拟－构造互操作的分布式仿真联合仿真。Josim 仿真支撑平台以分布式仿真联合仿真中间件为核心,以 Josim 工具集为手段,为用户仿真联合仿真事件前的仿真建模、事件中的仿真运行、事件后的仿真数据分析与评估提供支持。Josim 平台体系结构如图 2-7 所示。分布式仿真联合仿真支撑平台中间件是 Josim 体系结构中的核心组件,主要由应用层、服务管理层、对象管理层、虚拟网络层和互联机制五个层次组成。参考 TENA 实现,通过统一的 Josim 服务调用,使上层仿真应用同名地使用各类 Josim 对象,屏蔽 Josim 对象和网络通信机制的差异。Josim 工具集作为分布式仿真联合仿真系统的重要组成部分,分为离线工具集和在线工具集两部分。离线工具集主要用于完成分布式仿真联合仿真支撑平台运行前的准备工作和运行后的仿真数据分析与评估工作;在线工具集主要用于分布式仿真联合仿真支撑平台运行中的应用服务统一管理和运行监控等工作。

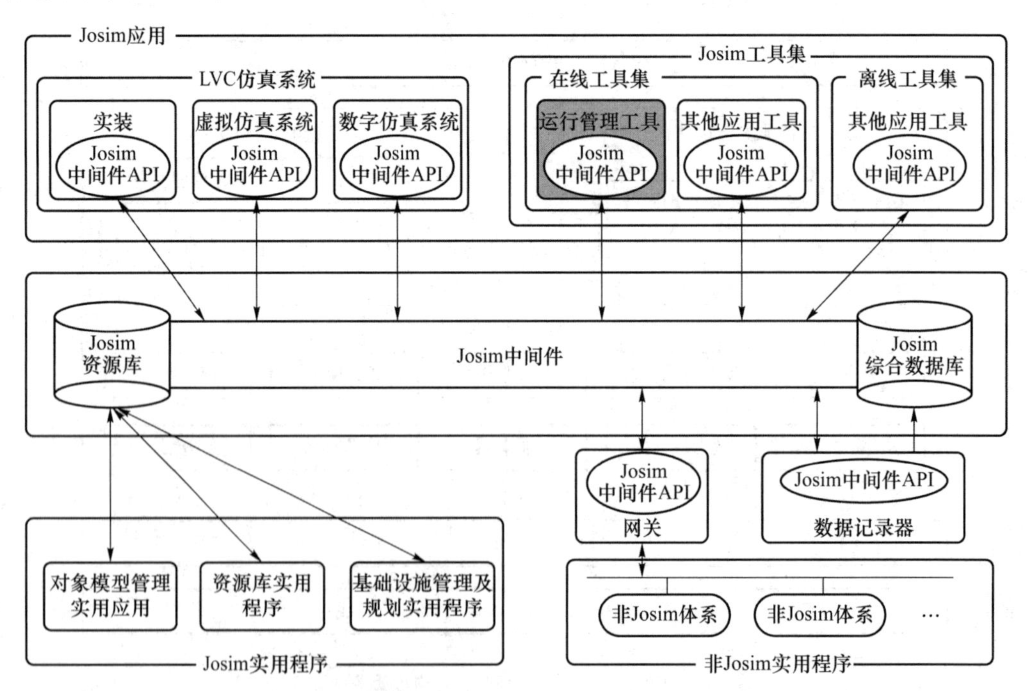

图 2-7　Josim 平台体系结构图

5. 试验训练一体化仿真支撑平台

2020 年,中国人民解放军陆军装甲兵学院和中国运载火箭技术研究院共同开发了试验训练一体化仿真支撑平台(Test and Training Integrated Simulation Architecture, TISA)。该平台的开发基于DoDAF(Department of Defense Architecture Framework)体系结构方法,将平台需求生成分为任务需求分析、活动需求分析和系统需求分析三个阶段。在前两个阶段中,需要进行试验和训练,以获得试训活动和指标需求,以及平台的共性应用需求。在第三个阶段中,通过功能集成和平台结构组成分析,将功能与结构进行关联,从而得到平台的功能需求和技术指标。TISA仿真体系架构软件很好地解决了试验训练中的LVC逻辑靶场异构集成问题。

试验训练一体化仿真体系架构TISA的设计原则包括以下方面。首先,它以对象模型作为实现统一逻辑靶场内异构资源互操作的基础。通过对象模型的应用,不同类型的资源可以进行统一的通信和交互,实现资源的共享和协同。其次,TISA采用中间件作为实现异构资源互联、互通和互操作的手段。中间件可以提供统一的接口和通信支持,使得不同的资源可以互相连接和交流,实现整体的一体化仿真支撑。再次,TISA基于标准体系来维护稳定的体系架构,确保平台的可靠性和稳定性。然后,它还基于TISA资源库来维护开放且不断演化的软件生态,为用户提供可重用的靶场资源和标准规范。最后,基于体系安全思想,TISA符合涉密信息的保密要求,在试验训练过程中保障信息的安全性。

TISA的中间件基于对象模型,为LVC试验训练资源提供通信支持。通过中间件的应用,不同类型的资源可以进行有效的通信和交流,实现各种模拟环境的互联互通。逻辑靶场业务工具提供了逻辑靶场运行全生命周期所需的各类支持软件,为试验训练活动提供必要的工具和支持。试验训练资源可以分为两类:资源应用和异构系统。资源应用是按照平台规范构建的标准化的逻辑靶场资源,这些资源符合平台的要求和规范,可以被广泛应用于试验训练活动中。异构系统则是经过平台封装的非平台规范的靶场资源,通过平台的中间件支持和封装,这些资源也可以与平台上的其他资源进行互操作。资源库则是为所有平台用户提供的可重用靶场资源、软件程序和标准规范的集合,用户可以根据需要从资源库中获取所需资源,提高了效率和资源利用率。

尽管我国在LVC领域的起步相对较晚,但随着仿真应用需求的增长,许多科研单位和企业开始加快对LVC技术的研究和开拓步伐。国内对LVC仿真联合试验的研究主要集中在理论探索方面,并出现了一些重要的理论成果,如《无边界靶场——电子信息系统一体化仿真联合试验评估体系与集成方法》等。在实践方面,一些科研院所和大学已经开展了LVC体系结构与中间件的分析研究,并自主开发了一些软件产品原型。尽管取得了部分成果,但总体来看,我国在LVC领域仍然处于起步阶段,尚未形成完整的LVC整体解决方案和一体化仿真联合仿真平台产品。未来,需要进一步加强科研合作和创新,提高我国在LVC技术领域的研究水平和应用能力,以满足科技训练和训练需求的不断增长。

(二)国外研究现状

1. 美国

LVC集成训练走在世界前列的当属美国政府,他们从20世纪70年代就开始利用计算机技术驱动训练技术、方式改革的探索,以取代传统的沙盘及图上作业等模式,并将这一工作纳入美国政府整体建设之中，使其从组织领导机构、法规制度、技术标准、任务规划等方面不断得以完善，其训练效果也越来越好。

2007年，美国政府仿真联合司令部提出了LVC体系结构路线图，其目的是对下一代分布式仿真试验体系结构的发展作出规划，以实现各种模拟训练系统的无缝集成与融合，使其能在标准化、互操作性、适应性、仿真联合性等方面有一个整体提升。

2014年，美国政府为解决以往在此领域中所存在的信息冗余大、互操作能力差、资源利用率低、重复建设多的弊端，提出了仿真联合训练企业架构（Joint Training Enterprise Architecture，JTEA），其中的核心组成部分即为JLVC联邦（-Joint，仿真联合之意）。

（1）SLATE-ATD项目

美国政府已将建模与仿真技术作为提升救援能力，促进团体现代化、结构优化的重要手段。这种虚实结合的训练方法是外场试训的一种增强和补充，在一定程度上缓解了可用空域不足的问题，是一种先进的试训环境，能够有效模拟在外场中无法模拟的高级威胁环境以及其他大量的敌我双方实体，对装备开展全面、充分的测试验证。2015年，美国牵头研究"安全虚实仿真训练环境（Secure LVC Advanced Training Environment，SLATE）"，其目标是提升LVC技术成熟度。

安全实时空对空任务演示是美国主导的LVC训练技术验证。2019年4月，Collins公司与美国爱荷华大学的训练效能实验室合作，进行了安全实时空对空任务（SLAAM）演示，展示了其混合LVC空中仿真支援能力。在演示过程中，该公司的仿真联合安全训练系统（JSAS）与美国批准的下一代威胁系统（NGTS）和现代天空环境（MACE）软件的地面系统连接，爱荷华大学则提供了装有LVC吊舱的飞机。此次演示证明如今已经可以使用量产硬件在LVC系统中注入合成实体的能力。Collins公司SLAAM演示的成功预示着LVC技术已经具备推广应用的条件，在此基础上发展出的海军版本称为TCTS增量Ⅱ。美空军决定购买下一代决策训练系统，称为P6 CTS，该系统与海军版本相似。P6 CTS将提高空军飞行员练习先进训练演习的能力，并将有助于确保两个团体能训练仿真联合训练。

（2）联合仿真环境

联合仿真环境（Joint Simulation Environment，JSE）是一个可伸缩、可扩展且高保真的政府所有、非专有的建模和仿真环境。它旨在解决物理实验环境所面临的空域限制、GPS干扰限制以及其他安全问题。JSE的整体目标是允许测试人员和工程师同时对多个飞机平台进行测试，为救援飞机和其他装备的开发提供高度逼真的模型和仿真环境，从而提供全新的飞机测试方法。

随着LVC技术在装备测试中的应用，数字化手段、地面模拟器和真实装备的结合使得我们能够模拟出传统装备测试中只能通过大量实际装备才能获得的效果。LVC环境的测试潜力巨大，通过LVC技术，我们可以模拟全球范围内的密集威胁环境，将这些仿真场景用于验证测试和评估，以及进行实际训练。

LVC技术在装备测试领域的应用带来了许多显著优势。首先，使用LVC环境进行测试可以降低测试成本和风险。传统的装备测试通常需要大量的实物装备和场地，而LVC环境可以通过数字化模型和仿真技术来代替实际装备，从而节省了大量的资源和资金，并且降低了测试过程中可能面临的风险和安全隐患。其次，LVC技术使得测试人员和工程师能够在更广泛和多样化的环境条件下进行测试。传统的装备测试通常受到地理空间和物理限制，而LVC环境可以模拟各种环境因素，包括不同的地形、气候条件和危险情况等。这使得测试人员能够更全面地评估装备在不同情况下的性能和可靠性，为装备的改进和优化提供更全面的数据支持。此外，LVC技术还可以提供更快速和灵活的测试周期。传统的装备测试往往需要大量的准备工作和调试时间，而在LVC环境中，测试人员可以通过调整参数和场景来快速进行测试，并根据测试结果进行实时调整和改进。这样可以大大缩短测试周期，加快装备的开发和部署进程。最重要的是，LVC技术为装备的仿真应用提供了更真实和全面的训练环境。通过LVC仿真，角色和指挥员可以在虚拟的仿真上进行仿真演练，面对各种复杂的决策和决策情景，并进行实时决策和反应。这种仿真化的训练可以提高角色和指挥员的应变能力和决策水平，使他们能够更好地适应实际训练环境，提高仿真救援效能。

总而言之，LVC技术的应用为装备测试带来了巨大的变革和发展机遇。通过LVC环境进行装备测试，不仅可以降低成本和风险，提高测试效率，还可以提供更广泛和真实的测试条件，为装备的改进和优化提供更全面的数据支持。同时，LVC技术还为仿真训练提供了更真实和全面的环境，提高了角色和指挥员的仿真力和应变能力。随着LVC技术的不断发展和创新，相信在不久的将来，LVC将成为装备测试和仿真训练领域的重要工具和方法。

2. 以色列

除美国以外，另一个使用仿真训练较为成熟的国家是以色列。以色列位于强大威胁的包围之中，其仿真训练比例已从2010年的15%增加到2021年的25%，并计划到2025年达到40%，同时将仿真训练重点从基本技能转移到决策训练上。以色列是较早使用嵌入式训练飞机训练系统的国家之一，可为仿真机飞行员提供针对模拟对手（构造威胁）的实装训练任务。构造威胁真实地显示在实装飞机传感器上，飞行员可以开展单机训练或作为多配置的编队级训练。埃尔比特系统公司（Elbit Systems）是一家以色列的国际防务公司，在世界各地广泛地开展仿真救援项目。埃尔比特系统公司及其子公司在航空航天和海军指挥控制系统、情报监视与侦察（C4ISR）、无人机系统（UAS）、先进的光电系统、电子战设备、信号处理、数据链路、软件无线电等领域开展多种业务。该公司还致力于升级现有装备，尤其是为训练和模拟系统领域提供一系列支持服务，针对空中、地面和海军平台的全系列训练和仿真系统，采用先进的建模、可视化和网络化技术，构建了模拟复杂训练场景的范围从个体到全面仿真联合训练的LVC训练系统。

（1）真机仿真训练（EHUD系统）

Elbit公司的EHUD系统是一个自动化程度很高的航空机动仪表（AACMI）系统，其通用性很强，可提供先进的空对空和空对地救援的训练模式，具备实时通告生成、数字设备仿真、实时仿真训练评估能力。该系统通过Elbit公司的专用数据链路进行组网，对实时参训飞机平台的数量无限制。EHUD系统在1994年就在真机飞行训练中发挥作用，而且分布在四个大洲的十七个国家也采购了该系统。该系统由采用标准设备接口机载吊舱、实时监控地面站、实时跟踪定位（RTTP）系统三部分组成。截至2016年，已经使用了超过100万飞行小时的记录，交付了超过500套机载吊舱和100多个地面实时监测站。

(2) 嵌入式虚拟航空电子设备(EVA)

EVA 可以安装在初级或中高级教练机上，将教练机转化为虚拟的先进仿真机。EVA 降低了培训的小时成本，同时使学员能够操作训练机上的航电设备，如虚拟雷达、光电设备和电子战(EW)系统，以及发射虚拟空对空和空对地设备。在仿真机上安装 EVA 系统后，允许在训练中增加虚拟地面和空中威胁，同时操作虚拟设备、传感器进行仿真训练测试，能提供最真实的训练场景，且节省了蓝军、靶场等成本，提高了训练效果。使用 Targo™ 头盔安装航空电子设备(Helmet Mounted Display System，HMD)和 EVA 可获得完整的嵌入式培训体验，提供更接近现实的培训体验，在 HMD 头盔的遮光板上可显示所有虚拟实体。

3. 荷兰

(1) 无人驾驶航空器 (UAV)

荷兰武装团体在行动中使用了许多无人机系统，包括长航时高空系统以及更小的便携式设备。这些无人机系统提高了地面排长的态势感知能力，并且可以通过不同的方式进行控制。例如，通过从地面直接控制(用于 Raven 等便携式设备)或间接通过更高梯队进行控制，其中无人机图像通过操作(便携式)远程操作视频增强接收器 (ROVER IV) 系统在地面上接收。然而，这些无人机是稀缺资源，由于运营需要，可用性有限，导致培训机会减少。由于有关在荷兰领空使用无人机的法律限制以及经常阻止无人机在训练场上使用的天气条件，这些资产用于实况训练演习的可用性问题甚至进一步增加。因此荷兰选择将模拟 UAV 集成到实况演习中，其中一次演示发生在 2010 年 9 月，在现场演习中演示了模拟无人机。在这次演示中，一架模拟无人机“飞”在 Marnehuizen 训练设施上空，当时北约 MSG-063 UCATT(城市训练高级训练技术)团队用他们的 MOUT 训练系统进行了演示。

(2) 城市短程互动 (USRI)

当前科技现实的一个重要部分是城市地形科技行动(MOUT)。城市运营培训计划包括现场训练场的演习，例如荷兰 MOUT 设施 Marnehuizen 和 Oostdorp。由于与当地居民的互动是科技行动中的一个重要问题，因此这些设施需要配备“当地人”。然而，这些练习通常缺乏足够的角色扮演者来模拟人口稠密的城市环境，因为足够的现场角色扮演者成本高昂且难以找到。此外，由于角色玩家稀缺，可用于文化意识培训的时间非常有限。本案例与培训领域的问题负责人合作进行大量演示。在这些演示中，使用虚拟角色作为 MOUT 练习中的角色扮演者，并解决交互和沉浸感的关键方面。通过这种方式，既降低了成本，又提高了培训价值。

三、LVC 应用领域

LVC 技术目前主要应用于训练测试、试验测试和鉴定两个领域。在训练测试领域，LVC 技术通过集成虚拟和构造环境，增强实时环境的场景复杂性，不仅有助于演习和训练，还在制定条令和决策、制订训练计划和评估训练情况等方面发挥作用。LVC 技术构建出近似仿真的模拟仿真训练环境，使得参与训练的人员能够以不同的身份(指挥员、参谋人员或仿真人员)在虚实结合的环境中执行任务,提高整体仿真水平。

在试验测试和鉴定领域,LVC 应用主要利用仿真硬件和仿真软件进行仿真实验,通过数值计算和问题求解,模拟系统的行为和过程。仿真系统是专门为科技应用而构建的仿真模拟系统,它可以对电子信息以及网络等各个训练要素、设备性能和训练行动等进行量化分析,精确模拟仿真环境,并呈现相关仿真态势,用于效能评估和智能决策辅助。为了将仿真技术真正应用于装备的全寿命周期,科技仿真特别注重实况、虚拟和构造仿真的结合,即 LVC 仿真技术。这种分布式架构和多对象的组合要求仿真系统采用 HLA 结构,并且能够广泛地集成不同的要素,特别是能够灵活地替换、组合和混合 LVC 的模型或实装信息,以满足多层次、分布式、多颗粒度、混合建模的需求。

LVC 技术在试验测试和鉴定领域的应用具有重要意义。首先,LVC 技术能够提供更全面、灵活且可控的测试环境,使测试人员能够针对不同的情况和场景进行测试,从而获得更准确、可靠的测试数据。其次,LVC 技术可以降低测试成本和风险。传统的试验测试通常需要大量的实物装备和场地资源,而 LVC 技术可以通过虚拟仿真和构造环境来代替实际装备,从而减少了成本和风险。再次,LVC 技术还可以提供更广泛和真实的测试条件,包括不同的环境条件、不同的训练情景等,以满足多样化的测试需求。最重要的是,LVC 技术使得测试人员能够模拟全球某个密集威胁环境,将其仿真场景用于验证测试和评估,从而提高装备的适应性和应变能力。

综上所述,LVC 技术的应用在训练测试、试验测试和鉴定领域具有广泛的应用前景。通过 LVC 技术,可以构建更真实、全面的训练环境,提高团体的仿真力水平;同时,在试验测试和鉴定过程中,LVC 技术可以提供更全面、灵活且可控的测试环境,减少成本和风险,并获得更准确、可靠的测试数据。随着 LVC 技术的不断发展和创新,相信它将在科技领域发挥越来越重要的作用,为装备的研发和应用提供强大的支持。

(一) 用于测试

1. LVC 参与测试的主要优势

LVC 仿真集成技术以将实装、模拟器和数字构造单元结合起来进行异构混合仿真为目标,不仅能够提升团体演训的逼真度和复杂度,降低训练和后勤成本,还能够有效支持网电空间和其他新型训练领域的仿真训练演练。LVC 仿真集成技术通过虚实结合,将数字环境构造的虚拟目标和虚拟环境以较高的逼真度呈现给参训人员,带给参训人员尽可能真实的仿真体验,通过真实、虚拟和构造三种方式的有机结合能够实现从决策到战役级等不同层级的演训,达到演训成本-效益最优化的目的。

2. 典型案例

“千年挑战-2002”演习后,采用 LVC 的方式进行训练测试在美国政府内部形成了共识,LVC 开始在仿真联合训练测试领域得到快速发展。在空中演训方面,美国立方体公司的 P5 系统能够支持超过 30 种主战飞机,支持空对空、空对地、地对空等平台的海上演训。此外,美国政府计划在 2030 年前后逐步采用下一代机载训练系统(P6)。

(1) P5 仿真训练系统

该系统为用户提供了无地域限制的通用平台和训练能力，使飞行员可以随时随地进行无固定航程的训练。通过 P5 仿真训练系统，飞行员可以从航母上起飞进行海上飞行训练。并且 P5 系统便于运输，包括机载吊舱和地面站。P5 仿真训练系统还集成了一个远程数据链，可以与地面支援或航母现场支援一起进行训练，也可以在不依赖地面站的情况下，随时随地以空对空组网方式进行仿真训练测试。

(2) JSAS 训练技术

JSAS 是柯林斯公司和 DRS 公司面向安全的 LVC 训练能力的需求，合作开发出的一套训练技术，易于空中、陆地和海上配置，能支持美国及盟友开展本场训练或者大型仿真联合演习，克服了现实中实装威胁和靶场基础设施的限制。JSAS 训练技术将虚实混合训练、逼真的威胁和设备仿真、分级加密网络等功能整合在一起，以进行高保真、高威胁、高密度的空战训练。

(二) 用于实验测试和鉴定

装备仿真实验在装备研发和运用研究中有着重要的意义。随着装备体系训练能力的发展，装备试验也必然向多类别、多域、大时空范围仿真联合仿真的方向发展，构建 LVC 仿真集成环境对于验证和评估仿真场环境下遂行训练行动的效能具有重要意义。试验测试和鉴定领域主要是应用仿真硬件和仿真软件通过仿真实验，借助某些数值计算和问题求解，反映系统行为或过程的仿真模型技术。仿真系统是利用仿真技术针对科技应用专门构建的仿真模拟系统，可对海、陆、空、天、电、网等训练元素、设备性能以及训练行动等进行量化分析，进而精确模拟仿真环境、呈现相关仿真态势，实现训练体系的效能评估和智慧决策辅助。考虑到使仿真技术真正服务于装备的系统论证、方案设计、关键技术验证、系统集成试验、系统训练等全寿命周期，科技仿真特别注重实况、虚拟、构造仿真的结合，即 LVC 仿真技术。分布式架构和多种对象的组合，要求仿真系统采用 HLA 结构，并且能够广泛地集成不同的要素，特别是能够灵活地替换、组合和混合 LVC 的模型或实装信息，满足多层次、分布式、多颗粒度、混合建模的要求。

典型案例

(1) 基于 HLA 标准的仿真实时接口中间件

在装备仿真试验领域，基于 HLA 标准的仿真实时接口(Run Time Infrastructure, RTI)中间件得到了广泛的应用。联邦运行支撑环境 RTI 是 HLA 接口规范的具体实现。HLA 接口规范用文字定义了各种标准服务和接口，而 RTI 则用程序设计语言将这些标准的服务和接口转换成标准的 RTI API 函数，使基于 HLA 的仿真开发成为可能。它为仿真应用提供了仿真运行管理功能，例如仿真过程的开始、暂停、恢复、时间同步等；它提供了底层通信传输服务，屏蔽了网络通信程序实现的复杂性，而且这种传输机制允许各个联邦成员进行不同级别的数据过滤，这可以极大地减少网络数据流量，提高仿真系统的运行速度。

(2) 试验鉴定支撑平台

试验鉴定支撑平台是面向设备论证设计、研制生产、交付使用的全生命周期，基于分布式仿真架构，利用网络、分布计算、中间件和对象模型构建的试验平台。平台依托底层的通信基础设施，采用 LVC 分布互连集成技术和 TENA 技术架构，提供各类试验设备、系统的注册发布、动态接入、按需配置、时统服务、试验过程运行管控和试验数据安全保障等全过程支持，解决现有仿真环境受物理限制规模小、多用户并发服务能力弱、与实装信息交互难等问题，为体系训练背景下的设备试验鉴定、体系能力综合评估提供有效保障。

基于 LVC 的试验鉴定支撑平台，将满足要素-单元-系统-体系-仿真联合等不同层次设备试验鉴定模式对试验资源和试验环境的需求，同时解决长期存在的试验任务与试验场景耦合、平台结构单一、信息孤岛等瓶颈问题，提高跨种类仿真联合试验、虚实结合、资源共享、按需灵活重组等能力，最大限度增强试验系统和试验资源的互联、互通、互操作能力，形成海、陆、空、天、电一体的多维试验场，进一步提升设备试验鉴定的体系整体效能。

（三）用于新技术试验与孵化

虚拟仿真技术的不断进步使仿真环境越来越能够真实地反映现实场景，构造仿真能够进行设备使用规则、训练规则、科技人员行为的建模。这些技术的发展使训练场景的快速集成开发成为可能。

典型案例

一方面，通过智能化的算法构造更接近人类反应的仿真行为，可以更好地支撑训练和方案的研究，如荷兰宇航院（The Royal Netherlands Aerospace Centre，NLR）开发的灵巧盗贼程序；另一方面，人工智能产生的训练行为也可以看作是一种构造仿真，通过 LVC 仿真技术可以快速对人工智能算法产生的仿真行为进行验证，如人工智能“阿尔法”系统。

（1）灵巧盗贼程序

自 20 世纪 90 年代末以来，荷兰宇航院一直致力于研究嵌入式训练，通过十余年的努力，将嵌入式训练从概念变为了现实。灵巧盗贼程序采用了智能方法代替程序化的个体行为构造，这种程序代替了过去的预先编程行为。飞行员无法预测虚拟目标的行为，需要提前判断行动并调整决策，这增加了训练的价值。目前，“灵巧盗贼”已可以支持最多 4V4 的决策训练。

（2）人工智能“阿尔法”系统

2019 年，著名的人工智能“阿尔法”系统击败人类飞行员的仿真训练就是在 LVC 仿真框架下实现。美国国防预先研究计划局（DARPA）的演进项目的技术领域之一就是通过在仿真环境中展示算法的可信任性。其核心算法采用遗传模糊理论体系，基于人类专家知识构建了多个并行模糊推理机，根据其映射关系确定输入输出连接，进行实时决策，解决了需要连续、实时决策的高维复杂问题。“阿尔法”系统的初始策略结构主要依赖人类的先验知识建模，由于目前人类对空中机理的认识具有一定的局限性，其空间搜索能力很大程度上受限于人类设计好的结构。作为运用人工智能技术求解空中仿真救援问题领域的里程碑成果，“阿尔法”系统成功将演化计算应用于求解复杂空中仿真训练问题，在策略参数研究方面作出了积极的探索。

四、尚未解决的问题

创建 LVC 更多是增强已有资源可互用性、可集成性以及可组合性，并进行整合，从而形成一套完整的体系架构。通过调研国内外对 LVC 的研究现状发现，无论是国内实验室还是国外研究所，都面临着实施难度大，数据冗余大、传送时间延长、数据易丢失、传输所需带宽大、网络安全风险大、结构异常复杂等诸多问题。

美国政府为提升从决策层面到科技行动层面仿真联合仿真训练的真实性和高效性，提出了《JLVC 联邦集成指南》，为 LVC 在仿真联合仿真训练中的应用奠定了基础。JLVC 也是基于联邦的架构，主要由模拟系统、仿真支持技术系统、角色演习环境、基础通信网络设施和 C4I 系统构成。JLVC 实现了 DIS、HLA、TENA 等不同体系架构的集成，同时也将 Link16、USMTF 等数据交互标准集成进来，使仿真体系与实装、个体指挥信息系统的交互能力大为增强。但是所面临的技术挑战有以下五点。

① 复杂性。当前的 JLVC 联邦包含多种训练模型，他们集成在一起激励 C^4ISR 系统并与特定的真实和虚拟系统交互。每个联邦成员都处在独立的开发周期中，具有不同的治理模型。重复地集成这些联邦成员，变得越来越复杂，任何一个联邦成员的开发缺陷，都可能导致 JLVC 联邦的失败。并且不同的体系结构具有不同的标准对象模型或没有标准对象模型。需要在语法和语义上协调对象模型，这通常比集成协议本身更加困难。

② 冗余性。JLVC 联邦成员在各自领域有着特有的优势，但在 JLVC 联邦中表现出大量的模型冗余。事实上，JLVC 集成很大一部分工作是消除联邦成员中类似功能的冲突。

③ 费用高。由于 JLVC 联邦的复杂性和持续的开发周期，运维成本高，技术人员需求缺口大。

④ 灵活性不高。JLVC 联邦集成环境相对固定，体积庞大，对训练对象的精准对接设计不足。在只进行 CCMD 层级项目训练时，通常需要其他层级相关人员配合。并且如果已有的系统（依赖和使用一种体系结构）采用另一种体系结构，其改动往往非常大。

⑤ 开发周期长。基于联邦成员的独立开发周期，当前 JLVC 联邦的开发周期为 12～18 个月，这导致每年都有一个主要的 JLVC 联邦版本发布，而且在这个持续的开发周期中，很大一部分用来测试 JLVC 联邦环境的稳定性和互操作性。

五、LVC 未来发展前景

通过开发具有特定功能的小型模块化服务单元，逐步取代大型复杂的仿真系统，实现从松散的联邦结构到模块化框架的转变，从而满足不同系统之间的互联互通，是当今 LVC 架构体系的发展方向。以下为八种可能的后续研究方向。

① 多系统交互。由于历史原因，各团体相对独立，基本已形成具有各团体特色的训练环境。为了开展仿真联合训练，对已有各训练系统、指控系统的集成应用成了必须攻克的难题，现有系统的重复利用相比全新研制要难得多。其中包括修订现有框架、研制开放式架

构、不同协议之间的互操作性等一系列问题。

② 建模技术。通用训练单元组件化模型框架是 LVC 仿真模型资源的基础框架，所有的训练实体都在该框架之上进行开发，通过将各类异构资源统一到组件化智能体模型，可以保证在某个资源应用崩溃时，其他的资源应用会进入一个自稳定的基础状态，而不会导致进一步的错误。

③ 异构仿真系统的时空统一。LVC 中的虚拟装备，即有人操作的模拟器或半实物仿真设备虽然运行在物理世界，但是这些模拟器通常以固定的仿真周期来模拟真实的装备，如雷达模拟器的信号处理周期。这些仿真系统在集成到 LVC 中时，通常采用一个仿真网关，实现 LVC 靶场与模拟器逻辑时间的对齐。

④ 实时仿真中间件。实时仿真中间件是实现 LVC 交互集成仿真的基础。应用场景包括：团体训练、装备仿真和试验鉴定、新技术试验与孵化。

⑤ 城市短程交互。当前的城市运营培训计划包括现场训练场的演习，由于与当地居民的互动是科技行动中的一个重要问题，因此这些设施需要配备“当地人”。然而，这些练习通常缺乏足够的角色扮演者来模拟人口稠密的城市环境，因为足够的现场角色扮演者成本高昂且难以找到。此外，由于角色球员稀缺，可用于文化意识培训的时间非常有限。使用先进的模拟技术可以减少所需的现场角色扮演者数量。

⑥ 不同的表示。在集成实时、虚拟和建设性模拟时，最难克服的问题之一不是数据共享，而是允许这些数据在每个模拟类别中具有意义的表示。每个类别都有自己的表示和抽象级别，这需要考虑如何将概念从一个类别转换为下一个类别。需要注意的是，此类转换通常仅在一个方向上有效，例如可以通过省略更抽象级别上不需要的信息来聚合单元，但是通过分解，可能不存在额外需要的信息。

⑦ 数据安全。在当今的多域战环境中，团体越来越多地在不同地点和任务之间进行协同训练，安全比以往任何时候都更加重要。开放式架构促进了更灵活、更强大的数据收集和分析，以及将这些知识快速整合在一起的能力，但是也会被更轻松地监控使用中的系统，所以需要在整个硬件、网络和应用层中嵌入安全方法，以实现持续更新和监控。

⑧ 智能行为。人类智能很难模拟。将实时或虚拟模拟中真实人类的行为与建设性模拟中的模拟人类行为相结合，例如导致在训练场景中学生对真实和模拟人类表现出不同反应的不公平和不切实际的策略。Game AI、VR/AR 等新技术的出现，推动着 LVC 构建出覆盖领域更广、仿真环境更逼真的试验训练一体化系统和平台。“十四五”期间，随着 5G 及无线链路技术的改进，还将为 LVC 与新技术的网络化安全融合进程提供有力保障。因此，未来 Game AI 将会在 LVC 领域有非常重要的应用。Game AI 未来可能应用在以下三方面。

• Game AI 在计算机生成个体方面的应用

计算机生成个体（Computer Generated Forces，CGF）是由计算机创建并对其动作和行为实施控制或指导的虚拟训练个体对象，是在仿真环境中由计算机生成的个体，由计算机程序或算法控制和指导其行为。在计算机游戏中，人们通常将其称作 NPC 或电脑人。CGF 的目的是增加虚拟环境中仿真实体的数量来弥补人力、物力的不足，扩大模拟训练规模。

相较于第一人称射击游戏（First-Person Shooting Game，FPS），CGF 实体一般采用简化的动态模型，其原因有：a. 可减少计算量，节约计算机资源；b. 在仿真训练中某些大型运输设备往往在距离较远的地方使用，对其动态性能和细节程度要求不高；c. 更加注重对实体自治行为的研究和开发。CGF 的存在并不是为了“通吃”所有训练者，而是为训练人员构造一个更加真实可信、人性化的虚拟对手，给训练人员带来模拟仿真的感觉。CGF 的动作和行为一般都遵循“感知—思考—行动”这一顺序。游戏中应用于 NPC 的行为选择算法主要有有限状态机、行为树、基于效用的系统和分层任务网络等。

• Game AI 在数据分析和生物特征识别方面的应用

飞行员未来训练（Pilot Training Next，PTN）是美空军教育和训练司令部（AETC）新训练计划的一部分，目标是“重新想象”如何用新技术训练飞行员，提高训练效果并缩短训练周期。该计划将 VR 与传统训练方式结合使用，为学员提供了补充训练，并取代了多达 80 个 T-6 初级教练机飞行小时。PTN 将依靠多种新技术，包括虚拟和增强现实、先进的生物识别技术、人工智能和大数据分析，为学员提供了在以学员为中心的合作环境中学习的机会。

第一期 PTN 于 2018 年 2 月开始，在第一期 PTN 结束后，开发出了一款名为“VIPER”的 AI 飞行教员。该工具对于个性化训练和让学员能持续使用训练环境起到了至关重要的作用。凭借先进的数据分析和相关的人工智能算法分析实时训练数据，提高或降低速度和复杂性，为持续改进训练过程提供了直接和客观的支撑，进而可以优化训练大纲。

• Game AI 与场景自动生成训练系统方面的应用

Game AI 在场景自动生成训练系统方面的应用，主要是为了解决在角色训练过程中场景单一的问题，该系统针对不同角色能够合成不同场景，给出个人分析数据，制订针对性训练计划，达到省时、高效的训练效果。一个能自动合成环境的系统可以更好地达到预期目标，这种训练模拟器可以了解学员的优势和劣势，并相应地改变任务。

第二篇　AI 部分

人工智能发展到今天，已经在越来越多的领域取代人们的工作。小到扫地机器人、个人手机的语音助手，大到云计算、物联网，这些在平时生活中很容易被忽略的地方处处都有人工智能的影子。

与其说人工智能是一门技术，不如说其是一个标准化定义，不同领域对人工智能技术的要求各有不同。对于扫地机器人来说，人工智能是要实现如何在室内行走并躲避障碍物的同时完成清理垃圾的功能，这就涉及环境扫描和路线规划等一系列技术，而对于含有 NPC 的游戏来说，则要使游戏中的敌人进行行走、攻击、组队等行为；而对于云计算来说，数据的处理、存储、分析则是重要工作，通常理解下与人正常交流的机器人技术（神经网络）只是其中的一部分，因此全面、准确地了解人工智能，将有利于我们将该技术更合理、更全面、更准确地应用于实际工作。

本篇将主要介绍虚拟环境中角色所进行的一系列运动动作时需要用到的人工智能技术，其中：第三章将详细阐述运动学，说明人工智能控制角色运动时需要的输入与输出；第四章主要讨论人工智能决策行为，即说明游戏角色运动时所涉及的运动方法，除此之外，还要说明角色获得其他行为动作可能用到的技术；第五章主要说明虚拟环境生成的方法；第六章结合 LVC 技术，将各章内容融合，通过一些具体的游戏案例分析一些技术。

第三章
移动与路径发现

随着计算机图形技术的快速发展，游戏的运动学和路径发现技术也在不断地提高。对于运动学技术，目前主要有基于动作捕捉和物理引擎的方法。动作捕捉技术是通过让演员在真实环境中完成动作，然后将动作数据记录下来，再将其应用于虚拟角色上，从而实现虚拟角色的运动。而物理引擎技术则是通过物理学原理来模拟虚拟世界中物体的运动，从而实现真实的碰撞和物理效果。这些技术的不断完善，使得虚拟角色的运动更加自然、真实，也更加符合游戏开发者的意图。

而对于路径发现技术，也有了越来越多的变化。传统的路径发现技术主要是使用 A*算法，该算法在二维平面环境中表现良好，但是在三维环境中的性能和效果就不太理想。因此，近年来涌现出了更加高效的路径发现算法，例如 Dijkstra 算法、RRT 算法和 D 算法等。这些算法结合了启发式搜索和随机采样等技术，能够在较短时间内找到最优路径或近似最优路径，从而提高了虚拟角色的移动效率和真实感。

除此之外，还有一些新的技术被应用到了虚拟角色的运动中。例如，深度学习技术已经被应用于动作捕捉中，通过训练神经网络来模拟真实动作，使得虚拟角色的运动更加自然。同时，人工智能技术也开始被应用到路径发现中，通过学习虚拟世界的地形和障碍物，来寻找最优路径。

总的来说，随着计算机图形技术的不断发展，游戏中虚拟角色的运动也在不断地演进。从运动学和路径发现技术的基础形式开始，到如今的动作捕捉、物理引擎、深度学习和人工智能等技术的应用，我们可以看到游戏开发者对于虚拟角色的运动效果和真实感的不断追求和创新。

一、运动力学算法

（一）当前状态输入

若要构建一个以现实世界为蓝本的虚拟剧场，其内容中的角色运动一般都遵循现实世界的经典力学，游戏中的角色按照引力的影响保持在游戏平面，因此，AI 介入的大多数平面移动动作，足以满足大部分场景。实际上，不论是在 2 D 还是 3 D 场景中，很多个体角色为了简化模型，往往将运动个体视为单个的点，这样很多与行动有关的步骤将大大简化。

首先，角色的运动与角色的状态和受到的外部影响有关，考虑角色状态时，先要确认角色在虚拟世界中所处的相对位置，并且在大多数 2.5 D 或 3 D 场景中，角色并非仅仅面朝正方向轴，因此我们可以先获取到角色的位置（Position）和朝向（Orientation），这是最基本的两个输入量。之后要判断角色的运动状态，场景中的角色运动基本分为两种，即直线运动和曲线运动，因此我们用线速度（Velocity）和角速度（Rotation）分别表示角色模型的直线速率和曲线速率。这四个值的描述足以表示角色的大部分运动状态。跳跃、攀爬等动作涉及第三维的移动，我们将会在后面部分讨论。

除了基本的运动状态，角色在虚拟世界中还需要具备适应游戏动作的物理属性，如重量、弹性等，这些属性通常与角色的模型密切相关，因此需要在模型设计时考虑这些属性。此外，角色的行为也会受到虚拟世界的物理影响（例如碰撞检测），当角色与其他物体碰撞时，会产生相应的反应，这也需要在角色运动的算法中进行考虑。

除了运动力学，路径发现技术也是虚拟世界中角色移动的重要一环。路径发现技术主要用于指示角色如何移动，通过寻找最优路径来避免角色在虚拟世界中出现卡顿、卡死等情况。一般情况下，路径发现技术分为两种：一种是离线路径规划，即在场景设计时就预设好角色的移动路径，这种方式适用于固定的场景，对实时性要求不高的游戏；另一种是在线路径规划，即在角色运动时实时计算最优路径，这种方式适用于动态的场景，对实时性要求较高的游戏。除了运动力学和路径发现技术，角色移动还需要考虑到用户的输入，例如用户控制角色移动的方式，常见的方式包括键盘、手柄、鼠标等，不同的输入方式对角色的移动算法也会有所不同。

总体来说，虚拟世界中角色的移动算法是一个综合性的问题，需要综合考虑运动力学、路径发现技术、用户输入等多个方面，才能够构建出流畅、真实的角色移动效果。

（二）受力变量

受力变量包括力的大小、方向和应用点。力的大小指施加在物体上的力的强度，通常使用标量来表示。力的方向指施加在物体上的力的方向，通常使用向量来表示。应用点指施加力的点，通常可以指定物体上的任意一点来施加力。这些变量直接影响物体的运动和动力学行为，因此在实现动态模拟时需要考虑这些因素。模拟人物在现实世界中的运动，虚拟世界中的角色运动状态改变时，也是受到外力影响，因此对应到相应场景中改变速度的量，我们可以定义两个变量，即线性运动变量——加速度（Linear）和曲线运动变量——角加速度（Angular）。

变量已经定义，如何让其表现出来？众所周知，显示器上的动画是通过将一帧一帧的画面连续播放显示出来的，但是在每一帧画面中，我们并不能体现出以上两个变量作用的结果，整个运动的过程被分成了多帧实现，虚拟角色在每一个平均间隔的时间帧中修改状态和方向，最后通过整合输出实现平滑运动，整个行为也将会更加可控。

数值已经获取，具体要如何实现呢？在虚拟世界拟真情况下，我们可以为其设置更为复杂但也更逼真的算法，即通过获取角色质量和当前的运动状态，去计算物体动能惯性，然后根据输入的作用力大小，获得改变物体运动状态的加速度值，或者仅仅定义加速度，以简洁的方式实现状态改变，不论如何，控制器最终会得到关于角色和物体的状态输入以及改变当前状态的变量，最终通过线性组合，使目标产生接近真实效果的运动形态。

在现实世界中，我们不能简单地将加速度应用于对象并使其移动。我们施加力，力会引起物体动能的变化。当然，它们会加速，但加速度将取决于物体的惯性。惯性起到抵抗加速的作用，惯性较大时，相同力的加速度较小。

为了在游戏中对此进行建模，开发人员可以使用物体的质量来表示线性惯性，使用惯性矩(或三维惯性张量)来获得角加速度。开发人员可以继续扩展角色数据以跟踪这些值，并使用更复杂的更新程序来计算新的速度和位置。以下是物理引擎使用的方法：AI 通过对其施加力来控制角色的运动。这些力代表角色影响其运动的方式。尽管对于人类角色来说并不常见，但这种方法对于驾驶游戏中的汽车几乎是通用的，也就是说，发动机的驱动力和与方向盘相关的力是 AI 可以控制汽车运动的唯一方式。

由于大多数成熟的转向算法都是用加速度输出定义的，因此使用直接通过力起作用的算法并不常见。一般来说，移动控制器会考虑后处理步骤(Post-Processing Step)中角色的动态，它被称为执行(Actuation)。执行将所需的速度变化视为输入，这种变化将直接应用于运动系统。接下来，执行器(Actuator)计算它可以应用的力的组合，以尽可能接近所需的速度变化。在最简单的关卡上，这只是将加速度乘以惯性以产生力的问题。它假定角色能够施加任何力，但事实并非总是如此(例如静止的汽车不能侧向加速)。

(三) 输出

输出将会更新角色的位置和方向。为了更好地理解虚拟世界中角色运动的实现，我们进一步介绍相关的技术和概念。

第一，虚拟世界中的角色运动受到的外力影响与现实世界中是类似的。为了更准确地模拟这种影响，游戏开发者可以使用物理引擎技术。物理引擎是一种模拟物理现象的软件库，它可以计算物体在给定外部力的作用下的运动轨迹、碰撞效应等，从而实现真实的物理模拟。常用的物理引擎包括 Bullet、Havok、PhysX 等。

第二，虚拟角色的动作还涉及路径规划和碰撞检测。路径规划指的是在虚拟世界中计算出角色移动的最佳路径，以及在该路径上进行自动避障等操作。碰撞检测则是指在虚拟世界中检测物体之间是否发生了碰撞，并对碰撞进行响应，如弹开、受伤等。路径规划和碰撞检测通常由游戏引擎提供支持，游戏开发者只需要调用相应的接口即可。

第三，还有一些专门用于虚拟角色运动控制的技术，如姿势动画、蒙皮动画、骨骼动画等。姿势动画是指通过预先设计好的动作模板，对角色进行动画的播放。蒙皮动画是一种基于网格变形的动画技术，可以将虚拟角色的形态随着动作而变化。骨骼动画则是将虚拟角色的模型绑定到一个骨骼系统上，通过控制骨骼的运动来实现动作。这些技术都能够使虚拟角色的动作更加自然、逼真。

第四，虚拟角色的运动涉及多个参数和变量，如位置、方向、速度、加速度、角速度等。为了更好地管理和控制这些参数，可以使用状态机、动作图等技术。状态机是一种能够对角色状态进行建模的工具，可以将角色的行为划分为不同的状态，并在状态之间进行切换。动作图则是一种用于描述角色动作序列的图形化工具，可以将角色的动作按照时间轴排列，并设置相应的触发条件和动作变化规则。

(四) 移动

在运动学算法中，移动可以被定义为物体从一个点到另一个点的运动。移动操作通常涉及计算物体在特定的时间段内沿着特定的方向移动的距离。

在运动学中，常用的移动算法包括匀速直线运动和加速直线运动。匀速直线运动指的是物体在特定时间内以相同的速度沿着直线路径移动的运动方式。加速直线运动则指的是物体在运动过程中，其速度逐渐增加或减小的运动方式。

为了实现运动学算法中的移动操作，需要对物体的位置、速度、加速度等参数进行计算和更新。在实际应用中，还需要考虑摩擦力、空气阻力等多种外部因素的影响，以实现更加真实和准确的物体运动效果。

1. 寻找

运动学方面的寻找(Seek)行为可以将角色和目标的状态数据作为输入，然后计算角色到目标的方向、距离以及可能用到的速度值等参数。当然，角色可能永远也无法到达目标，但它会保持寻找状态，如果要求角色的运动状态是到达某处，该算法可能会导致一些问题，因为当角色全速运动至终点时，并不会提前减速，因此在超过终点后会反向靠近终点，整个过程仿佛在终点周围震荡，解决这个问题的方法有两种，一种是为终点设置较大的满意半径，即角色到达终点一定范围内的区域后即可视为到达终点，另一种是给角色设定多个运动速度，靠近终点时减速，缓慢到达终点，当然最好的方法还是将两者结合。

2. 漫游

漫游(Wander)行为是指物体在没有明确目标的情况下的随机移动。在实现漫游行为时，可以使用随机游走算法或布朗运动算法等模型来模拟物体的移动。

随机游走算法是一种基础的模型，它通过随机地改变对象的速度和方向来模拟对象的行为。每次改变对象的速度和方向都是基于随机数生成的，这样物体就能在没有明确目标的情况下执行随机移动。

布朗运动算法是另一种常用的模型，它通过模拟物体受到不规则的强迫扰动来模拟物体的漫游行为。这些扰动可以是随机噪声或人造的干扰。通过不断地施加这些扰动，物体就可以在空间中进行随机运动。

在实现漫游行为时，还需要注意物体的边界条件。这意味着物体需要在空间的边界处弹回，以避免越界。此外，物体的移动速度也需要适当控制，以保证物体不会移动得太快或太慢，从而影响用户的体验。

当角色朝向目标方向以最大速率运动并即将接近时，我们要考虑如何降低角色的速度，使角色不至于超越目标继续前进，因此漫游行为可以在获取角色和目标状态，以及运动参数的情况下，通过转向行为和减速等多种方式使角色靠近目标。

二、转向行为

总的来说，大多数转向行为具有类似的结构。它们将正在移动的角色的运动学数据少量的目标信息作为输入。目标信息取决于应用程序。对于追逐或躲避行为，目标通常是另一个移动中的角色。障碍躲避行为代表了世界的碰撞几何，也可以将路径指定为路径跟随行为（Path Following Behavior）的目标。

转向行为的输入集并不总是以 AI 友好的格式提供，特别是碰撞避免行为需要能够访问关卡中的碰撞信息。这可能是一个计算成本非常高的过程，因为它需要使用光线投射检查角色的预期运动或通过关卡进行试验性移动。

许多转向行为都会对一组目标起作用，例如著名的蜂拥（Flocking）行为就依赖于能够向队伍的平均位置移动。在这些行为中，需要进行一些处理以将目标集合概括为行为可以做出反应的事物。这可能涉及整个集合的平均属性（例如找到并瞄准它们的质心），或者需要在它们之间进行排序或搜索（例如远离最近的角色或避免碰撞到那些在碰撞路线上的对象）。

需要注意的是，转向行为并不会去尝试做所有的事情。在追逐角色时，它不会避开障碍物；在经过附近的电源设备时，它也不会绕路。每个算法只做一件事，只需要获得所需的输入即可执行。为了获得更复杂的行为，游戏开发者可以使用算法来组合转向行为并使它们协同工作。

转向行为将通过添加速度和旋转来扩展移动算法。它们在 PC 和主机平台游戏的开发方面获得了越来越多的认可。在某些类型（例如驾驶游戏）中，它们占主导地位；而在其他类型中，有些角色需要它们，有些角色则不完全需要它们。

转向行为有很多种类型，它们的名称经常让人弄混甚至存在冲突。在该领域中，目前还没有明确的命名方案来说明一个原子（One Atomic）的转向行为与将若干个原子组合在一起的复合行为（Compound Behavior）之间的区别。

（一）输入

转向行为大多数结构是类似的，它们的输入是：正在移动的角色的运动学数据和少量的目标信息，目标信息取决于应用程序。障碍躲避行为代表了世界的碰撞几何，也可以将路径指定为路径跟随行为（Path Following Behavior）的目标。

转向行为的输入集并不总是以 AI 友好的格式提供。特别是碰撞避免行为需要能够访问关卡中的碰撞信息。这可能是一个计算成本非常高的过程，因为它需要使用光线投射检查角色的预期运动或通过关卡进行试验性移动。

许多转向行为都会对一组目标起作用。例如，著名的蜂拥（Flocking）行为就依赖于能够向队伍的平均位置移动。在这些行为中，需要进行一些处理以将目标集合概括为行为可以做出反应的事物。这可能涉及整个集合的平均属性（例如找到并瞄准它们的质心），或者需要在它们之间进行排序或搜索（例如远离最近的角色或避免碰撞到那些在碰撞路线上的对象）。

请注意，转向行为并不会去尝试做所有的事情。在追逐角色时，它不会避开障碍物；在经过附近的电源设备时，它也不会绕路。每个算法只做一件事，只需要获得所需的输入即可执行。为了获得更复杂的行为，开发人员可以使用算法来组合转向行为并使它们协同工作。

（二）变量匹配

转向行为是运动力学算法中的常见行为之一，用于模拟仿生动物或机器人的自我导航能力。这个行为的目的是让物体沿着正确的路径移动，以达到特定的目标或避免障碍物的目的。转向行为的变量匹配通常包括以下内容：a. 方向：物体需要转向哪个方向，通常由目标点和当前位置决定。b. 旋转角度：物体需要旋转多少度才能朝向目标方向。这个角度可以通过向量运算计算出来。c. 旋转速度：物体旋转的速度取决于不同的应用场景和需求。通常来说，物体的旋转速度应该足够快，以便及时调整方向，但也不能太快，以免过度旋转。d. 转向加速度：在需要快速转向时，物体需要加速到旋转状态。转向加速度可以控制物体在启动方向改变时的动态行为，使其更符合物理规律。

通过匹配这些变量和参数，转向行为可以有效地将自我导航能力简单地实现到模拟体上，以使其更接近真实情况。这种能力对于游戏、动画或机器人领域中各种各样的场景和应用非常重要。最简单的转向行为系列可以通过变量匹配来操作：它们试图将角色运动学中的一个或多个元素与单个目标运动学相匹配。例如，游戏开发者可能会尝试匹配目标的位置，而不关心其他元素。这将使加速朝向目标位置，并且一旦靠近就减速；或者也可以尝试匹配目标的方向，然后进行旋转以便角色与目标的方向对齐；甚至还可以尝试匹配目标的速度，在平行路径上跟随它并复制其移动，但与目标保持固定的距离。

变量匹配行为将采用两个运动学属性作为输入：角色的运动学属性和目标的运动学属性。不同的命名转向行为会尝试匹配不同的元素组合，并添加控制匹配方式的其他属性。游戏开发者可以创建一个通用变量匹配转向行为，并简单地告诉它要匹配哪个元素组合，这样的做法是可能实现的，但它不是特别有用。

当同时匹配运动学的多个元素时，可能会出现问题，因为它们很容易发生冲突。我们可以单独匹配目标的位置和方向，但是如果同时匹配位置和速度会怎么样呢？答案是很明显的，如果匹配了它们的速度，就无法让它们更接近。

鉴于此，一种更好的技术是为每个元素提供单独的匹配算法，然后将它们恰当地组合在一起。这允许我们在本章中使用任何转向行为组合技术，而不是使用一个硬编码。用于梳理转向行为的算法旨在解决冲突问题，因此非常适合此任务。

对于每个匹配的转向行为，存在相反的行为，即尽可能地远离匹配目标。尝试追逐其目标的行为与尝试躲避其目标的行为完全相反，以此类推。正如我们在运动学寻找行为中看到的那样，相反的形式通常是对基本行为的简单调整。

（三）到达

到达行为是指物体向特定目标移动并停止的行为，是转向行为中的一种算法，通常用于控制移动物体到达目标位置。实现到达行为时，物体会以某个速度向目标移动，在到达目标一定距离范围内后减速,直到停止在目标点上。动态寻找行为将始终以最大的加速度朝着目标前进。如果目标不断移动并且角色需要全速追逐,这就很有用。但是,如果角色到达目标,那么在全速追赶的状态下该角色会反超目标,然后和前面介绍的运动学寻找版本一样,出现反向和来回振荡的现象,或者更有可能该角色环绕目标做轨道运动而无法真正靠近目标。到达行为通常与其他行为结合使用(如寻径行为),以实现更复杂的行为模式。该算法的特点是:当移动物体接近目标位置时,它会自动减速,最终在目标位置停下。这种行为的目的是让移动物体朝着目标位置移动,并且到达目标位置后平稳地停下。

这个算法通常包括以下步骤。

① 计算移动物体与目标位置之间的距离,根据距离判断移动物体是否需要减速。

② 根据移动物体的当前位置和目标位置计算出朝向目标位置的方向向量。

③ 将朝向目标位置的方向向量作为移动物体的转向角度,使用转向行为的算法控制移动物体沿着这个角度朝向目标位置移动。

④ 当移动物体到达目标位置时,停下移动并结束操作。

这种算法的优势是可以让移动物体自动减速到达目标位置,使得移动更加平滑自然,并且可以避免因为速度过高而导致越过目标位置的情况。在游戏开发中,这种算法通常被用于控制角色移动或者车辆行驶等场景中。

动态寻找行为将始终以最大的加速度朝着目标前进。如果目标不断移动并且角色需要全速追逐,这就很有用。但是,如果角色到达目标,那么在全速追赶的状态下该角色会反超目标,然后和前面介绍的运动学寻找版本一样,出现反向和来回振荡的现象,或者更有可能该角色环绕目标做轨道运动而无法真正靠近目标。

三、路径发现

在虚拟场景中,电脑操控的角色的移动类型非常丰富,需要根据不同的移动规则为每一个角色分配合适的路径。其中,有些电脑角色需要沿着固定的路线移动,例如在一个游戏的关卡中,敌人可能会沿着特定的路径巡逻,以等待玩家的到来。有些电脑角色则需要在玩家的触发下才会改变移动路径,例如在一款冒险游戏中,玩家可能需要按下某个按钮来开启一扇门,这时候门前的守卫就会根据玩家的行动而改变移动路径。此外,有些电脑角色的移动是完全自主的,没有明确的目标,这可能是为了增加游戏的可玩性,也可能是为了呈现一种特殊的氛围。

为了实现这些不同类型的角色移动,电脑 AI 需要使用路径发现技术,也就是为每一个角色在虚拟场景中寻找合适的路径。路径发现技术的核心是寻路算法,它会在虚拟地图中搜索最优的路径,以便角色可以按照设定的规则到达目标地点。

在寻路算法中,常用的算法有 A 算法、Dijkstra 算法、BFS 算法等。这些算法都有各自的特点和适用范围,可以根据场景需求选择合适的算法。例如,A 算法适用于需要考虑距离和障碍物的场景,而 BFS 算法则适用于需要考虑所有路径的场景。

除了寻路算法之外,路径发现技术还需要考虑其他因素,例如角色的速度、阻挡物的位置、地形高低等,这些因素都会影响路径的选择和计算。因此,在实现路径发现技术时,需要考虑多种因素，并结合具体场景进行优化和调整，以便角色可以按照设定的规则顺利到达目标地点。

总之，路径发现技术在虚拟场景中扮演着重要的角色，它可以为不同类型的角色提供合适的移动路径，增加游戏的可玩性和趣味性。同时，也需要注意技术的实现和调整，以便达到最佳的效果。

（一）迪杰斯特拉算法

迪杰斯特拉算法是一种用于求解带权图中最短路径的算法。它是由荷兰计算机科学家狄克斯特拉于 1959 年提出的，因此也被称为狄克斯特拉算法。迪杰斯特拉算法基于图结构，其中每个节点表示一个设施或一个地点，每个边表示两个节点之间的距离或成本。迪杰斯特拉算法通过找出两个节点之间的最短路径来解决问题。该算法适用于有向图和无向图，但是不适用于存在负权边的图。在应用中，迪杰斯特拉算法被广泛应用于路由协议中，用于寻找最短路径。

迪杰斯特拉算法的主要特点是从起点开始，每次找到当前未访问过的距离起点最近的节点，并将其标记为已访问。然后，以该节点为基础，更新与其相邻的节点的距离。这个过程一直持续到所有节点都被访问为止。在此过程中，算法维护一个距离数组，用于记录起点到各个节点的距离，同时还需要维护一个节点集合，用于记录已经访问过的节点。算法步骤如下：①初始化距离。将起点的距离设为 0，其他节点的距离设为无穷大。②选择最小距离节点。从未处理的节点中选择距离最小的节点，加入已处理节点集合中。③更新相邻节点距离。对于该节点的所有邻居节点，计算新的距离，并更新距离和前驱节点 if 新距离比原来的距离更短。④重复第②步和第③步，将最小距离节点加入已处理节点集合中，更新它的邻居节点距离，直到找到目标节点为止或者所有的节点都被处理完。

通俗来讲，迪杰斯特拉算法其实就是沿着它的连接从起始节点扩散开来。当它扩展到更远的节点时，会记录它来自的方向（这就好比它在地板上使用粉笔绘制箭头以指示回到起点的道路）。最终，它将到达目标节点，并可以按箭头返回其起点以生成完整的路线。由于迪杰斯特拉算法调节扩散过程的方式，它可以保证粉笔箭头始终沿着最短路径（或者称为最低成本）指向起点。一旦算法发现了目标节点，就会找到此有效路径。粉笔箭头将始终沿着最短路径回到起点。

迪杰斯特拉算法采用了迭代工作方式。在每次迭代时，它都会考虑图形中的一个节点并跟随它发出的连接，将该连接的另一端的节点存储在待处理列表中。当算法开始时，仅有起始节点放置在此列表中，因此在第一次迭代时，它考虑的就只有起始节点。在后续的迭代中，它将使用算法从列表中选择一个节点。每个迭代的节点都称为当前节点（Current Node）。如果迭代的当前节点就是目标，则算法完成；如果该列表是空的，则说明无法到达目标。

在迭代期间，迪杰斯特拉算法将考虑从当前节点发出的每个连接。对于每个连接，它都会找到终端节点并存储到目前为止路径的总成本，也可以将其简称为到目前为止的成本（Cost-So-Far），以及从它出发所到达的连接。

在第一次迭代中，当前节点就是起始节点，每个连接的终端节点的 Cost-So-Far 值就是连接的成本。连接到起始节点的每个节点的 Cost So-Far 值等于到达该节点的连接成本，此外它还保存了当前连接的记录。对于第一次之后的迭代，每个连接的终端节点的 Cost-So-Far 值是该连接的成本和当前节点（即发起连接的节点）的 Cost-So-Far 值的总和。

在迪杰斯特拉算法的实现中，第一次迭代和后续迭代之间没有区别。通过将起始节点的 Cost-So-Far 值设置为 0（因为起始节点距离自身的距离为 0），开发人员使用同一段代码即可进行所有迭代。

迪杰斯特拉算法在两个列表中跟踪它到目前为止看到的所有节点：开放列表和封闭列表。在开放列表中，它记录了所有已经看到的节点，但这些节点还没有自己的迭代。它还将跟踪已在封闭列表中处理过的节点。刚开始的时候，开放列表仅包含起始节点（其 Cost-So-Far 值为 0），封闭列表为空。

每个节点可以被认为是以下三种情况之一。

① 它可以在封闭列表中，这意味着它已经作为当前节点在自己的迭代中处理过。

② 它可以在开放列表中，这意味着它被另一个节点访问过，但尚未作为当前节点在自己的迭代中处理过。

③ 它不在上述两类列表中。

鉴于此，节点有时被分类为封闭节点、开放节点和未访问节点。

在每次迭代时，算法从开放列表中选择具有最小 Cost-So-Far 值的节点，然后以正常方式处理。已处理的节点随后将从开放列表中删除，并被放入封闭列表中。这里有一个比较复杂的情况。当游戏开发者跟随当前节点的连接时，其实已经假设了最终会进入一个未访问的节点，但是实际结果却可能并非如此，也可能会在一个开放或封闭的节点上结束，所以在处理这些情况时会有一些细微的变化。

如果在迭代期间到达一个开放或封闭的节点，那么该节点将已经具有 Cost-So-Far 值以及到达该节点的链接记录。只需要设置这些值就会覆盖算法以前的工作。与此相反的是，游戏开发者可以检查现在找到的路线是否比此前已经找到的路线更好。正常计算 Cost-So-Far 值，如果它高于已记录的值（并且几乎在所有情况下都会更高），则根本不必更新节点并且也不要更改它的列表。

如果新的 Cost-So-Far 值小于节点当前的 Cost-So-Far 值，则可以用更好的值更新它并设置其连接记录，然后将该节点放到开放列表中。如果它以前在封闭列表中，则应从封闭列表中将它删除。

严格地说，迪杰斯特拉算法永远不会找到更好的通往封闭节点的路线，所以游戏开发者可以先检查节点是否封闭，而不必费心去执行到目前为止的成本检查。专门的迪杰拉算法实现就是这样做的。当然，我们将看到 A 算法的情况并非如此，开发人员将不得不在两种情况下检查更快的路线。

当开放列表为空时，基本的迪杰斯特拉算法终止：它已经考虑了从起始节点到达的图形中的每个节点，并且它们都在封闭列表中。对于路径发现而言，游戏开发者只对抵达目标节点感兴趣，因此可以提前停止。当目标节点是开放列表上的最小节点时，算法就应该终止。

在实践中，这条规则经常被打破，因为发现目标的第一条路线通常就是最短的路线，即使有更短的路线，第一条路线通常也只是比它长一点点而已。出于这个原因，许多游戏开发者在实现他们的路径发现算法时，都会选择一旦看到目标节点就终止，而不是等到从开放列表中进行选择。

算法的最后阶段是检索路径。要检索路径，游戏开发者可以从目标节点开始，然后查看用于到达目标节点的连接。接着，游戏开发者可以后退查看该连接的起始节点并执行相同操作。不断继续此过程，跟踪连接，直到抵达最初的起始节点。此时的连接列表是正确的，只是顺序错误，所以只要将其反转并返回列表即可作为解决方案。

在具体实现中，我们可以使用一个优先队列来存储当前未访问过的节点。每次从队列中取出距离起点最近的节点，并将其标记为已访问。然后，以该节点为基础，更新与其相邻的节点的距离，并将其加入优先队列中。通过这种方式，算法能够保证每次取出的节点都是当前距离起点最短的节点。

需要注意的是，在更新节点距离时，我们需要判断更新后的距离是否比原来的距离更短。如果更短，我们就更新距离数组中的值，并将该节点加入优先队列中。这样做的目的是确保距离数组中的值始终是当前起点到每个节点的最短距离。

迪杰斯特拉算法的时间复杂度取决于优先队列的实现方式。如果使用二叉堆来实现优先队列，时间复杂度为 $O(E\log V)$，其中 V 表示节点数，E 表示边数。如果使用斐波那契堆来实现优先队列，时间复杂度为 $O(E+V\log V)$。因此，在实际应用中，选择合适的优先队列实现方式非常重要。

游戏中的路径发现有一个起点和一个目标点，而最短路径算法被设计为从起点寻找到达任何地方的最短路径。显然，最短路径问题的解决方案必然包括路径发现问题的解决方案（毕竟我们已经找到了到达所有地方的最短路径），但是由于路径发现只需要到达目标点的路线，因此所有其他路线都会被抛弃，这样就形成了浪费。也有游戏开发者考虑将它修改为仅生成我们感兴趣的路径，但是这样做仍然是比较低效的。由于这些问题，迪杰斯特拉算法很少被应用于实际游戏路径发现中。

总之，迪杰斯特拉算法是一种简单有效的求解带权图中最短路径的算法。通过不断更新距离数组中的值，算法能够保证每次取出的节点都是当前距离起点最短的节点。

（二）A＊算法

A＊算法是一种启发式搜索算法，广泛应用于路径规划和人工智能领域。与迪杰斯特拉算法类似，A＊算法也是用于寻找从起点到终点的最短路径的一种算法。与迪杰斯特拉算法不同的是，A＊算法在搜索的过程中同时考虑了起点到当前节点的距离以及当前节点到终点的距离，以此来估计该节点的总距离，并按照总距离从小到大进行搜索。这样的做法可以使搜索更加高效，同时能够找到较优的解。

游戏中的路径发现与A＊算法同义。A＊算法易于实现，非常高效，并且具有很多优化空间。在过去10年中遇到的每个路径发现系统都使用了A＊算法的一些变体作为其关键算法，A＊算法的应用也远远超出了路径发现。与迪杰斯特拉算法不同，A＊算法的设计目的就是用于点对点的路径发现，而不是用于解决图论中的最短路径问题。在后面的内容中我们还可以看到，A＊算法能巧妙地扩展到更复杂的情况，而且它总是会返回从起点到目标的单一路径。

A＊算法要解决的问题与迪杰斯特拉路径发现算法要解决的问题相同。给定一个图形

(有向非负加权图形)和该图中的两个节点(起点和目标),游戏开发者希望生成一条路径,使得从起点到目标的所有可能路径中该路径的总路径成本最小。任何最小成本路径都可以,并且该路径应该包含从起始节点到目标节点的连接列表。

简而言之,A * 算法的工作方式与迪杰斯特拉算法的工作方式大致相同。游戏开发者应该选择最有可能生成最短整体路径的节点,而不是始终考虑具有最小 Cost-So-Far 值的开放节点。这里所谓的"最有可能"的概念由启发式算法控制。如果启发式算法准确,那么该算法将是非常高效的;如果启发式算法不太准确,那么它的表现甚至可能比迪杰斯特拉算法更差。

从细节上来说,A * 算法同样采用了迭代工作方式。在每次迭代时,它会考虑图形的一个节点并跟随它发出的连接。它使用类似于迪杰斯特拉算法的选择算法来选择节点(同样称之为"当前节点"),但是启发式算法导致它们存在显著差异,稍后将对此进行详细说明。

在迭代期间,A * 算法将考虑从当前节点发出的每个连接。对于每个连接来说,它都会找到终端节点并存储到目前为止路径的总成本(也就是"到目前为止的成本")以及从它出发的所到达的连接,这和之前的迪杰斯特拉算法是一样的。

此外,它还存储了另一个值:从起始节点通过此节点再到达目标节点的路径总成本的估计值,我们可以将此值称为估计总成本(Estimated-Total-Cost)。这个估计值是以下两个值的总和:到目前为止的成本以及从当前节点到目标的距离。此估计值由单独的代码生成,不属于算法的一部分。

这些估计值被称为当前节点的启发式值(Heuristic Value),并且不能是负值(因为图形中的成本是非负的,所以具有负估计值是没有意义的)。节点用其启发式值标记,并且针对算法已考虑的节点显示了两个计算值(到目前为止的成本和估计总成本)。

和前面的迪杰斯特拉算法一样,A * 算法会保留已访问但未处理的开放节点列表以及已处理的封闭节点列表。当在连接的末尾发现节点时,该节点将被移动到开放列表中。当节点在它们自己的迭代中处理完毕时,节点被移动到封闭列表中。

与迪杰斯特拉算法不同的是,在每次迭代时,A * 算法都会从开放列表中选择具有最小估计总成本的节点。这几乎总是与具有最小的 Cost-So-Far 值的节点不同。这种改变允许 A * 算法首先检查更有希望的节点。如果某个节点的估计总成本很小,那么它必须具有相对较小的 Cost-So-Far 值和相对较短的到达目标的估计距离。如果该估计是准确的,那么首先考虑更接近目标的节点,将搜索范围缩小到最有利的区域。

和前面的迪杰斯特拉算法一样,A * 算法可能在迭代期间到达开放或封闭的节点,并且将不得不修改其记录的值。游戏开发者可以像往常一样计算 Cost-So-Far 值,如果新值小于该节点的现有值,则需要更新它。需要注意的是,这里必须严格按照 Cost-So-Far 值(唯一可靠的值,因为它不包含任何估算元素)进行比较,而不能使用估算的总成本进行比较。

与迪杰斯特拉算法不同,A * 算法可以找到比已经在封闭列表中的节点更好的路线。如果先前的估计非常乐观,那么算法可能已经处理了某个被认为是最佳选择的节点,而事实上却并非如此。这会导致连锁问题:如果处理了一个可疑节点并将其放在封闭列表中,则表示已考虑其所有连接,有可能整个节点集已经具有了 Cost-So-Far 值(基于可疑节点的 Cost-So-Far 值)。此时仅更新可疑节点的值是不够的,还必须再次检查其所有连接以传播新值。在修改开放列表上的节点的情况下,就没必要这样操作,因为我们知道尚未处理来自开放列表上的节点的链接。

幸运的是，有一种简单的方法可以强制算法重新计算和传播新值。我们可以从封闭列表中删除该节点并将其放回开放列表中。这样，算法将等待列表封闭并重新考虑其连接。最终，依赖于其值的任何节点也将再次被处理。已封闭节点在值被修改之后，将从封闭列表中删除并放置在开放列表中。和迪杰斯特拉算法一样，值被修改的开放节点将保留在开放列表中。

在许多实现中，A*算法和迪杰斯特拉算法一样，当目标节点是开放列表上的最小节点时终止。但正如前文所述，具有最小估计总成本值的节点（将在下一次迭代时处理并放入封闭列表中）可能稍后需要修改其值。我们不能保证，仅仅因为该节点是开放列表中最小的节点，就一定可以通过该节点找到最短的路线。因此，当目标节点在开放列表中最小时终止A算法并不能保证找到最短路径。

因此，可以很自然地要求A*算法运行得更充分一些以产生有保证的最佳结果。那么，如何让A*算法运行得更充分呢？我们可以将A*算法的终止条件设置为：在具有最小的Cost-So-Far值（非估计总成本）的开放列表中，节点所具有的Cost-So-Far值大于已找到的到达目标的路径成本。只有这样才能保证再也不会有更短的路径。

这实际上与我们在迪杰斯特拉算法中看到的终止条件相同，并且可以证明，施加此条件将产生与运行迪杰斯特拉路径发现算法相同的填充数量。开发人员也许可以按不同的顺序搜索节点，并且开放列表上的节点集可能存在细微差别，但是近似的填充数量将是相同的。换句话说，它剥夺了A*算法的性能优势，并使其实际上毫无价值。

A*算法的实现完全依赖于它们理论上可以产生非最佳结果的事实。幸运的是，这可以使用启发式函数进行控制。根据启发式函数的选择，我们可以保证最佳结果，或者我们可以故意允许次优结果，使得算法能更快执行。

因为A*算法经常具有次优结果，所以大量的A*算法实现会在首次访问到目标节点时终止，而不会等到它在开放列表中最小。虽然这样提前终止获得的性能优势并不如在迪杰斯特拉算法中提前终止获得的优势那么大，但许多游戏开发者都认为性能问题应该锱铢必较，更何况该算法并不需要在任何情况下都是最优的。

游戏开发者可以按与迪杰斯特拉算法完全相同的方式获得最终路径：从目标节点回溯到起始节点，与此同时累积连接。最后再次反转连接即可形成正确的路径。

A*算法的具体实现需要定义一个评估函数$f(n)$，该函数用来估算从起点到节点n的总距离。一般而言，$f(n)$由两部分组成：$g(n)$和$h(n)$，其中$g(n)$表示从起点到节点n的实际距离，$h(n)$表示从节点n到终点的预估距离。因此，$f(n)$可以表示为$f(n)=g(n)+h(n)$。

在实际应用中，$h(n)$一般采用启发式的方式进行估计。启发式估价函数是指一种根据当前状态评估下一步行动的算法，通常结合领域专家的经验来设计。A*算法的启发式函数需要满足以下条件：①对于所有节点n，$h(n)$始终小于等于从n到终点的实际距离；②$h(n)$尽量接近实际距离，以便在搜索过程中尽快找到最短路径。这样的启发式函数称为可采纳启发式函数（Admissible Heuristic Function），是保证A*算法可以找到最优解的关键。

A*算法的搜索过程也类似于迪杰斯特拉算法。首先，将起点加入open集合中，open

集合表示当前待扩展的节点集合。然后，从 open 集合中选取 $f(n)$ 最小的节点 n 进行扩展。扩展 n 节点时，将 n 节点从 open 集合中删除，并将其加入 closed 集合中，closed 集合表示已经扩展过的节点集合。接着，对于 n 的每一个邻接节点，计算其 $f(n)$ 值，并将其加入 open 集合中。最后，如果终点被加入 closed 集合中，算法结束，并返回从起点到终点的最短路径。如果 open 集合为空而终点还未被扩展，则说明无法从起点到达终点。

A＊算法的优点在于它可以找到最短路径，并且能够在很多情况下更快地找到最优解。

（三）BFS 算法

BFS 算法也是一种经典的 AI 算法，它可以用来寻找图或者树的最短路径。BFS 算法沿着所有可能的路径进行深度遍历，并且在找到目标时停止搜索。该算法从起始节点开始遍历图形的各个节点，并按照层次结构的顺序检查它们，直到找到目标节点或者遍历完整个图。在一般情况下，BFS 算法需要维护一个队列，根据队列中元素的顺序进行遍历，同时还需要记录已经访问的节点，以避免重复遍历。

在游戏 AI 移动和路径发现中，BFS 算法通常用于寻找最短路径。例如，在一个游戏地图中，每个房间都可以看作是一个节点，每个房间之间的门则可以看作是连接这些节点的边。AI 角色需要从起点房间移动到终点房间，寻找最短路径即使用 BFS 算法。

BFS 算法的优点是可以找到最短路径，并且不会遗漏任何一条可行路径。BFS 算法的缺点是当图形非常大或者包含环路时，遍历整个图形节点的时间复杂度较高。但是，在游戏 AI 移动和路径发现中，由于地图通常不会太大，因此 BFS 算法是一种实用的解决方案。

在游戏 AI 实现中，BFS 算法可以与 A＊算法等其他路径搜索算法相结合使用，以提高其效率和准确性。同时，为了避免误差和提高效率，BFS 算法需要根据游戏地图的布局和特点进行优化，例如将已走过的地图点标记为已访问，以避免重复搜索等。

（四）路径平滑算法

游戏中的 AI 移动和路径发现，需要在环境中找到最短路径来进行导航，通常使用的是 A＊算法或 BFS 算法。但是这些算法得到的路径有时会比较抖动或不自然，这时就需要进行路径平滑处理。

常用的路径平滑算法有 Bezier 平滑算法和样条曲线平滑算法。Bezier 平滑算法是一种基于贝塞尔曲线的算法，它重点关注曲线的起点和终点，以及曲线上一些重要的中间点。算法通过调整这些点的位置来实现路径的平滑。这种算法处理速度较快，但有时会导致路径的过度平滑化。

在 Bezier 算法中，我们将假设输入路径中的任何两个相邻节点之间存在明确的路线。换句话说，我们假设划分方案是有效的。要平滑输入路径，可以创建一个新的空白路径，这是输出路径。我们将起始节点添加给输出路径，输出路径将在与输入路径相同的节点处开始和结束。从输入路径中的第三个节点开始，将光线从输出路径中的最后一个节点依次投射到每个节点。之所以从第三个节点开始，是因为我们假设在第一个和第二个节点之间存在一条清晰的线（通过光线投射）。当光线无法通过时，输入路径中的上一个节点将添加到输出路径中。光线投射再次从输入路径中的下一个节点开始。当到达结束节点时，它将添加到输出路径。输出路径用作角色移动时要跟随的路径。

尽管 Bezier 平滑算法可以生成平滑路径，但它不会搜索所有可能的平滑路径以找到最佳路径。为了生成最平滑的路径，需要在所有可能的平滑路径中进行另一次搜索。这虽然很少见，但是如果有必要，还是可以考虑的。

样条曲线平滑算法是一种更复杂的算法，它通过使用多项式函数来逐渐调整路径上的点，使路径更加平滑自然。这种方法相对于 Bezier 平滑算法可以处理更复杂的路径，并且可以更好地保留路径的原始形状。

总体来说，路径平滑算法是一种增强游戏 AI 移动和路径发现的技术，能够优化路径的建立和移动效果，提高游戏的可玩性和体验。

四、面向 LVC

（一）个体基本转向行为

1. 寻找、逃跑与到达

动态寻找行为会尝试将角色的位置与目标的位置相匹配。正如前面的运动学寻找算法一样，它会找到目标的方向并尽可能快地朝向目标。因为现在动态寻找行为的输出是加速度，所以它将尽可能地加速。显然，如果继续加速，它的速度会越来越大。大多数角色都有自己的最大速度，它们不可能无限加速。最大值可以是显式的，保存在变量或常量中。然后定期检查角色的当前速度（速度向量的长度），如果超过最大速度则将其修剪回来。这通常作为 update 函数的后处理步骤来完成，而不是在转向行为中执行的。或者最大速度也可能是应用阻力在每帧处稍微减慢角色速度的结果。依赖于物理引擎的游戏通常都包括阻力。它们不需要检查和修剪当前的速度，因为（在 update 函数中应用）阻力会自动限制最高速度。

阻力还有助于此算法的另一个问题。因为加速度始终指向目标，所以如果目标正在移动，那么寻找行为将最终绕轨道运行而不是直接朝向目标移动。如果系统中存在阻力，则轨道将变成一个向内螺旋。如果阻力足够大，那么玩家将不会注意到螺旋，并且会看到角色直接移动到其目标位置。

动态寻找行为将始终以最大的加速度朝着目标前进。如果目标不断移动并且角色需要全速追逐，这就很有用。但是，如果角色到达目标，那么在全速追赶的状态下该角色会反超目标，然后和前面介绍的运动学寻找版本一样，出现反向和来回振荡的现象，或者更有可能该角色环绕目标做轨道运动而无法真正靠近目标。

如果角色即将到达目标，那么它需要减速以使其准确到达正确的位置，就像我们在运动学到达算法中看到的那样。动态到达行为比运动学到达版本要稍微复杂一些。它使用两个半径。到达半径使角色能够接近目标，且不会让角色由于小误差而继续运动。它还给出了第二个半径,但是要大得多。进入的角色在通过此半径时将进行减速。该算法将计算角色的理想速度。在减速半径处,这等于其最大速度。在目标点,这个理想速度是零(当角色到达时自然想要零速度)。在它们之间,期望速度是内插中间值,由距目标的距离控制。

朝向目标的方向的计算方式如前文所述。在计算完成之后,将其与所需速度组合以给出目标速度。该算法将查看角色的当前速度,并计算出将其转换为目标速度所需的加速度。但是,我们不能立即改变速度,因此应基于在固定的时间尺度内达到目标速度来计算加速度。

2. 对齐行为

对齐行为(Alignment)是一种人工智能行为,用于模拟群居动物或机器人等自组织系统群体中的协同行为。对齐行为的目的是让游戏中的 NPCs(非玩家角色)在行动中与其他 NPCs 对齐,并形成一个整体,从而实现更协调的移动和攻击策略。

对齐行为通常通过一组基于距离、角度和速度的规则来实现。在游戏中,NPCs 将会观察和跟随其他 NPCs 的动作,以对齐到它们的朝向和移动方向。当 NPCs 周围的其他 NPCs 移动方向趋于一致时,对齐行为将会被激活。在这种情况下,NPCs 将会调整自己的朝向和速度,以与其他 NPCs 按照相同的方向前进。

对齐行为在游戏中的应用非常广泛,可以应用于不同类型的游戏中,例如太空游戏、仿真训练游戏和角色扮演游戏等。通过实现对齐行为,游戏中的 NPCs 能够更有效地协调行动,增加游戏的可玩性和挑战性。对齐行为会尝试将角色的方向与目标的方向相匹配。它不关注角色或目标的位置或速度。前面已经介绍过,角色的方向与一般运动学的移动方向没有直接关系。这种转向行为不会产生任何线性加速度,它只能通过转动来响应。

对齐的行为方式与到达类似。它试图达到目标方向,并在它到达时尝试零旋转。游戏开发者可以复制大多数来自到达算法的代码,但是方向具有一些需要考虑的额外复杂性。因为方向环绕一圈是 2π 弧度,所以不能简单地从角色方向中减去目标方向,然后根据结果来确定角色需要旋转的度数。

为了找到实际的旋转方向,可以从目标中减去角色方向,并将结果转换为范围(-π,π 内的弧度。可以通过加上或减去 2π 来执行转换,以将结果带入给定范围。开发人员可以通过使用 o 算使用的数。大多数游戏引擎或图形库都有一个可用的库(在虚幻引擎中为 FMath::FindDeltaAngle,在 Unity 中为 Mathf DeltaAngle,但是请注意,Unity 使用的角度不是弧度,而是度数)。

游戏开发者接下来就可以使用转换后的值来控制旋转,该算法看起来与到达算法非常相似。它和到达算法一样使用了两个半径:一个用于减速,另一个用于使角色的方向可以靠近目标方向。因为我们处理的是单个标量值,而不是 2D 或 3D 向量,所以半径可作为间隔。

当执行减去旋转值的计算时,无须顾及重复值的问题,因为旋转与方向不同,不会环绕。例如,π 的旋转与 3π 的旋转其实是不一样的。实际上,这里的旋转值可以很大,远超出(-π,π)范围。大值仅表示非常快的旋转。高速物体(例如赛车的车轮)可能会旋转得特别快,甚至导致此处使用的更新数值不稳定。在具有 64 位精度的机器上,这不是什么大问题,但是在 32 位机器上的早期物理学表明,高速行驶的汽车车轮似乎会有摆动的现象。虽然健壮的物理引擎已经解决了这一问题,但是这仍值得游戏开发者去了解,因为在这里讨论的代码基本上是在实现简单的物理更新,像这样简单的方法对于中等转速更有效。

(二)个体运动的组合转向方式

1. 混合与加权混合

通过将转向行为组合在一起,可以实现更复杂的运动。组合(Combine)转向行为有两种方法:混合(Blending)和仲裁(Arbitration)。每种方法都将采用一系列转向行为,每种方法都有自己的输出,并生成单个整体转向输出。混合通过执行所有转向行为并使用一组权重或优先级组合其结果来实现此目的。这足以实现一些非常复杂的行为,但是当对角色的移动有很多限制时就会出现问题。为了解决这个问题,仲裁将选择一个或多个转向行为以完全控制角色。开发人员可以指定一系列的仲裁方案,以控制要实现的行为。

当然,混合和仲裁并不是排他性的方法,它们最终是连为一体的。混合可能具有随时间变化的权重或优先级。某些过程需要更改这些权重,这可能是对游戏情况或角色内部状态的响应。用于某些转向行为的权重可以为零,表示它们被有效地关掉了。同时,只要有仲裁架构就可以返回单个转向行为并执行。它也可以返回一组混合权重,用于组合一组不同的行为。

通用转向系统需要结合混合和仲裁的要素。理想的实现方式是混合这两种元素。组合转向行为的最简单方法是使用权重将它们的结果混合在一起。

假设游戏中有一群闹事骚乱的角色。这些角色需要作为一个群体移动,同时还需要确保它们不会一直相互碰撞。每个角色都需要支持其他角色,同时保持安全距离。它们的整体行为是两种行为的混合:到达群体的中心并与附近的角色分离。这样的角色通过一种转向行为是无法实现的,它始终需要考虑到达和分离这两个问题。

游戏开发者可以将一组转向行为混合在一起以充当单个行为。组合中的每个转向行为都可以请求加速,就好像它是唯一的操作行为一样。这些加速通过加权线性和 Weighted Linear Sum 组合在一起,并且包含和每个行为相关的系数。混合权重没有限制,例如它们的总和不必为 1,而且也很少为 1(即它不是加权平均值)。总和的最终加速对于角色的能力来说可能太大,因此它将根据最大可能的加速进行修整。

在有关骚动人群的示例中,可以使用权重 1 来实现人群的分离和聚集。在这种情况下,请求的加速将被相加,并裁剪为最大可能的加速。这就是该算法的输出。已经有研究项目尝试使用遗传算法或神经网络来改进转向行为的权重。然而,结果并不那么理想,手动实验似乎仍然是最明智的方法。

2. 优先级

我们遇到了许多仅在特定条件下要求加速的转向行为。一般来说,寻找或躲避行为总是会产生加速,而避免碰撞、分离和到达行为则在许多情况下都表示无须加速。但是,当这些行为确实表明要加速时,忽略它是不明智的。例如,应该立即兑现避免碰撞的行为,以避免撞到另一个角色。

当行为混合在一起时,其加速请求会被其他的请求所稀释。例如,寻找行为将始终在某个方向上返回最大加速。如果将其与避免碰撞行为同等地混合，那么避免碰撞行为对于角色运动的影响将永远不会超过 50%，这可能不足以让角色摆脱困境。

行为混合的变体可以将权重替换为优先级。在基于优先级的系统中，行为以具有常规混合权重的组的形式排列，然后按优先顺序放置这些组。转向系统将依次考虑每个组。它将组中的转向行为完全按以前的顺序混合在一起。如果总结果非常小（小于一些很小但是可调整的参数），则忽略它并考虑下一组。最好不要直接检查零，因为计算中的数值不稳定性意味着某些转向行为永远不会达到零值。使用小的常量值（通常称为 Epsilon 参数）可以避免此问题。

当找到一个结果不算小的组时，其结果将用于操纵角色。例如，在一个群体中工作的追逐角色可能有三个组：避免碰撞组、分离组和追逐组。避免碰撞组包含避开障碍物、避免撞墙和躲避其他角色的行为。分离组仅包含分离行为，用于躲避过于靠近追逐角色的其他成员。追逐组则包含用于归位目标的追逐转向行为。

如果角色远离任何干扰，则避免碰撞组将返回而不需要加速；然后考虑分离组，但也将不予采取行动；最后将考虑追逐组，该组将使用加速以便持续追逐目标。如果角色当前的运动对于追逐来说是完美的，那么该组也可以在不需要加速的情况下返回。在这种情况下，没有更多的组需要考虑，因此角色将没有加速，就好像它们完全由追逐行为控制一样。

在另一种情况下，如果角色即将撞到墙上，则第一组将返回一个有助于避免碰撞的加速。角色会立即执行此加速，并且绝不会考虑其他组中的转向行为。

3. 合作仲裁

到目前为止，我们已经讨论过以独立方式转向行为。每个转向行为只知道自己，并始终返回相同的答案。为了计算最终的转向加速，我们选择了一个行为或将几个行为混合在一起得到结果。该方法的优点：单独的转向行为非常简单并且易于替换，它们可以基于自身进行测试。但正如我们所看到的那样，这种方法存在许多重大缺陷，这使得角色在自由活动时很容易出现各种各样的小故障。有一种趋势是，对组合转向行为使用越来越复杂的算法。这一趋势的核心特征是不同行为之间的合作。例如，假设某个角色正在使用追逐行为追逐目标，同时使用避开障碍物和避免撞墙行为避免与墙壁碰撞，防止碰撞的需要导致避开障碍物与避免撞墙行为加速，因为碰撞已经迫在眉睫，所以该行为取得了高优先级，角色加速避开。

通过混合追逐行为和避免撞墙行为可以减轻这种情况（尽管如前文所述，简单混合会在不稳定均衡的情况下产生其他移动问题）。但即便如此，它仍然显得比较笨拙，因为它看起来像是“悬崖勒马”，追逐行为所产生的前向加速度被避免撞墙行为所稀释。为了获得更可信的行为，开发人员希望避免撞墙行为能考虑到正在努力追逐的目标。

因为开发人员需要高效地决定移动的地点和方式。决策树、状态机和黑板架构都已用于控制转向行为。特别是黑板架构，它适合于合作的转向行为。每个行为都是一个专家，在做出自己的决定之前，可以（在黑板上）读取其他行为（专家）的意图。

目前尚不清楚是否会有一种方法成为游戏的事实标准。合作转向行为是许多开发人员偶尔发现的一个领域，可能需要一段时间才能达成对理想实现的共识。虽然它缺乏共识，但仍然是值得深入研究的一个示例。

4. 转向管道

转向管道(Steering Pipeline)是一种模拟自然行为和运动的技术。它由一系列的“行为”组成,每一个行为都代表着一个不同的运动需求,例如移动、避开障碍、面向特定的目标等。这些行为彼此独立,但会一起影响 AI 角色的运动轨迹和方向。AI 角色在不同行为之间进行转换,以满足不断变化的游戏场景需求。

转向管道的实现需要将行为拆分成更小的子行为,每一个子行为都通过不同的公式计算出一个向量,即这个行为针对该 AI 角色的“操作指令”。最终,这些向量根据一定的权重相加,就能得到代表着 AI 角色的最终向量。

转向管道的优点是可以将 AI 的行为分离成一个个独立的子行为,这样开发者就可以为游戏中的 AI 角色添加或删除行为,而不必重新设计整个 AI 系统或进行大量的代码重构。这种可扩展性和灵活性使得游戏 AI 的实现更加容易和高效。

转向管道方法由 Marcin Chady 开创,是简单地混合或优先考虑转向行为和实现完整的移动规划解决方案之间的中间步骤。它是一种合作仲裁方法,允许转向行为之间的构造相互作用。它可以在通常容易出现问题的各种情况(如狭窄通道)下提供出色的性能,并且可集成路径发现和转向行为。到目前为止,它只被少数开发人员使用。

在管道中有四个阶段:目标生成器(Targeter)可以计算出移动的目标位置;目标分解器(Decomposer)可以提供通向主目标的子目标;约束条件(Constraint)将限制角色完成目标的方式;执行器(Actuator)将限制角色的物理移动能力。除了最后阶段,其他阶段均可以有一个或多个组件。管道中的每个组件都有不同的工作要做。它们都是转向行为,但合作的方式则取决于阶段。

目标生成器可以生成角色的顶级目标。角色可以有若干个目标:位置目标、方向目标、速度目标和旋转目标。开发人员将这些元素中的每一个称为目标的通道(如位置通道、速度通道)。算法中的所有目标都可以指定任何或所有这些通道。如果通道未被指定,则意味着它被“忽视”。我们可以通过不同的行为来提供各个通道(追逐敌人的目标生成器可以生成位置性的目标,而向前看的目标生成器可以提供方向性目标),或者也可以通过单个目标生成器请求多个通道。当使用多个目标生成器时,在每个通道中只有一个可以生成目标。该算法认为,目标生成器可以按这种方式合作,因此没有努力去避免目标生成器覆盖先前设置的通道。转向系统将在最大程度上尝试去执行所有通道,尽管有些目标集可能无法同时实现。我们将在执行器阶段回到这种可能性。

乍一看,我们选择单个转向目标似乎很奇怪。诸如逃跑或避开障碍物之类的行为都会让目标远离,而不是寻找。管道迫使开发人员根据角色的目标进行思考。如果目标是逃跑,那么目标生成器需要选择某个地方去逃跑。当追逐的敌人交织在一起进行追逐时,这个目标可能会逐帧发生变化,但目标仍然只有一个。其他“远离”行为,如避开障碍物,不会成为转向管道中的目标。它们是对角色移动方式的约束,可以在约束阶段找到。

目标分解器用于将总体目标拆分成可管理的子目标(Sub-Goal),这些子目标可以更容易实现。例如,目标生成器可以在通过游戏关卡的某个地方生成目标。目标分解器可以检查这个目标,在了解到该目标是不可直接实现的之后,规划出一条完整的路线(如使用路径发现算法)。它可以将该计划中的第一个步骤作为子目标返回。这是目标分解器最常用的方法:将无缝路径规划纳入转向管道中。

管道中可以有任意数量的目标分解器,它们的顺序非常重要。我们可以从第一个目标分解器开始,在目标生成器阶段给出目标。目标分解器既可以不执行任何操作(如果它无法分解目标),也可以返回一个新的子目标。然后将该子目标传递给下一个目标分解器,以此类推,直到所有目标分解器都已经查询过。

由于该顺序是严格执行的,所以开发人员可以非常有效地执行层次分解。早期的目标分解器应该广泛行动,提供大规模的分解。例如,它们可能被实现为粗略的路径发现程序。返回的子目标距离角色还有很长的路径。之后的目标分解器可以通过分解来重新确定子目标。因为它们仅分解子目标,所以它们不需要考虑大局,这允许它们更详细地进行分解。有了转向管道,开发人员就不需要分层路径发现引擎,开发人员可以简单地在越来越详细的图形上使用一组目标分解器进行路径发现操作。

约束条件限制了角色实现其目标或子目标的能力。它们将检测向当前子目标的移动是否可能违反约束条件,如果是,它们将建议采用一种方法来避免它。约束条件往往代表避开障碍物:像角色一样的移动障碍物或像墙壁一样的静态障碍物。

约束条件将与执行器结合使用,如下所述。执行器可以计算出角色朝其当前子目标移动的路径。每个约束条件都被允许检查该路径,并确定它是否合理。如果路径违反约束条件,则返回一个新的子目标,新目标将避免出现该问题。然后,执行器可以计算出新路径并检查它是否有效等,直至找到有效路径。

值得注意的是,约束条件可能只在其子目标中提供某些通道。避免碰撞的约束条件可以生成位置性的子目标,以迫使角色围绕障碍物改变路径。同样地,它可以单独留下位置性通道,并建议指向远离障碍物的速度,以便角色从其碰撞路线偏离。最好的方法在很大程度上取决于角色的移动能力,并且需要在实践中进行一些实验。

当然,解决一个约束条件可能违反另一个约束条件,因此算法可能需要循环以找到每个约束条件都满意的折中方案。这并不总是可行的,并且转向系统可能需要放弃尝试以避免陷入无限循环。转向管道加入了一种特殊的转向行为,即死锁(Deadlock),在这种情况下可以进行独占控制。这可以作为一种简单的漫游行为来实现,希望角色能够通过漫游摆脱困境。对于完整的解决方案,它可以调用全面的移动规划算法。

转向管道旨在提供可信但轻量级的转向行为,因此可用于模拟大量角色。开发人员可以用完整的规划系统替换当前的约束条件满足算法,并且管道将能够解决任意移动问题。但是,我们认为保持简单性仍然是最好的。在大多数情况下,并不需要额外的复杂性,基本算法也可以很有效。

就目前而言,算法并不总能保证将代理引导到复杂的环境中。死锁机制允许开发人员调用路径发现程序或其他更高级别的机制来摆脱棘手的情况。转向系统经过专门设计,只有在必要时才能执行此操作,以便游戏以最快的速度运行,并且始终使用有效的最简单的算法。

与管道的其他阶段不同,每个角色只有一个执行器。执行器的工作是确定角色将如何实现其当前的子目标。给定一个子目标及其关于角色物理能力的内部知识,它将返回一条路径,指示角色将如何移动到目标。

执行器还确定子目标的哪些通道优先，以及是否应该忽略任何通道。对于简单的角色，如巡逻的哨兵或漂浮的幽灵，路径可以非常简单：直接前往目标。执行器通常可以忽略速度和旋转通道，只要确保角色面向目标即可。如果执行器确实遵循速度优先原则，并且其目的是以特定速度到达目标，则开发人员可以选择围绕目标改变路径。

更多受约束的角色，如AI控制的汽车，将有更复杂的驱动方式。例如，汽车不能实现人行走时产生的90°即时转弯，直角转弯往往需要前进后退好几个操作步骤，而采用漂移技术时，则需要考虑其轮胎的抓地力等参数。结果路径可能更复杂，并且可能需要忽略某些通道。例如，如果子目标希望在面向不同方向时达到特定的速度，那么我们就知道该目标是不可能的。因此，我们可能会抛弃方向性的通道。

在转向管道的背景下，执行器的复杂度经常作为算法问题被提出。值得注意的是，这是一项实现决定，管道在需要时将支持综合执行器（开发人员显然必须付出执行时间的代价），但它们也支持几乎不需要运行时间的微不足道的执行器。

（三）个体跳跃

射手角色运动的最大问题是跳跃。在常规的转向算法中并没有包含跳跃，而跳跃是射击类游戏的核心部分。跳跃本质上是有风险的。与其他转向行为不同，跳跃行为可能会失败，而这种失败可能使其难以恢复或不可能恢复（在极限情况下，它可能会导致角色死亡。很多游戏都有角色因为跳不过去而摔死的关卡）。

例如，考虑一个角色正在围绕一个平面关卡追逐敌人。转向算法估计敌人将继续以其当前速度移动，从而相应地设置角色的移动路线。下一次该算法运行时（通常是下一帧，但如果AI每隔几帧才运行一次，则可能会稍晚一些），该角色可能会发现它的估计是错误的，并且其目标已经逐渐减速。转向算法会再次假设目标将以其当前速度继续并重新估计。即使角色正在减速，算法也可以假设它仍保持当前速度。它做出的每个决定都可能有一点点错误，但是在下次运行时，算法可以立即纠正。所以，算法错误的成本几乎为零。

相反，如果角色决定在两个平台之间进行跳跃，则错误的成本可能很大。转向控制器需要确保角色以正确的速度和正确的方向移动，并且跳跃动作在恰当的时刻执行（或者至少不会太晚）。角色移动中的轻微扰动（例如，射击后坐力或爆炸中的冲击波导致角色撞到障碍物）可能导致角色错过跳跃着陆点并垂直坠落，从而出现一次戏剧性的失败。

转向行为可以有效地随时间的推移分解运动的思路。它们所做出的每一个决定都非常简单，但由于它们会不断地重新考虑决策，因此其总体效果令人满意。但跳跃却是一次性的、不容失败的决定。

1. 跳跃点

对跳跃的最简单支持就是将责任放在关卡设计者身上。游戏关卡中的位置标记有跳跃点。这些区域需要手动设置。如果角色可以按多种不同的速度移动，则跳跃点也具有相关的最小速度设置。这是角色为了进行跳跃而必须达到的速度。

角色既可以通过寻找行为尽可能接近其目标速度，也可以简单地检查它们在正确方向上的速度分量是否足够大。具体的方式取决于游戏实现。例如，角色如果要在两个跳板之间跳跃，则在其所朝向的另一个平台的方向上需要有足够的速度才能进行跳跃，因为跳跃点上被赋予了最小速度。在这种情况下，让角色找到一个确切的方向并且跑起来是没有意义的。只要角色在正确的方向上，就应该允许它具有足够大的速度分量。如果要让角色必须找到一个确切的方向并且跑起来才能过关，则可以对着陆区的结构做出改变。如果角色没有找到一个精确的方向就强行跳跃，则会带来灾难性的后果。

为了完成跳跃，角色可以使用速度匹配转向行为来进行助跑。对于跳跃前的时间段，移动目标是跳跃点，角色匹配的速度是跳跃点给出的速度。当角色越过跳跃点时，执行跳跃动作，角色变为腾空而行。这种方法在运行时需要进行若干处理。

① 角色需要决定跳跃。角色可以使用一些路径发现系统来确定其必须到达裂缝的另一侧平台上。

② 角色需要识别其将进行的跳跃。当使用路径查找系统时，这通常会自动发生。但如果使用的是局部转向行为，那么很难确定跳跃是否能及时完成，这需要合理的前瞻性。

③ 一旦角色找到了将要使用的跳跃点，则可以使用新的转向行为接管，并执行速度匹配，使角色以正确的速度和方向进入跳跃点。

④ 当角色接触跳跃点时，请求跳跃动作。角色不需要计算何时或如何跳跃，只要其命中跳跃点就会被抛到空中。

如果要跳到细长的走道上，需要精确地找到正确的方向并达到一定的移动速度；跳到狭长的横板上需要恰到好处的速度；而跳到基座上则需要正确的速度和方向。请注意，跳跃困难与否还取决于它采取的方向。此外，并非所有失败的跳跃都是平等的。如果角色跳跃失败后只是落在两米深的水中，并且很容易爬上来，那么这个角色可能不会太介意偶尔的失误。但是，如果跳跃必须跨过深不可测的沸腾的熔岩，那么跳跃的准确性就显得非常重要了。

游戏开发者可以将更多的信息合并到跳跃点数据中，包括对接近速度的各种限制以及跳跃失败之后的危险程度。因为它们是由关卡设计者创建的，所以这些数据容易出错并且难以调整。如果 AI 角色没有以错误的方式尝试跳跃，则速度信息中的错误可能不会在质检报告中出现。

一个常见的解决方法是限制跳跃点的位置，以便为 AI 提供看来智能化的最佳机会。如果 AI 知道如何跳跃没有任何风险，那么它就不太可能失败。为了避免太过明显以至于让玩家轻松发现其中的要诀，通常可以对关卡的结构施加一些限制，减少玩家能够进行的冒险跳跃次数，但 AI 角色的选择则不会如此。这是典型的游戏 AI 开发的多面性：AI 的功能对游戏关卡的布局提出了自然限制，或者换句话说，关卡设计者必须避免暴露 AI 的弱点。

2. 着陆垫

更好的选择是将跳跃点（Jump Point）与着陆垫（Landing Pad）结合起来。着陆垫是该关卡的另一个区域，非常类似于跳跃点。每个跳跃点都与一个着陆垫配对。然后游戏开发者可以简化跳跃点中所需的数据，这意味着不必要求关卡设计者设置所需的速度，而完全可以留给角色来决定。

当角色确定进行跳跃时，会增加一个额外的处理步骤。使用类似于前一节提供的轨迹预测代码，角色可以计算从跳跃点腾空而起时准确着陆在着陆垫上所需的速度。然后，该角色可以使用计算结果作为其速度匹配算法的基础。

这种方法明显不易出错。因为角色要计算所需的速度，所以在设置跳跃点时不会出现准确性错误。在确定如何跳跃时，允许角色考虑其自己的物理数据也是有益的。如果角色装满设备，那么可能无法跳得太高。在这种情况下，角色需要有更高的速度来带动自己。计算跳跃轨迹可以让角色获得所需的精确速度。

轨迹计算与先前讨论的射击问题的解决方案略有不同。在当前情况下，开发者知道起始点 S、终点 E、重力 g 和速度 v 的 y 分量，但是并不知道时间 t 或速度的 x 和 z 分量。因此，开发者可以有以下关于 3 个未知数的方程：

$$E_x = S_x + v_x t \tag{3-1}$$

$$E_x = S_y + v_x t + \frac{1}{2} g_y t^2 \tag{3-2}$$

$$E_z = S_z + v_z t \tag{3-3}$$

假设重力仅在垂直方向上起作用，并且已知的跳跃速度也仅在垂直方向上。为了支持其他重力方向，需要允许最大跳跃速度不仅仅在 y 方向上，而且还要有一个任意向量，然后必须根据找到的跳跃向量和已知的跳跃速度向量来重写上面的公式，但是这会导致数学中的重大问题，所以应该避免。特别是，在绝大多数情况下只需要 y 方向的跳跃，所以开发者完全可以采用上面的公式。

开发者还可以假设在轨迹计算期间没有阻力。这是最常见的情况。对于这些计算，阻力通常不存在或可以忽略不计。如果需要为游戏添加阻力，则可以将这些公式替换为“具有阻力的抛射物”中给出的公式。当然，求解它们也会更加困难。

理想情况下，开发者希望在尽可能快的时间内完成跳跃，因此会希望使用两个值中较小的一个。糟糕的是，这个值可能会给开发者一个不可能的发射速度，因此需要检查并在必要时使用更高的值。

现在可以实现跳跃转向行为以使用跳跃点和着陆垫。创建此行为时会给出一个跳跃点并尝试实现跳跃。如果跳跃不可行，则没有任何效果，并且也不会请求加速。

3. 坑洞填充物

有些开发者使用了另一种方法，允许角色选择自己的跳跃点。关卡设计者将用一个看不见的物体填充坑洞，并将它标记为可跳跃的裂缝。

在这种情况下，角色可以正常转向但具有障碍物躲避转向行为的特殊变体，该变体可称为跳跃探测器(Jump Detector)。跳跃探测器行为在处理与可跳跃的裂缝对象的碰撞时，和处理与墙壁的碰撞不同，它不是像面对墙壁一样试图避开，而是全速向裂缝对象移动。在碰撞点(即角色在坑洞边的最后可能时刻)，它将执行跳跃动作并跳到空中。

这种方法具有很好的灵活性。角色将不再受限于它们可以跳跃的特定位置集。例如，在一个有很大深坑的房间里，角色可以在任意点跳过。如果它转向深坑，则跳跃探测器将自动执行跳跃行为。在裂缝的每一侧都不需要单独的跳跃点。相同的可跳跃裂缝对象适用于双方。

开发者可以轻松支持单向跳跃。如果裂缝的一侧低于另一侧，角色可以从高侧跳到低侧，而不是相反。实际上，开发者可以按类似于跳跃点的方式使用此碰撞几何体的非常小的版本(使用目标速度标记它们并且它们是跳跃点的 3D 版本)。

虽然坑洞填充物灵活且方便,但这种方法对着陆区域的敏感性问题更加严重。由于没有目标速度或角色想要着陆的地址的概念,它将无法明智地计算出如何腾空跳跃以避免错过着陆点。在前面的裂缝示例中,该技术是理想化的,因为其着陆区域非常大,几乎没有跳跃失败的可能。

(四) 群体协调移动

现在的游戏越来越多地要求角色群体以协调的方式移动。协调移动可以在两个层级上发生。个体可以做出相互礼让的决定,使它们的动作看起来协调一致;或者它们也可以做出一个整体的决定,并在一个预先规定的、协调一致的小组中移动。多数场景中角色面对的敌人或盟友不止一个,因此讨论多个非人为控制的角色在同一场景下的行为是必要的,在一个场景下,多个角色既可以礼让他人(比如并排行走、横纵交叉走),也可以按照预先设定的决策队形,进行协调一致的小组移动,这是一类相对简单的技术。

编队运动是指一组角色的移动,这可以让角色保持队形。最简单的是队伍可以按固定的几何图案移动,如 V 形雁阵或一字长蛇阵,但又不限于此。编队也可以利用环境,例如在使用编队转向时,角色小队可以在覆盖点之间移动,所以只需要做很小的修改。编队运动可用于团队运动游戏、基于小队的游戏、即时战略游戏、越来越多的第一人称射击游戏、驾驶游戏和动作冒险游戏。它是一种简单易用的技术,可以更快地编写和执行。

1. 固定编队

编队运动是一组角色按照相对固定位置顺序行进的移动,最简单的队形是简单几何图案,如 V 形或“一”字形,也可以利用环境,根据障碍物作出适当调整,当角色数量固定时,编队由一组槽位定义,整个编队中有一个槽位被定义为领导角色,其余槽位的位置都是相对这个槽位定义的,领导位定义的整个编队的位置和方向零点。领导位置的角色不受编队的控制,自由进行移动转向等行为,或遵循预设的路线移动,编队中其他槽位的角色则根据领导位的角色运动而运动。

编队图案可以在游戏中定位和定向,使领导角色位于其槽位中,面向适当的方向。随着领导角色的移动,编队图案也在游戏中移动和转动。图案中的每个槽位都将轮流随着领导角色起舞,步调一致地移动和转动。

我们可以通过另外的角色填充编队中的每个附加槽位。每个角色的位置可以直接通过编队几何形状确定,而不需要其自身的运动学或转向系统。一般来说,槽位中的角色可以直接设置其位置和方向。

领导角色的移动应该考虑携带其他角色的事实。其用来移动的算法与非编队角色没什么不同,但是应该有转动速度的限制(以避免领导角色以超快的速度扫过其他角色),并且任何避免碰撞行为或障碍物躲避行为都应该考虑整个编队的大小。

在实践中,对领导角色的这些移动上的限制使得开发人员很难将这种编队用于除非常简单的编队(阵型)之外的其他任何事情(例如假设在即时战略游戏中,玩家控制了 10 000 个单位,即可使用这种方式编组小队)。

2. 可拓展格式

在许多情况下，编队的确切结构将取决于参与其中的角色的数量。例如，如果有100个守卫结成铁桶阵，则可以每20个守卫一组，形成5个编队。对于100个守卫，有可能在几个同心环中构造阵型。当编队人数处于不定状态时，即在没有明确槽位和方向列表的情况下，可以使用可伸缩的编队。通常做法是，在一组编队中设置多个未指定成员的槽位，每当新的角色加入时，根据队伍排列将新的角色分配到适当的槽位中。

3. 自然编队

自然编队为可扩展性提供了不同的解决方案。每个角色都有自己的使用到达行为的转向系统。角色可根据编组中其他角色的位置选择目标。

如果我们要创建一个很大的V形雁阵，可以强制每个角色选择其前面的另一个目标角色，并选择背后和侧面的转向目标。如果还有另一个角色已经选择了该目标，那么它会选择另一个目标。同样，如果另一个角色已经定位到非常接近的位置，那么它将继续寻找其他位置。一旦选择了目标，它将用于所有后续帧，并且根据目标角色的位置和方向进行更新。如果目标变得无法实现(例如它遇到墙壁)，则将选择新目标。总的来说，这种自然编队将编组形成一个V形雁阵。如果编队中有许多成员，则V形编队之间的间隙将填充较小的V形。

在这种方法中没有整体的编队几何形状，并且该组不一定具有领导角色(当然，如果该组中有一个成员不必相对于任何其他成员定位自己，那么这是有帮助的)。编队按每个角色的个别规则自然出现，这与我们看到过的蜂拥行为是完全一样的，每个群体成员都有自己的转向行为。

这种方法还具有允许每个角色对障碍物和潜在碰撞单独做出反应的优点。在考虑转弯或墙壁避让时，无须考虑编队的大小，因为编队中的每个角色都会适当地行动(只要它具有作为其转向系统一部分的躲避行为)。

虽然这种方法简单有效，但是想要设置其规则以获得正确的形状却很困难。例如，在上面的V形雁阵示例中，许多角色经常会争夺在V形中心的位置。在每个角色的目标选择中都有很多糟糕的选择，这意味着同样的规则也可能给出由单根长对角线组成的阵型，已经没有了V形符号的特征。

如果要像调试任何其他类型的组合行为一样调试自然编队，那么这可能是一个挑战。其整体效果通常是一种受控制的无序状态，而不是编队运动。对于科技团体而言，这种无序特征使得自然编队几乎没有什么实际用途。

4. 两级编队转向

开发者可以将严格的几何编队与使用两级转向系统的自然编队方法的灵活性结合起来。例如，可以使用几何形状定义固定的槽位图案。刚开始的时候还需要假设有一个领导角色，当然后面会删除此要求。

该方法不是直接将每个角色放置在其槽位中，而是通过在目标位置使用槽位来实现到达行为，从而采用自然编队方法。角色可以有自己的防止碰撞行为和任何它所需要的其他复合转向行为。

这就是两级转向的概念，因为它依次有两个转向系统：首先是领导角色控制编队阵型，然后是阵型中的每个角色都会维持阵型图案。只要领导角色没有以最大速度移动，每个角色都会有一些灵活性，可以在考虑其自身环境的同时维持阵型。

例如一些试图以V形雁阵通过树林的密探角色，其编队组成的V形图案非常清晰。但是在实际移动时，每个角色都会从其槽位置稍微偏移一些，以避免撞到树木。在这种情况下，角色可能暂时难以保持其队形，但是它的转向算法将确保它仍然表现得很聪明而不会机械地撞到树上。

在上面的示例中，如果领导角色需要侧向移动以避开树木，那么阵型中的所有位置也将侧向偏移，并且所有其他角色都将侧向偏移以维持阵型。这可能看起来很奇怪，因为领导角色的行为被其他角色模仿，尽管它们在很大程度上可以自由地以自己的方式应对障碍物。

开发人员可以删除领导角色引领阵型的责任，让所有角色以相同的方式对它们的位置也将侧向偏移，并且所有其他角色都将侧向偏移以维持阵型。这可能看起来很奇怪，因为领导角色的行为被其他角色模仿，尽管它们在很大程度上可以自由地以自己的方式应对障碍物。

开发人员可以删除领导角色引领阵型的责任，让所有角色以相同的方式对它们的位置做出反应。编队将由一个看不见的领导角色移动：有一个控制整个阵型的独立转向系统，但不控制任何一个单独的角色。这就是两级编队的第二级。

因为这个新的领导角色是隐形的，所以不需要担心小障碍，也不必担心碰到其他角或很小的地形特征。隐形领导角色仍将在游戏中具有固定位置，并且该位置将用于布编队图案并确定所有适当角色的槽位位置。但是，图案中领导角色的槽位位置不对应于任何角色。因为它并不是真正的槽位，一般可称为图案的锚定点(Anchor Point)。

编队的单独转向系统通常简化了实现，开发人员不再需要为角色分配责任。例如，如果某一个角色死亡，则不必考虑让另一个角色接管领导权的问题。

锚定点的转向通常是简化的。例如，在户外，开发人员可能只需要使用单个高级到达行为，或者路径跟随行为；而在室内环境中，转向仍然需要考虑大型障碍物，如墙壁。直接穿过墙壁的阵型会束缚其所有角色，使它们无法跟随自己的槽位。

到目前为止，信息只在一个方向上流动：从编队到其中的角色。当我们有一个两级转向系统时，这会导致问题。例如，编队可能在主导前进的方向，而忘记了它的角色有可能跟不上的问题。当编队由一个角色引领时，这并不是一个问题，因为编队中其他角色所面临的困难，领导角色也会碰到。

但是，当我们直接引领锚定点时，通常会忽略小规模的障碍物和其他角色。由于编队中的角色不得不躲避这些障碍，因此它们可能需要比预期更长的时间来保持队形，这可能导致编队及其角色长时间不同步。

一种解决方案是减慢编队的移动速度。一个好的经验法则是使阵型的最大速度大约为角色速度的一半。但是，在非常复杂的环境中，所需的减速是不可预测的，并且最好不要为偶发情形而降低编队的移动速度，从而增加整个游戏的负担。

更好的解决方案是根据角色在其槽位中的当前位置来调整阵型的移动：实际上就是保持对锚定点的约束。如果槽位中的角色无法到达目标，那么整个阵型就应该回退，从而让它们有机会赶上。

这可以通过重置每个帧处的锚定点的运动学数据来简单地实现。它的位置、方向、速度和旋转都可以设置为其槽位中角色的平均值。如果锚定点的转向系统首先运行，它将向前移动一小步，从而使得槽位也向前移动，并迫使角色也跟着移动。在槽位角色移动时，锚定点会被遏制，以使其不会向前移动太远。

因为锚定点位置在每一帧都被重置，所以当它引领向前时，目标槽位的位置只会在角色位置的稍微前方一点。使用到达行为意味着每个角色都可以很轻松地移动这么一小段的距离，并且槽位角色的速度将降低。反过来，这也意味着编队的速度降低（因为它被计算为槽位角色的移动速度的平均值）。在接下来的帧中，编队的速度将更小。在少数帧中，它将慢慢停止。

调整编队运动需要编队的锚定点始终位于其槽位的质心（即其平均位置）。否则，如果编队被认为是静止的，则锚定点将被重置为平均点，而这并不是它在最后一帧中的位置。所有槽位将基于新的锚定点更新，并且将再次移动锚定点，从而导致整个编队漂移（Drift）。

（五）马达控制

现实中的场景，一般除了人物移动，还有载具与舰船，飞行器的运动，映射到虚拟场景中的移动，就是要对现实载具的马达（动力系统）进行模仿。当然并不只是简单地建立一个模型，事实上在计算机中，一切都可以用数字与图形表示，只要为对象设置合理且逼真的参数。因此，开发者需要设计一套马达系统，模拟现实中车辆加速减速，同时设定一些拟真的规则，例如，当车速越快，转弯半径越大，高速转弯可能导致侧翻，只能朝向面向的方向进行加减速等，最主要的是，要确保各种载具的移动数据符合现实，在马达控制层面，可分为输出过滤（Output Filtering）和与能力匹配的转向（Capability Sensitive Steering）。

1. 输出过滤

根据角色的能力过滤输出是最简单的执行方法，例如，一辆汽车不可能朝着水平方向横向加速，因此可以移除横向加速组件。过滤算法通过移除组件，在每一帧上运行，使整个画面看起来更加流畅。

2. 与能力匹配的转向

对于与能力匹配的转向技术来说，并没有特定的算法。它涉及实现启发式算法，模拟人类在相同情况下做出的决策，即从运载工具所有可能的行动中选择使用一种合理的行动以获得预期效果。

虽然将执行带入行为本身似乎是一个明显的解决方案，但是，将行为结合在一起时同样会产生问题。在真实游戏场景中，会存在一次出现若干个与转向相关的活动的情况，所以，开发人员需要以全局方式来考虑执行。

所谓执行的不同方法就是将执行带入转向行为本身。AI 不仅根据角色想要去的地方生成移动请求，还要考虑角色的物理能力。如果角色正在追击敌人，那么它将考虑自己可以实现的每个动作，并选择能以最佳方式捕捉到目标的方法。如果可以执行的一组策略相对较小（例如，可以向前移动或左转或右转），那么可以简单地依次查看每个策略并确定策略完成后的情况，以确保最终选择执行的动作是能引发最佳状态的动作。例如，对于追击敌人而言，最佳状态无疑就是角色距离其目标最近。

转向算法的一个强大功能是能够将关注点结合起来产生复杂的行为。如果每个行为都试图考虑角色的物理能力，那么它们在组合时不太可能给出合理的结果。

如果开发人员想混合转向行为，或使用黑板系统、状态机或转向管道将它们组合在一起，则建议将执行延迟到最后一步，而不是每个阶段都执行。

最终的执行步骤通常涉及一组启发式方法。在这个阶段，开发人员无法访问任何特定转向行为的内部运作方式。例如，无法看到备选的障碍物躲避解决方案。因此，执行器中的启发式方法需要能够为任何类型的输入生成大致合理的移动猜想，它们将仅限于在没有其他信息的情况下对一个输入请求进行操作。

第四章

战略决策与学习

一、战略和决策 AI

(一) 航点决策

航点(Waypoint)是游戏关卡中的单个位置。它们被称为"节点"或"代表性点"。路径发现技术使用节点作为通过关卡的路线的中间点,这是航点的最初使用,本节中的技术将自然地从拓展路径发现所需的数据发展为允许其他类型的决策制定。

当我们在路径发现中使用航点时,它们表示路径发现图形中的节点,以及算法所需的相关数据:连接(Connection)、量化区域(Quantization Region)和成本(Cost)等。要在决策上使用航点,我们需要向节点添加更多数据,我们存储的数据将取决于使用航点的方式。

1. 决策位置

用于描述决策位置的航点有时被称为集结点(Rally Point)。它们在模拟中的早期用途之一(特别是科技模拟)是标记一个固定的安全位置,交战失败的角色可以撤退到这里。这种原则也应用在现实世界的科技计划中。当一个排与敌人交战时,它将至少有一个预先确定的安全撤离点,如果决策情况允许,它可以撤退至此。通过这种方式,即使仿真失败也不一定会导致全面溃败。

在游戏中更常见的是使用决策位置来表示防御位置或掩藏点。在游戏的静态区域中,设计者通常将圆桶或城墙后面的位置标记为良好的掩藏点。当一个角色与敌人交战时,它将移动到最近的掩藏点,以便为自己提供一些庇护场所。还有其他一些流行的决策位置。狙击手的位置在基于小队的射击游戏中尤为重要。关卡设计者会将某些位置标记为适合狙击手使用,然后使用远程设备的角色可以前往那里找到掩护和射杀敌人的位置。

在秘密潜入类的游戏中,秘密移动的角色需要被给定一组存在强烈阴影的位置。然后,只要敌人的视线被转移,角色就可以通过在阴影区域之间的移动来控制它们的行动。

使用航点来表示决策信息的方式有很多种。我们可以标记火力点(该点可以进行大范围的射击)、能量药丸点(该点可能重新生成能量药丸)、侦察点(该点可以轻松侦查大范围区域)、快速出口点(角色如果找到它们则可以隐藏起来或有许多逃生选项)等。决策点甚至也可以是要避免的位置,如埋伏点、暴露区域或流沙地带等。

根据要创建的游戏类型,游戏开发者的角色可以遵循若干种决策。对于这些决策中的每一种,游戏中可能存在相应的决策位置,无论是积极的(有助于决策施行的位置)还是消极的(阻碍决策施行的位置)。

大多数使用决策位置的游戏并不会将它们自己局限于一种决策类型。游戏关卡包含大量的航点,每个航点都标有其决策特质(Quality)。如果航点也用于路径发现,那么它们还将具有路径发现数据,如连接和附属的区域。

在实践中,掩体和狙击手的位置作为路径发现图形的一部分并不是非常有用。虽然最常见的是组合两组航点,但它可以提供更有效的路径发现,以便拥有一个单独的路径发现图形和决策位置集。当然,如果开发者使用不同的方法来表示路径发现图形,如导航网格或基于图块的世界,则必须这样做。

在大多数游戏中,拥有一套预先定义的决策特质(如狙击手、阴影、掩体等)足以支持有趣和智能化的决策行为。本节后面讨论的算法将根据这些固定的分类做出决策。

当然,我们也可以使模型更复杂。例如,当讨论狙击手的位置时,我们提到过狙击手的位置会有很好的遮挡,并能提供观察敌人的广阔视野。我们可以将其分解为两个单独的要求:隐藏和观察敌人。如果我们在游戏中支持掩藏点和高可见性点,那么就不需要指定具体的狙击手位置。我们只需要简单地将狙击手位置指定为同时满足掩藏点和侦察点特质的点。这样,狙击手的位置便具有复合决策的特质,它们由两种或更多原始决策组成。

我们不需要将自己限制在具有两个属性的单个位置。例如,当角色在交战中处于攻势时,它需要找到一个很好的掩藏点,并且非常接近提供清晰射击视野的位置;角色可以进入掩藏点进行休整(重新装填弹药),或者当敌方的火力特别密集时,转移到另外一个射击点以攻击敌人。我们可以将某个防御掩藏点指定为一个非常靠近射击点的掩藏点(通常在角色横向滚动的半径范围内,方便用于进入和退出掩体的定型动画)。

同样地,如果我们正在寻找可以设计伏击的好位置,则可以寻找附近有良好藏身之处的暴露位置。“良好的藏身之处”本身就是复合决策,它是结合了良好掩藏点和阴影这两个特质的地点。

开发人员可以通过仅存储原始特质来利用这些复合决策。一方面,从这些决策特质我们可以计算出最好的占位或避免遭遇伏击。通过限制不同决策特质的数量,我们可以支持大量不同的决策,而不会使关卡设计者的工作变得过于繁重,或者只需要使用很少的航点数据,避免占用过多的内存。另一方面,我们获得了在内存方面的改善,却失去了速度优势。为了计算出最近的伏击点,我们需要寻找在阴影中的掩藏点,然后检查每个掩藏点附近的暴露点,以确保它在我们寻找到的掩藏点的半径范围内。

在绝大多数情况下,这种额外处理并不重要。例如,如果某个角色需要找到一个伏击位置,那么很可能会考虑到若干个帧。基于决策位置的决策并不是某个角色在每一帧中需要做的事情,因此对于合理数量的角色来说,时间并不重要。

当然,对于有许多角色或者条件集非常复杂的情况,可以对航点集(Waypoint Set)进行离线预处理,并且可以识别所有复合特质。这在游戏运行时固然会消耗大量内存,但它不需要关卡设计者指定每个位置的所有特质。该方法还可以更进一步，使用算法来检测原始特质。本节后面将回过头来介绍自动检测原始特质的算法。

为了支持更复杂的复合决策，我们可以摆脱简单的布尔状态。例如，我们不是将位置标记为“掩藏点”或“阴影”，而是为每个位置提供数值。对于“掩藏点”和“阴影”来说，其航点具有不同的值。这些值的含义取决于游戏，它们可以有任何范围，只要方便即可。当然，为了清楚起见，我们假设这些值是范围(0,1)中的浮点数，其中值为1表示航点具有最大属性量(例如掩藏点的最大量或阴影的最大量)。

就这些值自身而言，我们可以使用这些信息来简单地比较航点的特质。例如，如果某个角色试图找到一个掩藏点，并且它已经找到了两个航点，这两个航点具有相同的可到属性，但是掩藏点属性cover则不相同，其中一个航点cover＝0.9，另外一个航点cover＝0.6，那么该角色应前往cover＝0.9的航点。

开发者还可以将这些值解释为模糊集的隶属程度。cover值为0.9的航点在掩藏点位置集合中具有很高的隶属程度。将值解释为隶属程度允许开发人员使用模糊逻辑规则生成复合决策的值。回想一下，我们前面曾经将狙击手(Sniper)位置定义为一个既能看到敌人，又有良好掩护的航点。

正如我们在前面所看到的，开发者可以为复合决策设计更复杂的条件。将这些值解释为模糊状态中的隶属程度，使得开发者能够处理由许多子句组成的最复杂的定义。它提供了一种不断进行尝试和检测的机制，最终可以获得一个可靠的值。

使用这种方法的缺点是每个航点都需要为其存储一整套值。一方面，如果我们要记录5种不同的决策属性，那么对于非数字情况来说，我们只需要在每组中保留一个航点列表，没有浪费的存储空间。另一方面，如果我们为每个决策属性存储一个数值，那么每个航点将有5个数字。

我们可以通过不存储零值来略微减少存储的需求，但是这会使事情变得更复杂，因为我们需要一种可靠的方法来存储该值和该值的含义(如果我们总是存储5个数字，那么就可以通过每个数字在数组中的位置了解它的意义)。

对于大型户外世界，例如对于即时战略游戏或大型多人游戏的大型户外世界，开发人员可能需要考虑节省内存的问题。但是，在大多数射击游戏中，这些额外的内存不太可能引起问题。

当然，到目前为止，我们所描述的标记决策位置的方式仍然是有问题的。位置的决策属性几乎总是对角色的动作或游戏的当前状态敏感。例如，躲在圆桶后面的角色只有在蹲下时才会产生掩护的效果。如果角色站在圆桶后面，那么它就是一个非常惹眼的目标，很容易被集火攻击。同样，如果敌人在你身后，那么躲在突出的岩石后面是没有用的。开发者的目标应该是在角色和敌方进攻的火力之间放置一块大石头。

这个问题并不仅限于掩藏点。在某些情况下，本节中的任何决策位置都可能无效。例如，如果敌人设法发动了一次侧翼攻击，那么现在前往撤离位置可能就没什么作用了，因为该撤离位置可能正在敌方掌控中。

某些决策位置可能具有更复杂的环境背景。例如，如果每个人都知道狙击手的扎营位置，那么该狙击点很可能毫无用处，除非它恰好是一个难以捉摸的藏身之处。狙击手的位置在某种程度上取决于其保密性。

实现环境敏感性有两种选择。第一种方法是可以为每个节点存储多个值。例如,一个用于掩藏的航点可能有 4 个不同的方向。对于任何给定的掩藏点,仅掩藏其中一些方向。我们将这 4 个方向称为航点的状态。对于掩藏点,我们有 4 个状态,每个状态可能具有完全独立的掩藏特质值(如果我们不使用连续的决策值,则只有不同的 yes/no 值)。我们可以使用任意数量的不同状态。可能还有一个额外的状态,指示角色是否需要躲避以接受掩护,或者指示敌人不同设备的附加状态。例如,一段矮墙可以为角色提供掩护,使得敌方的手枪或步枪攻击无效,但是如果敌方使用的是 RPG 火箭筒,那么角色显然需要另寻掩藏点。对于一组状态相当明显的决策,如掩藏点或射击点(我们同样可以使用 4 个方向作为射击弧),这是一个很好的解决方案。对于其他类型的背景敏感性,如前面提到的撤退位置示例,则很难提出一组合理的不同状态,因为那是由敌人控制的地区。

第二种方法是每个航点只使用一个状态。我们不是将这个值视为关于航点决策特质的最终真值,而是添加一个额外的步骤来检查它是否合适。该检查步骤可以包括对游戏状态的任何检查。在掩藏点示例中,我们可能会检查与敌人的视线。在撤退示例中,我们可能会检查一个影响图,以查看该位置当前是否处于敌人控制之下。

具体应该使用以上两种方法中的哪一种,取决于特质、内存和执行速度。一方面,每个航点使用多个状态可以快速制定决策。开发者不需要在游戏期间进行任何决策计算,只需要找出感兴趣的状态即可。另一方面,为了获得非常高质量的决策,可能需要大量的状态。例如,如果需要 4 个方向的掩护,无论是站立还是蹲伏,仿真训练任何 5 种不同类型的设备,那么将需要 40(4×2×5)个状态才能获得掩藏点的航点。显然,这很快就会让状态变得太多而造成内存和执行速度上的负担。

执行后处理步骤可以使开发人员更加灵活。一方面,它允许角色利用环境中的特征或巧合之处。例如,除了来自特定通道的攻击,掩藏点可能不会提供北方的掩护,但游戏中屋顶大梁的位置会为角色提供其北方的掩护,所以如果敌人就在那条特定通道上攻击,则该掩藏点仍然是有效的。相反,如果使用简单的状态掩护来自北方的攻击,则不允许角色利用这一点。另一方面,后处理非常消耗时间,特别是如果需要通过关卡几何进行大量的视线检查则更是如此。在我们已经看到的几款游戏中,决策视线检查占据了游戏中使用的所有 AI 时间的大部分,在某些情况下超过总处理器时间的 30%。如果你有很多角色需要对不断变化的决策情况做出快速反应,这可能是不可接受的。如果角色能够花费几秒钟来衡量它们的选择,那么这不太可能成为一个问题。

在我们看来,真正受益于良好决策玩法的游戏,如基于小队的射击游戏,更需要采用后处理方法。对于其他不以决策为重点的游戏,则使用少量的状态就足够了。我们知道有一个开发者在同一款游戏中结合使用了这两种方法,并取得了很大的成功:多个状态提供了一种过滤机制,减少了需要视线检查的不同掩藏航点的数量。

2. 使用决策位置

在大多数情况下,角色的决策过程意味着它需要什么样的决策位置。例如,我们可能会有一个决策树,它会查看角色的当前状态、生命值和弹药供应,以及敌人的当前位置。当决策树运行时,角色可能会决定它需要重新装备设备或填充弹药。

决策系统生成的动作是“重新装载”,这可以通过播放重新装载动画并更新角色设备中的子弹数量来实现，或者可以采用更具决策意义的方式，选择找到一个合适的掩藏点，这样就可以在有掩护的情况下简单休整，重新装填弹药。

这可以通过查询附近的决策航点来实现。在找到合适的航点之后，即可采取任何后处理步骤以确保它们适合于当前环境。然后角色会选择一个合适的位置并将它用作移动的目标。这里的选择可以非常简单，即“最接近的合适位置”。在这种情况下，角色可以从最近的航点开始，并按照距离增加的顺序检查它们，直至找到匹配。或者我们也可以使用某种数字衡量位置的好坏。如果我们使用连续值来表示航点的特质，那么这可能就是我们所需要的。但是，我们并不一定对选择整个关卡中的最佳节点感兴趣。在地图上一直奔跑只为了找到一个真正安全的位置来简单休整(重新装填弹药)是没有意义的。相反，我们需要平衡航点的距离和特质。

这种方法将首先独立于决策信息而做出动作决策，然后应用决策信息来完成其决策。它本身就是一种强大的技术，是大多数基于小队的游戏 AI 的基础。这是射击游戏能一直红火到现在的压箱底的手段。

但是，它确实有一个重要的限制。由于在决策过程中没有使用决策信息，我们最终可能会在作出决定后才发现这个决定是愚蠢的。例如，我们可能会发现，在做出重新装载的决定之后，角色无法在附近找到安全的地方。在这种情况下，如果是现实生活中的人，那么他会尝试不同的选择，例如，他可能会选择逃跑。但是，游戏中的角色却没有这样的变通思维，一旦做出决定却无法完成，那么它将被卡住或显得很愚蠢。游戏很少允许 AI 检测这种情况并返回重新考虑该决定，因此它可能会导致出现问题。在大多数游戏实践中，这并不是一个很明显的问题，特别是如果关卡设计者能够获得足够提示的话。游戏中的每个区域通常都有若干种类型的决策点(除狙击点外，我们通常不介意角色是否会长时间漫游以找到这些)。

对于决策树和状态机，开发者可以将决策信息用作 yes 或 no 条件，它们要么出现在决策树中的决策节点处，要么可以作为进行状态转换的条件。

在这两种情况下，开发者都有兴趣找到满足某些条件的决策位置(例如，可能需要找到一个角色可以掩藏的决策位置)。对于决策位置的特质则不感兴趣。

我们可以更进一步，允许决策过程在作出决定时考虑到决策位置的特质。想象一下，某个角色正在权衡两种决策。它可以选择在掩体后露营，并提供压制火力，也可以占据阴影中的有利位置，准备伏击路过的不知情的敌人。我们对每个位置使用连续的决策数据，掩体特质为 0.7，而阴影特质为 0.9。使用决策树，我们只需要检查是否有掩藏点，并且在发现有掩藏点时，角色将遵循压制火力的战略。这时权衡每个选项的利弊是没有意义的。

毫无疑问，还有许多其他方法可以将决策值纳入决策过程中。我们可以使用它们来计算基于规则的系统中规则的优先级，或者也可以将它们包含在学习算法的输入状态中。这种方法使用基于规则的模糊逻辑系统，提供了一种简单的实现扩展，可以提供非常强大的结果。但是，它并不是一种很好用的技术，所以大多数游戏在决策制定过程中都依赖于更简单地使用决策信息。

如果开发者使用这些方法中的任何一种，那么将需要一种快速生成附近航点的方法。给定角色的位置，在理想情况下，开发者需要一个按距离顺序列出的合适的航点列表。

大多数游戏引擎提供了一种快速计算出附近物体的机制。诸如四叉树或二叉空间分区(Binary Space Partition，BSP)树的空间数据结构通常用于冲突检测。诸如多分辨率图(即基于图块的方法,具有不同图块大小的分层结构)的其他空间数据结构也是合适的。对于基于图块的世界,还可以使用存储的图块图案来表示不同的半径,只需将图案叠加在角色的图块上,然后搜索该图案中的图块以找到合适的航点。

另一种方法是通过执行路径发现步骤来生成距离,以确定每个决策航点的距离远近。这自然会考虑到关卡的结构,而不是使用简单的欧几里得距离。在上面的示例中,当意识到隔壁房间内的掩藏点将比到目前为止找到的最近航点的路径更长时,即可中断路径发现。当然,即使进行了这样的优化,也会增加大量的处理开销。

幸运的是,开发者可以在一个步骤中执行路径发现操作并搜索最近的目标。这也解决了很薄的墙壁造成混淆和发现附近航点的问题。它还有一个额外的好处:它返回的路线可以用来使角色移动,同时不断考虑它们的决策状况。

3. 航点的决策属性

到目前为止,我们的假设都是游戏的所有航点已经创建完成,并且每个航点都被赋予了适当的属性:一组用于其位置的决策特征的标签,以及可能用于决策位置的特质的附加数据,或者与环境相关的信息。

在最简单的情况下,上述这些内容通常都由关卡设计者创建。关卡设计者可以放置掩藏点、阴影点、具有高可见性的位置以及出色的狙击位置。如果只有几百个掩藏点,那么这个任务就不算烦琐。这也是很多射击游戏中经常使用的方法。当然,除了一些比较简单的游戏,关卡设计者的任务可能会急剧增加。

如果关卡设计者必须放置与环境相关的信息或设置某个位置的决策特质,那么该工作将变得非常困难,关卡设计者所需的工具也必将变得更加复杂。对于与环境相关的信息、连续赋值的决策航点,我们可能需要设置不同的环境状态,并能够为每一个决策航点都输入数值。为了确保这些值都是合理的,我们需要某些类型的可视化。

虽然设计者可以放置航点,但所有额外的负担使得关卡设计者不太可能负责设置决策信息,除非它是最简单的布尔类型。

对于其他游戏来说,我们可能不需要手动放置位置,它们可能从游戏结构中自然产生。例如,如果游戏依赖于基于图块的网格,则游戏中的位置通常位于相应的图块处。虽然我们知道位置在哪里,但我们不知道每个位置的决策属性。如果游戏关卡是由预制部分构建的,那么我们可以在预制工厂中放置决策位置。

在这两种情况下,我们都需要一些机制来自动计算每个航点的决策属性。这通常需要使用离线预处理步骤来执行,尽管它也可以在游戏期间执行。后一种方法允许我们在当前游戏环境中生成航点的决策属性,这反过来可以支持更加微妙的决策行为。然而,正如前文关于"环境敏感性"小节所述,这对性能有显著影响,特别是如果需要考虑大量航点的话。计算决策特质的算法取决于开发者感兴趣的决策类型。决策类型有多少,计算就会有多少。

(二)决策分析

影响地图(Influence Map)和影响映射(Influence Mapping)技术是在即时战略游戏中开创并广泛应用的,它们是游戏 AI 中非常重要的一部分。通过影响地图,游戏 AI 可以通过计算和维护影响区域来预测和评估敌人的科技意图和行动,同时也可以规划自己的行动,从而实现更加智能化的游戏体验。

影响映射的原理是:将地图上的每个区域都赋予一个权值,用于表示该区域对游戏中各种决策的影响程度。例如,在一个即时战略游戏中,AI 可以利用影响地图来确定哪些区域是关键的战略要地,以及哪些区域是敌人最有可能进攻的地方。AI 会根据这些信息来做出相应的决策,比如调动团体占领关键区域或者加强防御,以阻挡敌人的进攻。

在射击类游戏中,影响地图可以用于确定哪些区域是安全的,哪些区域有敌人出没,以及哪些区域最容易遭受攻击等。AI 可以根据这些信息来决定自己的行动路线,选择最佳的掩蔽点,或者进行伏击和反击。

地形分析(Terrain Analysis)通常指的是在科技模拟中应用的一种决策分析方法,它和影响地图类似,都是通过计算地图上各个区域对游戏中各种决策的影响程度来帮助 AI 做出更加智能化的决策。在科技模拟中,地形和地形特征对科技行动的影响非常重要,比如山地、河流、森林等,这些地形特征会对团体的行动和训练能力产生影响,AI 需要根据这些信息来制订最佳的训练计划。

总的来说,决策航点方法和决策分析之间没有太大区别。虽然在不同类型的游戏中,实现这些方法的具体细节和技术会有所不同,但是它们的基本原理和理论是非常相似的。对于游戏 AI 来说,决策分析是非常重要的一部分,通过运用这些技术,AI 可以更加准确地预测和评估敌人的行动。

除了影响映射和地形分析,还有其他类型的决策分析。例如,在有些游戏中,玩家需要在不同的地图上进行仿真。在这种情况下,玩家可能需要对地图进行分析,以确定敌人的弱点和自己的优势。这种类型的分析称为地图分析(Map Analysis)。

在影响映射和地形分析中,计算科技影响的方法是通过考虑敌方单位的位置、行动和攻击范围等因素来实现的。这些因素可以通过不同的技术和算法来计算。例如,可以使用加权距离图(Weighted Distance Map)、覆盖区域图(Coverage Map)和区域图(Area Map)等方法来计算科技影响。

影响映射的主要优点是可以处理动态环境和复杂情况。例如,在一个仿真场景中,一个单位可以根据敌人的行动和位置来更新自己的影响地图,以便更好地适应仿真环境。这种灵活性和自适应性使得影响映射成为许多战略游戏中 AI 的主要技术。

除了决策分析,AI 还需要能够做出战略决策。在战略层面上,AI 需要考虑更广泛的因素,如资源管理、基地建设、军队部署等。这些决策需要更高级别的算法和技术,如规划、博弈论、机器学习等。

总之,决策分析是游戏 AI 中的一个重要领域,影响映射和地形分析是其中最常见的技术之一。这些技术可以帮助 AI 计算敌方单位的位置和行动对自己的影响,从而更好地适应仿真环境。随着游戏 AI 技术的不断发展,未来还将涌现更多的创新技术,为游戏玩家提供更加出色的游戏体验。

1. 影响地图

如果一支仿真队伍中的 4 名步兵在某个仿真上露营,那么这个仿真肯定会受到他们的影响,但可能不是很强烈。即使是中等程度的力量(如单个排)也能够轻松应对。如果我们将武装直升机悬停在同一个角落,那么这个仿真将更加受其控制。如果仿真的角落被防空高射炮炮兵连占据,那么影响可能介于两者之间。

影响会随着距离而下降。例如,仅有4名步兵的仿真队伍的决定性影响并不会明显延伸到下一个仿真。阿帕奇武装直升机是高机动性的,所以它相应地可以影响更广泛的区域,但是当它驻扎在一个地方时,它的影响就只有1.61千米左右。防空高射炮炮兵连可能具有更大的影响半径。

如果我们将科技力量视为数字化的量,则该力量值将随着距离而下降:距离科技单位越远,其影响值就越小。最终,它的影响会很小,直至感觉不到。我们可以使用线性下降来为此建立模型,即距离翻倍,影响也将下降一半。

对于不同的单元也可以使用不同的下降方程。但是,在实践中,线性下降是完全合理的,并且给出了良好的结果,其处理的速度也更快。

为了使这种分析有效,我们需要为游戏中的每个单位分配一个科技影响值。这可能与单位的进攻或防守强度有所不同。例如,侦察团体虽然仿真力很低,但它却可能有很大的影响值,因为它可以指挥炮击。这些值通常应由游戏设计者设定。因为它们可以相当大的影响AI,所以几乎总是需要进行一些调整以使其平衡、正确。在此过程中,通常可以将影响地图可视化作为图形叠加到游戏中,以确保通过决策分析获取明显位于单位影响范围内的区域。

根据给定的远距离导致的影响下降的公式和每个单位的固有科技力量,游戏开发者可以计算出游戏中每一方在每个位置的影响:谁控制了那里以及控制了多少。一个单元在一个位置的影响可由上面的下降公式给出。通过简单地汇总属于某一方的每个单元的影响,可以发现某一方的整体影响。

对某个位置影响最大的一方可以被认为是取得了对该位置的控制权,控制的程度就是其在影响值上获胜的一方与第二方的影响值之间的差异。如果这个差异值非常大,那么该位置被认为是安全的。最终结果是一幅影响地图:通过一组值显示游戏中每个位置的控制方和影响程度(以及可选的安全程度)。

为了计算地图的影响,我们需要为关卡中的每个位置考虑游戏中的每个单元。除非游戏的关卡非常小,否则这显然是一项艰巨的任务。如果游戏拥有一千个单位和一百万个位置(在当前即时战略游戏中,这很常见),那么它将需要十亿次计算。实际上,其执行时间是$O(nm)$,在内存中则是$O(m)$,其中,m是关卡中的位置数,n是单位数。我们可以使用三种方法来改善这些问题:有限的影响半径、卷积滤镜(Convolution Filter)和地图覆盖(MapFlooding)。无论使用什么算法来计算影响地图,都需要一点时间。关卡上的力量平衡很少在帧与帧之间发生显著变化,因此影响映射算法在许多帧的过程中运行是正常的。所有算法都可以被轻松中断。虽然当前的影响地图可能永远不会完全是最新的,但即使以每10秒一次的速率遍历该算法,数据通常也是最近的,因为这对于角色AI来说看起来很合理。

影响地图可用于规划攻击位置或指导移动。例如,决定"攻击敌方领土"的决策系统可能会查看当前的影响地图并考虑边界上由敌人控制的每个位置。具有最小安全值的位置通常是发起攻击的好地方。更复杂的测试可能会寻找这些弱点的连接序列,以指示敌人防御中的弱区域。这种方法的其中一个特征是:在这种分析中,侧翼经常显示为弱点。攻击最弱点的游戏AI算法自然会倾向于侧翼攻击。

影响地图也非常适合决策性路径发现，当需要时，通过将其结果与其他类型的决策分析（稍后将详细讨论）相结合，它也会变得更加复杂。

如果我们仅对可以看到的单位进行决策分析，那么就有可能低估敌军。一般来说，游戏不允许玩家看到游戏中的所有单位。在室内环境中，我们可能只能看到直接视线中的角色；在室外环境中，单位通常可以看到它们视野内的最远距离，并且它们的视觉可能还受到丘陵或其他地形特征的限制。这在游戏中通常被称为“仿真训练迷雾”（但与科技用语中的“仿真训练迷雾”含义不同）。

对于地形分析和许多其他决策分析，每一方都有相同的信息，但是我们只能使用各自一方的数据集合。有些游戏通过允许所有AI玩家知道所有信息来解决这个问题。这允许AI仅构建一个影响地图，这个影响地图对于所有各方都是准确和正确的。这样，AI就不会低估对手的科技力量。但是，这种方法被广泛视为作弊，因为AI可以访问人类玩家所不具备的信息。它可能使游戏变得完全没有意思。如果某个玩家秘密地在关卡一个隐藏得很好的区域中建立了一个非常强大的单位，而AI却可以“料事如神”般地针对隐藏的超级设备直接发动大规模攻击，那么玩家会感到非常沮丧，显然AI知晓了一切信息。为了应对避免犯规的呼声，游戏开发者开始远离AI全知的模式，根据正确的游戏情况建立各方的影响地图。

当人类只看到一部分信息时，他们会根据自己对看不到的单位的预测来进行力量估计。例如，如果玩家在中世纪的仿真上看到一排枪兵，那么他可能会认为后面某处有一排弓箭手。糟糕的是，创建可以准确预测无法看到的力量的AI非常困难。

2. 地形分析

也许提取的最简单且有用的信息是某个地点的地形难度（Terrain Difficulty）。许多游戏在关卡的不同位置具有不同的地形类型，这可能包括河流、沼泽地、草原、山脉或树林。游戏中的每个单元在穿越每种地形类型时将面临不同的难度级别。我们可以直接使用这种难度，但它没有资格作为地形分析，因为没有分析要做。

除地形类型外，考虑到该位置的坚固性通常也很重要。例如，如果该位置是四分之一坡度的草地，那么它将比牧场上的平缓草地更难以驾驭。如果位置对应于高度场中的单个高度样本（室外关卡的很常见的方法），那么可以通过将位置的高度与相邻位置的高度进行比较来很容易地计算梯度。如果该位置覆盖相对大量的关卡（如室内的房间），则可以通过在该位置内进行一系列随机高度测试来估计其梯度。最高和最低样本之间的差异提供了对位置的粗糙度的近似。开发者还可以计算高度样本的方差，如果进行了很好的优化，那么它也可能更快。

无论我们使用哪一种梯度计算方法，每个位置的算法都需要恒定的时间（假设我们使用该技术，并且每个位置的高度检查数量恒定）。这对于地形分析算法来说相对较快，并且结合了离线运行地形分析的能力（只要地形不变，就可以离线运行），它使得地形难度成为一项很易用的技术而不需要大量优化代码。

利用地形类型的基础值和位置梯度的附加值，我们可以计算出最终的地形难度。该组合可以使用任何类型的函数，如加权线性和或者基本值和梯度值的乘积。这相当于具有两种不同的分析(基本难度和梯度),并应用多层分析方法。

没有什么可以阻止我们将其他因素纳入地形难度的计算中。如果游戏支持装备的损耗,我们可能会增加一个地形惩罚的因素。例如,沙漠可能很容易穿过,但它可能会对机器产生影响。可能性仅受开发者希望在游戏设计中实现的功能类型的限制。

我们使用的第二个最常见的地形分析是可见性地图(Visibility Map)。有许多种决策都需要估计一个位置的暴露程度。如果 AI 正在控制一个侦察团体,它需要知道一个可以看得很远的位置。如果它试图移动而不被敌人看到,那么它需要使用隐藏得很好的位置。

可见性地图的计算方法与我们计算航点决策的可见性的方式相同,即我们将检查位置与关卡中其他重要位置之间的视线。

详尽的测试将测试位置与关卡中所有其他位置之间的可见性。然而,这是非常耗时的,特别是对于非常大的关卡而言,这可能需要花费很长时间。有些算法用于渲染大型场景,可以执行一些重要的优化,剔除关卡中无法看到的大部分区域。在室内,情况通常会更好,甚至有更全面的工具来剔除无法看到的位置。

在仅使用位置的子集时,我们可以使用随机选择的位置,只要选择足够的样本就可以给出正确结果的良好近似值。

我们还可以使用一组“重要”位置。这通常仅在游戏执行期间在线执行地形分析时完成。在这里,重要的位置可以是关键的战略位置(可能由影响地图决定)或敌军的位置。

最后,我们可以从正在测试的位置开始,以固定的角度间隔投射光线,并测试它们行进的距离,就像前面所看到的航点可见性检查一样。这对于室内关卡来说是一个很好的解决方案,但对于室外关卡来说效果不是很好,因为如果没有投射大量的光线就不容易考虑到丘陵和山谷之类的地形。

无论选择哪种方法,最终都需要从某个位置出发估计地图的可见程度。这通常表示为可以看到的其他位置的数量,但如果我们以固定角度投射光线,那么它也可以表示为平均光线长度。

3. 决策分析及结构

到目前为止,我们已经进行了涉及发现游戏关卡信息的分析,并通过分析游戏关卡及其内容来计算结果地图中的值。开发者已成功使用一些略微不同的方法来支持在决策 AI 中的学习。我们将从空白的决策分析开始,不进行任何计算即可设置其值。在游戏过程中,每当有趣的事件发生时,我们都会更改地图中某些位置的值。

例如,假设我们试图通过模拟被伏击来避免我们的角色反复陷入同一个陷阱。我们想知道玩家最有可能陷入困境的位置以及能够避免的最佳位置。虽然我们可以对掩藏点位置或伏击的航点进行分析,但是人类玩家所采用的方式通常比我们的算法更加巧妙并且可以找到创造性的方式来设置埋伏。

为了解决这个问题,我们创建了一个杀伤地图(Frag-Map)。该地图最初包含一个分析,其中每个位置都为零。每当 AI 看到一个角色被击中(包括它自己)时,它就会在地图上从与受害者相对应的位置减去一个数字。要减去的数字可能与损失的生命值数量成正比。在大多数实现中,开发者只需要在每次角色被杀死时使用固定值(毕竟玩家通常不知道当其他玩家被击中时丢失的生命值总量,因此如果直接向 AI 提供该信息则形同作弊)。我们也可以使用较小的值来表示非致命的命中。

类似地,如果 AI 看到一个角色击中了另一个角色,它会增加与攻击者相对应的位置的值。这种增加值同样可以与它造成的损害成比例,或者它可以是杀死或非致命命中的单个值。

随着时间的推移,我们将为游戏中的位置构建一幅图片,其中存在危险的地方(具有负值的那些位置),也有可用于挑选敌人的有用位置(具有正值的位置)。“杀伤地图”独立于任何分析。它是从经验中学习的一组数据。

对于非常详细的地图,可能需要花费大量的时间来建立最佳和最差位置的准确图像。如果我们在某个位置有多次仿真经验,则可以为该位置找到合理的值。我们可以使用过滤来获取我们所知道的值,并将这些值扩展开来,以便能够对尚未遇到过的位置产生一些估计值。

“杀伤地图”适合离线学习。它们可以在测试期间编译,以建立一个关卡潜在状况的良好近似值。在最终的游戏中,它们将被固定。或者,它们也可以在游戏执行期间在线学习。在这种情况下,通常采用预先学习的版本作为基础,以避免从头开始学习一些非常明显的事情。在这种情况下,将地图中的所有值逐渐向零移动也很常见。随着时间的推移,这样可以有效地“忘记”杀伤地图中原有的决策信息。这样做是为了确保角色适应玩家的游戏风格。

游戏刚开始的时候,角色将很好地了解预编译版本地图中的热点和危险位置。玩家可能会对此知识做出反应,尝试进行攻击以暴露热点位置的漏洞。如果这些热点位置的起始值太高,那么在 AI 意识到该位置不值得使用之前,将遭遇大量的失败。这对于玩家来说可能看起来很“愚蠢”:AI 反复使用明显会失败的决策。如果我们逐渐削减所有这些值直至回归为零,那么一段时间之后,所有角色的知识都将基于从玩家学到的信息,因此角色将更加难以击败。如果游戏 AI 能在运行过程中不断学习,同时逐渐忘记,那么尝试将角色在以前没有遇到过的区域所了解到的内容概括为知识就变得至关重要。

然而,决策分析并不仅限于这些问题。就像前面讨论的决策航点一样,还有很多数量的不同片段的决策信息,它们同样是制定决策时要考虑的因素。例如,我们可能有兴趣建立一个拥有大量自然资源的地区地图,以方便在即时战略游戏中进行采伐/采矿活动。我们可能对在航点上看到的同样的问题感兴趣:记录游戏中的阴影区域以帮助角色进行隐身移动。总之,这种可能性是无穷无尽的。我们可以根据需要更新的时间和方式来区分不同类型的决策分析。

在每个帧上更新几乎整个关卡的所有决策分析太耗费时间。即使对于适度大小的关卡来说,它也是显而易见的。对于具有较大关卡大小的即时战略游戏来说,通常无法在一帧的处理时间内重新计算所有关卡。没有任何优化技术可以解决这个问题,这是该方法的一个局限。

但是,为了取得一些进展,开发者可以将重新计算限制在计划要使用的区域。我们只需重新计算最重要的区域,而不必重新计算整个关卡。这是一个特定解决方案:我们推迟处理任何数据,直到我们知道某些数据是必需的。确定哪些位置很重要,这取决于决策分析系统的使用方式。

确定重要性的最简单方法是考虑由 AI 控制的角色的邻域。例如,如果 AI 正在寻找一个远离敌人视线的防御位置(敌人的视线会随着敌人进出掩藏点而迅速变化),那么我们只需要重新计算那些潜在的角色移动位置区域。如果潜在位置的决策特质变化足够快，那么我们需要将搜索限制在附近的位置(否则，当我们到达目的地时，目标位置可能最终会在视线范围内)。这会将我们需要重新计算的区域限制到少数邻近位置。

确定最重要位置的另一种方法是使用第二级决策分析，这种分析可以逐步更新，并且可以给出第三级分析的近似值。然后可以在更深入的层次中检查来自近似值的感兴趣区域，以做出最终决定。

例如，在即时战略游戏中，我们可能要寻找一个良好的位置来让超级单位保持隐藏状态。敌人的侦察机可以很容易地揭开秘密。一般性分析可以跟踪良好的隐藏位置。这可能是一个第二级分析，该分析将考虑到敌方装甲和雷达塔的当前位置(雷达塔是不经常移动位置的)；或仅使用关卡地形来计算低可见性点的第一级分析。在任何时候，游戏都可以从较低级别的分析中检查候选位置，并运行更完整的隐藏分析，该分析考虑了当前侦察飞机的移动。

对于每一次的决策分析，最终结果是基于每个位置的一组数据：影响地图提供了影响关卡、各方和可选的安全级别(一个或两个浮点数以及表示各方的整数)；阴影分析提供了每个位置的阴影强度(单个浮点数)；梯度分析提供了一个值，表示移动通过某个位置的难度(同样是单个浮点数)。

在之前“航点决策”中讨论了将简单决策与更复杂的决策信息相结合的方法。决策分析可以采用相同的过程，这有时被称为多层分析(Multi-Layer Analysis)，我们将其显示为跨越所有 3 个分类：任何类型的输入决策分析都可用于创建复合信息。

想象一下，我们有一个即时战略游戏，雷达塔的放置对成功至关重要。为了获得良好的态势感知，我们需要建立远程雷达，就需要一种很好的方法来确定放置雷达塔的最佳位置。例如，假设最佳雷达塔位置具有以下属性。

① 大范围的可见性(以获得最大的信息)。

② 在非常安全的位置(雷达塔通常容易被破坏)。

③ 远离其他雷达塔(没有必要重复建设雷达塔)。

在实践中，可能还有其他问题，但我们目前仍会坚持这些属性假设。这 3 个属性中的每一个都是其自身决策分析的主题。例如，可见性决策是一种地形分析，而安全性则基于常规的影响地图。

与其他雷达塔的距离也可以通过一种影响地图来表示。游戏开发者可以创建这样一幅地图，其中，位置的值由到其他雷达塔的距离给出。这可能只是到最近的雷达塔的距离或者它也可能是若干个塔的某种加权值。开发者可以简单地使用前面介绍的影响地图功能来组合若干个雷达位置的影响。

上述 3 个基本决策分析最终可以组合成一个单独的值，以显示雷达基地位置的好坏程度。该组合可能是以下形式。

特质(Quality)＝安全性(Security)×可见性(Visibility)×距离(Distance)　(4-1)

其中，“安全性”是衡量位置安全程度的值。如果该位置由另一方控制，则该值应为零。“可见性”是衡量从该位置可以看到多大地图范围的值。“距离”是指距离最近的雷达塔的距离。如果开发人员使用影响公式来计算附近雷达塔的影响，而不是与它们之间的距离，那么该公式可以是以下形式。

$$\text{特质}=\frac{\text{安全性}\times\text{可见性}}{\text{雷达塔的影响}} \tag{4-2}$$

当然，我们需要确保雷达塔的影响值永远不为零。

在整个 AI 开发过程中发现，每当需要调整某些东西时，必须能够在游戏中对其进行可视化。在这种情况下，我们将支持这样一种模式，即可以在游戏中随时显示雷达塔的位置值(这应该只是调试版本的一部分，而不是最终版本)，这样我们就可以看到组合每个特征的结果。

决策分析的组合与使用具有航点的复合决策完全相同。开发者都可以选择执行组合步骤的时机。如果基本分析全部是离线计算的，那么开发者也可以选择离线执行组合并简单地存储其结果。这可能是对地形难度进行决策分析的最佳选择。例如，组合梯度、地形类型和暴露于敌人的火力。

如果在游戏过程中更改了任何基础分析，则需要重新计算组合值。上面的示例中安全级别和到其他雷达塔的距离都会在游戏过程中发生变化，因此整个分析也需要在游戏过程中重新计算。

对于不经常使用的分析，我们也可以仅在需要时计算其值。如果基本分析随时可用，我们可以查询一个值并动态地创建它。当 AI 在某一次使用分析位置时(例如，用于决策性路径发现)，这很有效。如果 AI 需要同时考虑所有位置(以找到整个图形中最高的得分位置)，那么动态执行所有计算可能需要很长时间。在这种情况下，最好在后台执行计算(可能需要数百帧才能完全更新)，以便在需要时可以使用一组完整的值。

如果开发者的游戏在很大程度上依赖于决策分析，那么值得投入实现时间来构建可以应对每种不同分析类别的决策分析服务器。就个人而言，我们只需要执行一次这样的操作，但构建一个通用的应用程序编程接口(Application Programming Interface，API)允许任何类型的分析(作为插件模块)，以及任何类型的组合，这确实有助于加快添加新的决策问题，使决策调试问题变得更加容易。与我们之前给出的示例不同，在此系统中仅支持加权线性分析组合。这使得构建简单的数据文件格式变得更加容易，该格式显示了如何将原始分析组合成复合值。

决策分析服务器应支持在多个帧上分布更新，离线计算某些值(或在关卡加载期间计算)，并仅在需要时计算值。这可以很轻松地以时间切片和资源管理系统为基础实现。

4. 地图覆盖

本书"路径发现"中介绍的技术可用来将游戏关卡划分为区域(Region)，尤其是图块或狄利克雷域被广泛使用，而可见点和导航网格则不太实用。基于图块的游戏中的单个图块可能太小而无法进行决策分析，并且图块可能会受益于将它们组合在一起而分成更大的区域。

开发者可以使用相同的技术来计算影响地图中的狄利克雷域。但是，当我们具有基于图块的关卡时，这两个不同的区域集合可能难以协调。幸运的是，有一种技术可以在基于图块的关卡上计算狄利克雷域，这就是地图覆盖，它可以用于确定哪些图块位置比任何其他图块更接近给定位置。除狄利克雷域外，地图覆盖可用于在地图周围移动属性，因此可以计算中间位置的属性。

从一组具有某些已知属性的位置开始,我们想要计算每个其他位置的属性。作为一个具体的示例,我们不妨来考虑即时战略游戏的一幅影响地图:游戏中的某个位置属于拥有该位置最近城市的玩家。对于地图覆盖算法来说,这将是一项简单的任务。为了展示算法可以做什么,我们可以通过添加一些复杂性来使事情变得更困难。我们想要计算该地图的地区。对于每个位置而言,我们需要知道它所属的城市。

该算法从城市位置集开始,被称为开放列表。在内部,我们将记录控制城市和关卡中每个位置的影响力。在每次迭代时,算法将获取具有最大 strength 值的位置并对其进行处理。我们称为当前位置(Current Location)。处理当前位置涉及查看该位置的邻居并计算当前节点中记录的城市的每个位置的影响实力值。

开发者可以使用任意算法计算此强度。在大多数情况下,它将是"影响地图"中看到的那种下降方程式,但它也可以通过考虑当前位置和相邻位置之间的距离来生成。如果邻近位置超出了城市影响的半径(一般来说,可以通过检查实力是否低于某个最小阈值来实现),则忽略它并且不做进一步处理。如果相邻位置已经为其注册了不同的城市,则将当前记录的实力值与来自当前位置的城市的影响实力进行比较。最高的实力将获胜,并相应地设定其城市和实力。如果没有现成的城市记录,则记录当前位置的城市及其影响实力。

在处理完当前位置后,它将被放置到一个新列表中,该列表被称为封闭列表。当相邻节点设置了城市和实力值时,它将被放置在开放列表中。如果它已经在封闭列表中,则首先将其从中删除。与路径发现版本的算法不同,我们无法保证更新位置不会在封闭列表中,因此我们必须考虑删除它,这是因为我们将使用任意算法来计算影响的实力。

(三) 决策性路径发现

决策性路径发现(Tactical Pathfinding)是当前游戏开发的热门话题,它组合了本章前面介绍的决策性分析和后面章节介绍的路径发现技术。当游戏中的角色移动时,它将考虑自身的决策环境,保持住掩藏点,避免与敌人的主力交火并躲开常见的埋伏点。总之,决策性路径发现技术可以给玩家留下非常深刻的印象。

有些人在谈到决策性路径发现技术时,可能会觉得它高深莫测,好像比常规路径发现技术复杂得多,这其实是一种误解,因为它与常规路径发现技术完全没有区别。相同的路径发现算法将用于相同类型的图形表示,而唯一的修改则是将成本函数扩展到包括决策信息以及距离或时间。

1. 成本函数

在图形中沿着连接移动的成本应该基于距离和时间(否则,我们可能会开始特别长的路线)以及机动性在决策意义上的敏感程度。

连接的成本(Cost)由以下类型的公式给出。

$$C = D + \sum_{i} w_i T_i \tag{4-3}$$

其中,D 是连接的距离(或时间或其他非决策成本函数,我们将此称为连接的基本成本);w 是游戏中支持的每种决策的加权因子;T 是连接的决策特质;而 i 则是支持的决策数量。我们将回到加权因子的选择。

这里唯一的复杂因素是决策信息存储在游戏中的方式。正如本章所述,决策信息通常会存储在每个位置的基础信息中。我们可能会使用决策航点或决策分析,但在任何一种情况下,每个位置都会保持决策特质。

要将基于位置的信息转换为基于连接的成本,我们通常会对所连接的每个位置的决策特质进行平均。这是假设角色将在每个区域花费其一半的时间,因此应该受到每个区域一半决策属性的好处或坏处影响。对于大多数游戏来说,这个假设已经足够好了,尽管它有时会产生相当差的结果。

2. 权重和关注事项混合

在连接成本的计算公式中,每个决策的实数值特质乘以加权因子,然后汇总计入最终成本值。因此,加权因子的选择将控制角色所采取的路线类型。

我们也可以使用加权因子作为基础成本,但这相当于改变每种决策的加权因子。例如,通过将每个决策权重乘以 2,可以实现 0.5 基础成本的权重。在本章中,我们不会对基础成本使用单独的权重,但开发者可能会发现,在实现中拥有一个权重会更方便。

如果某个决策具有较高的权重,则角色将避免具有该决策属性的位置。例如,伏击位置或困难地形就具有很高的权重,角色会避免进入这样的位置。相反,如果权重是一个较大的负值,那么角色将倾向于具有该属性的高值的位置。例如,这对于掩藏点位置或在友军控制下的区域就是明智的。

需要注意的是,在图形中没有可能的连接时,这可能具有一个负的总体权重。如果决策具有较大的负权重并且连接具有较小的基础成本和较高的决策值,则所得的总成本可能为负。开发者可以选择权重,以使总成本不会出现负值,这说起来容易但做起来难。为确保安全,我们还可以特别限制返回的成本值,使其始终为正数。这会增加额外的处理时间,也会丢失大量的决策信息。如果权重选择得很差,可能会将许多不同的连接映射到负值:简单地限制它们以便它们给出正值的结果,这会丢失那些连接比其他连接更好的信息(因为它们看起来都具有相同的成本)。

从我们的经验出发,建议开发者至少包含一个断言或其他调试消息,以告诉开发者连接是否出现了负成本。由负权重导致的错误很难追踪(通常导致路径发现永远不会返回结果,但它也会导致更微妙的错误)。

我们可以提前计算每个连接的成本,并将其与路径发现图形一起存储。每组决策权重将有一组连接成本。这适用于游戏的静态功能,如地形和可见性。它不能考虑决策形势的动态特征,如军队影响的平衡、来自已知敌人的掩藏点等。为此,我们需要在每次请求连接成本时应用成本函数(当然,我们可以在同一帧中缓存多个查询的成本值)。

在需要时执行成本计算会显著减慢路径发现的速度。连接的成本计算在路径发现算法的最底层循环中,并且任何减速通常都非常明显。因此,这里需要进行一个权衡,即对于角色来说,更好的决策路线的优势是否超过了它们在第一个位置中规划路线所需的额外时间。

除了响应不断变化的决策情况,为每一帧执行成本计算还可以灵活地模拟不同角色的不同个性。例如,在即时战略游戏中,我们可能拥有侦察单位、轻型步兵和重型火炮。对游戏地图的决策分析可能会提供有关地形难度、可见性和敌方单位的接近度等方面的信息。

侦察单位可以在任何地形上相当有效地移动，因此它们可以通过较小的正值权重来对地形的难度加权。它们相当关心避开敌方单位，所以它们会使用较大的正值来给敌方单位的接近程度进行加权。最后，它们还需要找到具有较大可见性的位置，因此它们会以较大的负值来对其进行加权。轻型步兵单位在比较艰苦的地形上会稍微困难一些，因此它们在对地形的难度加权时同样会采用一个较小的正值，并且高于侦察团体的权重。它们的目的是与敌人交战，但是它们也会尽量避免不必要的交战，所以它们将对敌人的接近度使用一个很小的正值权重（如果它们积极寻求仿真，则可以在这里使用负值权重）。它们更愿意在不被敌方看到的情况下移动，因此可以使用很小的正值权重来提高可见性。重型火炮单位同样可以设置不同的权重。它们无法应对崎岖的地形，因此它们对地图的艰苦区域将使用很大的正值权重。它们也不擅长近距离的接触战，所以它们对敌人的接近度也将使用很大的权重。如果重型火炮团体被暴露，那么它们必然是敌方主要的攻击目标，所以它们的移动不应该被看到（它们可以非常成功地从山后攻击），因此它们将使用很大的正值来提高可见性的权重。

每种仿真单位类型的权重不需要是静态的。开发者可以根据单位的攻击量身定制其权重。例如，如果步兵单位非常健康、士气正旺，那么它们可能不会介意与敌人的正面接触战；但是如果它们受伤严重、士气低落，就需要增加敌人的接近度的权重。这样，如果玩家命令某个仿真单位回基地进行治疗，该单位自然会采取更保守的回家路线。

即使使用相同的源数据、决策分析和路径发现算法，但不同的权重可产生完全不同的决策移动风格，显示角色之间在优先级方面的明显差异。

3. 修改路径发现启发式算法

如果开发者在连接成本中添加和减去一些修改量，那么就有可能使启发式算法无效。如前文所述，启发式算法用于估计两点之间的最短路径的长度，它应该始终返回小于实际最短路径的长度。否则，路径发现算法可能会勉强接受次优路径。

我们通过使用两点之间的欧几里得距离来确保启发式算法是有效的：任何实际路径将至少与欧几里得距离一样长并且一般来说会更长。通过决策性路径发现技术，我们不再使用距离作为沿着连接移动的成本：减去连接的决策特质可能会使连接的成本低于其距离。在这种情况下，欧几里得启发式算法将不起作用。

在实践中，我们只遇到过一次这个问题。在大多数情况下，成本的加法超过了大多数连接的减法（开发者当然可以设计权重，使它变成真的）。路径发现程序将不成比例地倾向于避免加法不超过减法的区域。这些区域与非常好的决策区域相关联，并且具有降低角色使用它们的倾向的效果。因为这些区域在决策上可能特别好，所以角色将它们视为非常好（不是特别好），这一事实通常对玩家来说并不明显。

4. 路径发现的决策图形

影响地图（或任何其他类型的决策分析）是指导决策性路径发现的理想选择。决策分析中的位置形成了游戏关卡的自然表示方式，尤其是在室外关卡中。在室内关卡或没有决策分析的游戏中，开发者可以使用航点决策。

在任何一种情况下，单独的位置都不足以进行路径发现，我们还需要记录它们之间的连接。对于包含拓扑决策的航点决策来说，我们可能已经拥有这些决策。对于常规的航点决策和大多数决策分析来说,我们不太可能有一组连接。

开发者可以通过在航点或地图位置之间运行移动检查或视线检查来生成连接。可以简单地在两者之间移动的位置是在规划路线中进行机动的候选者。

决策性路径发现最常见的图形是即时战略游戏中使用的基于网格的图形。在这种情况下,可以非常简单地生成连接:如果位置相邻,则在两个位置之间存在连接。若要切断它们之间的连接,可以设计两个位置之间的梯度,使其变得非常陡峭(超过某个阈值)而难以翻越,或者使用障碍物阻挡其中一个位置的通路。

(四) 协调动作

到目前为止,我们已经研究了在控制单个角色的情境中使用的技术,但是我们越来越多地看到必须由多个角色合作才能完成其任务的游戏。例如,在实时战略游戏中的整支团体或射击游戏中的小队都需要相互配合才能赢得胜利。

在讨论这个问题时,还有一个变化是 AI 与玩家合作的能力。目前为止,这主要是通过玩家发布命令的方式来完成。例如,在即时战略游戏中可以看到玩家控制自己团队中的许多角色,玩家发出命令,一些较低级别的 AI 会解决如何执行它的问题。

我们看到过很多需要角色在没有任何明确命令的情况下进行合作的游戏,并且这样的游戏越来越多。角色需要检测玩家的意图并采取行动来支持它,这是一个比简单的合作更困难的问题。一组 AI 角色可以准确地告诉彼此它们正在计划什么(例如,通过某种消息传递系统),而玩家则只能通过他的动作来表明他的意图,然后由 AI 来理解这些意图。

1. 多层 AI

多层(Multi-Tier)AI 方法具有多个层次的行为。每个角色都有自己的 AI,角色以班为单位组合在一起将拥有一组不同的集体 AI 算法,而对于班的小组(如排)甚至整个团队可能还有其他更高的层级(如连、营、团等)。

我们在前面讨论航点决策和决策分析时假设了这种格式。这里的决策算法在多个角色之间共享,它们试图了解游戏情况并允许做出整体决策。之后,个人角色可以根据整体决策情况做出自己的特定决策。

多层 AI 可以通过一系列的方式发挥作用。它从一个端点开始,最高层级的 AI 做出决定,将其向下传递到下一级,然后在该层级上使用指令做出自己的决定,以此类推到最低级别,这称为自上而下(Top-Down)的方法。如果从另一个端点开始,最低层级的 AI 算法采取主动,使用更高层级的算法来提供信息,以作为其采取动作的基础,这就是一种自下而上(Bottom-Up)的方法。

在科技方面的分层结构基本上是一种自上而下的方法:政治家给将军发出指示,将军将这些指示转为科技命令,命令逐级向下传达,在每个层级进行解释和放大,直到它们到达仿真上的角色。也有一些信息会逐级向上传递,这反过来又会影响可以做出的决定。例如,一名角色可能会在仿真上侦察到一种重型设备(一种核弹级的大规模杀伤性设备),这将导致侦察班采取完全不同的行动,当消息逐级向上传递到最高层时,可能会改变国际关系层面的政治战略。

完全自下而上的方法将涉及由个体角色自主决策,其中一组更高层级的算法将提供对当前游戏状态的解释。从最底层这个极端开始的算法在很多战略游戏中都可以看到,但它并不是开发者一般意义上所说的多层 AI。

多层 AI 通常使用完全自上而下的方法,并显示其做出决策的角色的下降层级。在分层结构的不同层级上,我们可以看到 AI 模型中 AI 的不同方面。在更高层次上,我们有决策或决策工具。向下则有路径发现和移动行为,它们将执行高层次上发出的命令。

群体决策所使用的决策制定工具与我们之前看到的相同。群体决策算法没有特殊需求。它将采用关于世界的输入并提出一个动作,就像我们看到的个体角色一样。

在最高层次上,它通常是某种战略推理系统。这可能涉及决策制定算法,如专家系统或状态机,但通常还涉及决策分析或航点决策算法。这些决策工具可以确定移动的最佳位置、应用掩藏点或保持不被发现。然后,其他决策工具必须决定在当前情况下移动、进入掩藏点或保持不被发现是否是合理的事情。

群体决策与个体决策的不同之处在于其动作的执行方式。它们通常以命令的形式向下传递到层次结构中的较低层级并保证执行,而不是按角色的安排来执行。中间层次的决策制定工具将从游戏状态和从上面给出的命令获取输入,但决策制定算法通常也是标准的。

一般来说,针对群体的路径发现并不比单个角色更困难。大多数游戏的设计都给角色要通过的区域留下了足够大的空间,多个角色移动时并不会卡在一起。例如,在基于小队的游戏中,可以留意大多数走廊的宽度,它们通常明显大于一个角色的宽度。

在使用决策性路径发现技术时,通常在一个小队中会拥有一系列不同的单位。总的来说,它们需要对路径发现的决策关注事项进行不同的混合,这和任何单独个体的情况都不一样。在大多数情况下,这可以通过最薄弱角色的启发式算法来近似:整个小队应该使用它们最弱成员的决策关注事项。如果存在多种实力或弱点的分类,则新混合的结果将是从所有分类中选择最差的。或者我们也可以使用某种混合权重,允许整个小队穿过地形相对较差并且距离敌人相当远的区域。当约束仅仅是偏好时,这是无关紧要的,但在许多情况下,它却是严格的约束(例如重型火炮单位不能穿过林地),因此最弱的成员启发式算法通常是最安全的。

在某些情况下,整个小队在路径发现方面的限制与任何个体在路径发现方面的限制是不同的,这在考虑空间因素时最为常见,一大群角色可能无法穿过任何一个成员可以轻松单独穿过的狭窄区域。在这种情况下,我们需要实现一些规则来确定一个小队基于其成员的决策考虑因素的混合。这通常是专用的代码块,但也可以包括决策树、专家系统或其他决策制定技术。此算法的内容完全取决于开发人员在游戏中尝试实现的效果,以及正在使用的约束类型。

虽然多层 AI 设计非常适合大多数基于小队和基于团队的游戏,但当玩家成为团队的一员时,它们并不能很好地应对。在这种情况下,AI 队友的行动对于玩家来说非常糟糕。毕竟玩家的决定才是明智的。AI 的多层架构导致了这种情况下的问题。

一般来说,玩家总是会为整个团队做出决定。游戏设计可能涉及给予玩家命令,但最终负责确定如何执行的却是玩家。如果玩家通过关卡必须遵循某个固定路线,那么他可能会发现游戏令人沮丧:早期他可能没有能力遵循该路线,而后期他将发现这种线性的局限性。游戏设计者通常会通过在关卡设计中强制限制玩家来克服这种困难。通过明确哪条路是最佳路线，可以在合适的时间将玩家引导到正确的位置。但是如果这样做太强烈，那么它仍然会带来糟糕的游戏体验。

在游戏中的任何时刻都应该没有比玩家更高的决策。如果我们将玩家置于顶层的分层结构中，那么其他角色将纯粹基于它们认为玩家想要的行为而不是基于更高决策层的愿望。这并不是说它们能够理解玩家想要什么，当然这只是它们的行为不会与玩家冲突。需要注意的是，玩家和其他小队成员之间仍然存在 AI 的中间层。AI 的第一个任务是解释玩家将要做什么，这可能就像查看玩家当前的位置和移动方向一样简单。

再下一层，AI 需要决定整个小队的整体战略，以支持玩家所期望的动作。如果玩家沿着走廊向下移动，那么小队可能会决定最好从后面掩护玩家。当玩家走向走廊的交叉点时，小队成员也可能会决定掩护侧面通道。当玩家进入一个大房间时，小队成员可能会掩护玩家的侧翼或保护房间的出口。

在这个整体决策中，个体角色做出了自己的移动决策。它们可能会在玩家背后向后走，以便给玩家断后；或者找到一条最快的路线穿过一个房间，以到达它们想要掩护的出口。这个层次的算法通常是某些类型的路径发现或转向行为。

将玩家纳入多层 AI 的另一种方法是让它们能够安排特定的命令。这是即时战略游戏的实现方式。在玩家方面，玩家位于 AI 的最顶层，他们可以发出每个角色将执行的命令。较低级别的 AI 将接受此命令并找出最佳实现方式。

例如，某个单位可能会被命令攻击敌人的位置。较低层次的决策系统可以确定使用哪种设备，以及为了执行攻击而需要接近敌人的范围。下一个较低层次将获取此信息，然后使用路径搜索算法提供路径，并且转向系统将跟随该路径。这也是多层 AI，最顶层的玩家发出特定的命令。玩家不会通过游戏中的任何角色表示，他纯粹作为将军存在，发出命令。

2. 自发合作

到目前为止，我们已经研究了合作机制，其中个体角色将服从某种指导控制。这种控制可能是玩家的明确命令、决策制定工具，或代表整个群体运作的任何其他决策程序。这是一种强大的技术，可以自然地适应我们对群体目标的思考方式以及执行这些目标的命令。当然，它也存在弱点，这取决于高层次决策的质量。如果角色由于某种原因而不能服从更高层次的决定，那么它将被剩下而不会采取任何进一步的行动。

我们可以使用较少集中的技术来使许多角色看起来一起工作。它们不需要以与多层 AI 相同的方式进行协调，但是通过考虑彼此正在做的事情，它们看起来可以作为一个连贯的整体。这是大多数基于小队的游戏所采用的方法。

每个角色都有自己的决策，但决策考虑了其他角色正在做的事情。这可能就像移动到其他角色一样简单(其效果是角色看起来粘在一起)，或者它可能更复杂，例如选择另一个角色来保护和操纵，以始终掩护它们。

如果团队中有任何成员被移除，则团队中的其他成员仍将表现得相对有效，保持他们自身的安全并在需要时提供攻击性能力。开发者可以扩展这个合作机制并为每个角色生成不同的状态机，以增加他们的团队专长。

当开发者向一个自发合作的群体添加更多角色时，这将在复杂度上达到一个阈值。也就是说，可增加的角色数量是有限制的。除此之外，控制小组的行为也将变得更困难。发生这种情况的确切点取决于每个个体行为的复杂度。

例如,Reynolds 的蜂拥(Flocking)算法可以扩展到数百个个体,只需要对算法进行微调即可。若仿真团队的行为最多可达 6～7 个角色,则该算法的实用性就略有下降。可扩展性似乎取决于每个角色可以显示的不同行为的数量。只要所有行为都相对稳定(例如在蜂拥算法中),整个群体就可以稳定行为,即使它看起来非常复杂。当每个角色都可以切换到不同的模式时(如在有限状态机示例中),我们最终会迅速进入各行其是的状态。

当一个角色改变其行为时,会导致另一个角色也改变行为,然后是第三个角色,然后又会再次改变第一个角色的行为,以此类推。决策中某种程度的滞后可能会有所帮助(也就是说即使情况发生变化,角色也会一直做着它已经做了一段时间的事情),但它只会给我们带来一点时间而无法解决该问题。

要解决这个问题,开发人员有两个选择。首先,可以简化每个角色遵循的规则。这适用于具有大量相同角色的游戏。例如,在射击游戏中,如果要仿真训练 1000 个敌人,那么它们每个都相当简单,并且挑战将来自它们的数量而不是它们个体的智能。另外,如果在处理两位数的角色之前就遇到可扩展性问题,那么这将是一个更重要的问题。

最好的解决方案是建立一个具有不同层次的自发合作行为的多层 AI。我们可以有一组非常类似于状态机示例的规则,其中每个个体都是整个小队而不是单个角色。然后在每个小队中,角色可以响应自发合作层次给出的命令,要么直接服从命令,要么将其作好让小更好为决策制定过程的一部分,以使角色更具适应性。

当然,如果目标是纯粹自发,这在某种程度上就是作弊。但是如果我们的目标是获得具有动态性和挑战性的优秀 AI,那么它往往是一个很好的妥协方案。许多大肆渲染自发行为的开发者都会很快碰到可扩展性问题并最终采用这种更实用的方法的一些变体。这种自发行为的副作用是:开发者经常得到他没有明确设计的群体动态。这是一把双刃剑,在群体中看到自发行为的智慧可能是有益的,但这并不经常发生(不要相信你读到的有关这些东西的炒作)。最可能的结果是该群体开始做一些非常讨人厌的事情看起来并不聪明。通过调整个体角色的行为来消除这些动态是非常困难的。

如果开发者追求的是具有很高智能的高层次行为,那么他最终还是要明确地实现它而不能仅依靠这种自发合作。自发行为虽然很有用,实现起来也比较有趣,但如果想通过它仅付出很少的努力就获得优秀 AI,显然是不切实际的。

3. 科技决策

到目前为止,我们已经研究了实现决策或战略 AI 的一般性方法。大多数技术要求都可以使用本书所讨论技术的常识应用来实现。对于这些实现,我们添加了特定的决策推理算法,以更好地了解一个角色群体所面临的整体情况。

与所有游戏开发一样,我们既需要支持行为的技术,又需要行为本身的内容。虽然这将因为游戏的类型和角色的实现方式而有很大的不同,但是仍然有很多可用于科技单位决策行为的资源。特别是美国和北约国家都有大量关于特定决策的免费信息,该信息由供常规团体使用的培训手册组成。

特别是美国步兵训练手册,可以成为实现科技特色决策的宝贵资源,适用于从"二战"历史题材到遥远的未来科学幻想或中世纪奇幻题材的任何类型游戏中。它们包含完成各种目标所需的事件序列的信息，包括城区科技行动、穿越荒野地区、狙击、重型设备的使用、清除室内或建筑物，以及建立防御营地等。

我们发现这种信息最适合于合作脚本方法，而不是开放式多层 AI 或自发合作 AI。我们可以创建一组脚本来表示行动的各个阶段，然后将这些脚本制作成更高层次的脚本来协调更低层次的事件。与所有脚本行为一样，我们需要一些反馈来确保在整个脚本执行过程中的行为始终合理。最终的结果可能会让玩家感到非常不可思议：他们将看到角色组成了一个配合娴熟的仿真团队，并能按时间顺序执行一系列复杂动作来实现它们的目标。

二、学习

机器学习(Machine Learning，ML)简称为“学习”，是目前的人工智能技术和商业领域的热门话题。令人兴奋的是，它也已经渗透到游戏中。从原理上来说，学习 AI 有潜力适应每个玩家，学习他们的游戏技巧和操作技术，并对玩家提出挑战。它有可能产生更可信任的角色：可以了解其环境并最大限度地发挥其角色的作用。它还有可能减少创建特定于游戏的 AI 所需的工作量：角色应该能够了解其周围环境以及它们提供的决策选择。

当然，从实际层面来说，机器学习目前尚未表现出如传言中的神奇，仍在努力探索阶段。将机器学习应用于游戏前需要仔细计划并了解其陷阱。目前，虽然在构建学会玩游戏的学习型 AI 方面取得了一些进展，且 AI 玩家的表现令人印象深刻，但在提供引人注目的角色或敌人方面却进展缓慢，乏善可陈。

从非常简单的数字调整到复杂的神经网络，都有着各种各样的学习技术。尽管最近几年的注意力大多集中在“深度学习”(一种神经网络)上，但还有许多其他的实用方法。每个机器学习算法都有自己的特质，并且可能适用于不同的场景。

(一) 机器学习

1. 在线学习

在线学习(Online Learning)指的是一种机器学习的方法，其中学习过程在操作者进行操作的同时进行。这种学习方式允许计算机系统根据操作者的行为动态地适应角色、场景或其他因素。随着操作者进行更多的操作，计算机可以更好地预测其行为特征，并不断优化自身的学习模型。

在线学习的一个重要优势在于，它能够使得学习系统与操作者之间形成一种互动的反馈循环。操作者的行为将被反馈给系统，系统通过分析这些反馈数据来调整和改进自己的学习策略。这种实时的反馈机制使得在线学习能够更加灵活地适应不断变化的环境和需求。

随着时间的推移和大量的操作经验积累，学习成熟的人工智能系统将能够使场景变得更具挑战性和操作性。通过不断与操作者互动和学习，AI 系统可以提供更准确、个性化的建议和指导。它能够预测操作者的意图和需求，并基于先前的学习经验进行智能决策。

在线学习还具有针对性训练的优势。通过分析操作者的行为数据和反馈信息,学习系统可以根据操作者的特定需求进行个性化的训练。这意味着不同的操作者可以获得定制的学习体验,使得学习过程更加高效。

然而,在线学习也面临一些挑战和考验。首先,数据的收集和分析是关键的一步。为了实现个性化的学习和准确的预测,系统需要大量的操作者数据,并能够快速有效地进行分析和处理。其次,随着学习过程的进行,系统需要平衡新知识的获取和旧知识的遗忘,以保持学习的持续性和适应性。此外,数据隐私和安全也是在线学习领域需要重视的问题。

尽管存在一些挑战,但在线学习作为一种灵活、个性化的机器学习方法,仍具有巨大的潜力和发展空间。随着技术的进步和对在线学习的深入研究,我们可以期待在各个领域中看到在线学习的广泛应用,为人们提供更好的学习和工作体验,以及更智能的决策支持。

2. 行为内学习

行为内学习(Intra-Behavior Learning)是一种简单的学习类型,它可以改变角色行为的一小部分,而不是整个行为特征。这些学习技术只需进行轻微的调整,因此易于控制和测试。然而,当角色需要执行一些非常不寻常的任务时,行为内学习算法可能无能为力。举例来说,如果一个角色试图通过学习跑步和跳跃技巧来达到高处的平台,行为内学习算法并不能告诉角色只需要使用楼梯就可以到达目的地。

3. 行为间学习

相比之下,行为间学习(Inter-Behavior Learning)是游戏中学习人工智能的前沿方向。在这种情况下,所谓的行为是指在本质上完全不同的动作模式。举例来说,一个角色可能学会了在游戏中最有效地消灭敌人的方法是设置埋伏,而要让角色从头开始学习如何在游戏中行动,即使对于最出色的人类玩家来说,这也是一个令人头疼的任务。然而,目前实现这种行为间学习的人工智能几乎是纯粹的幻想。

随着时间的推移,角色可以在线或离线学习越来越多的行为。因此,角色可能需要学习如何在一系列不同的行为之间进行选择(尽管基本行为仍然需要由开发人员实现)。然而,值得怀疑的是,是否值得学习所有可能的行为。基础的移动系统、决策制定工具和预先定义的行为集合比高层次决策的实现往往更容易、更快速。然后,可以使用行为内学习技术来调整参数和进行强化,以进一步优化和适应这些基本行为。

行为内学习和行为间学习在游戏人工智能的发展中扮演着不同的角色。行为内学习可以通过微调和优化已有的行为,使其更加智能和适应不同情境。而行为间学习则追求在不同的动作模式之间进行切换和选择,以实现更复杂、多样化的行为表现。这两种学习方式相互补充,为游戏中的人工智能提供了更强大、灵活的能力。随着技术的不断进步,我们可以期待更多的创新和发展,使得游戏中的角色能够更加智能地适应玩家的需求和挑战。

(二)参数修改

最简单的学习算法是通过计算一个或多个参数值来实现的。这些参数可以影响角色行为在整个人工智能(AI)的开发过程中起着关键作用。在AI开发中,我们使用数字参数来控制不同方面的行为。例如,幻数(Magic Number)用于计算转向操作,成本函数用于路径规划,权重用于混合决策问题,决策概率用于决策过程,以及其他许多领域中的参数。

这些参数对于角色的行为产生重大影响。即使是微小的参数变化,也可能导致AI呈现出完全不同的游戏风格。因此,选择学习这些参数是很明智的。在许多情况下,这种学习可以在离线环境中完成,通过对数据进行分析和模型训练来优化参数。然而,在某些情况下,也可以选择在线学习,即在实际游戏过程中动态地调整参数并进行控制。在线学习参数的好处是可以根据实时情况和反馈进行调整,使得角色能够适应不同的环境和玩家需求。通过在线学习,AI可以在游戏进行中不断改进自身的表现,以更好地应对挑战和变化的情况。这种实时学习使得AI能够适应游戏的动态性,提高自身的智能水平。

然而,需要注意的是,在线学习参数也需要一定的控制和监督,以避免出现过度学习或不稳定的情况。合理的参数范围和学习速率的设定是至关重要的,以确保学习过程能够平衡稳定和适应性。此外,在线学习参数还需要考虑到计算资源和时间的限制,以保证实时性和效率。

总而言之,学习参数是AI开发中的重要环节,决定了角色的行为和表现。通过学习参数,AI可以在游戏中不断优化自身,适应不同的情境和玩家需求。在线学习参数的方法可以使AI具备实时调整和适应的能力,提高游戏体验和挑战性。然而,在线学习也需要谨慎地进行控制和监督,以确保学习过程的稳定性和有效性。通过合理的参数设置和学习策略,AI可以成为游戏中的强大对手和有趣的挑战。

(三)动作预测

人类常常有一个错误的观念,即认为自己可以凭直觉和冲动行动。然而,心理学家经过数十年的研究发现,人类实际上无法真正实现随机反应,即使特意尝试也很难做到。这一点常常被魔术师和专业扑克牌玩家所利用。他们只需要凭借相对较少的经验,通过了解我们过去的行为和选择,往往能够准确地推测出我们接下来的行动或想法。有时甚至不需要观察同一个玩家的行为,因为人们有着共享的行为特征。一旦学会了预测一个玩家的行为,通常就可以更好地仿真训练看似完全不同的玩家。

在游戏中,对操作者行为的准确预测具有重要意义。它可以为玩家提供决策优势,使他们能够更好地适应对手的行为模式和策略。例如,在射击游戏中,如果能够预测到敌人将要选择的通道或使用的设备,玩家可以提前做出反应,选择更有利的位置或选择适当的装备来进行应对。而在策略游戏中,对操作者的行为进行预测同样至关重要。通过观察对手的行动,玩家可以推测出对手的意图和战略,并相应地调整自己的策略。这种能力对于制定有效的仿真训练策略和取得胜利非常重要。当然,准确预测操作者的行为并非易事。每个人的决策过程都受到个体差异、情绪状态、游戏经验等因素的影响,因此并不存在一种通用的预测方法。然而,通过观察和分析操作者的行为模式、学习他们的习惯和偏好,玩家可以逐渐提高对对手行为的预测能力。

在游戏设计和AI开发中,对操作者行为的预测也起着重要的作用。通过对玩家行为的分析和建模,游戏开发人员可以设计出更具挑战性和逼真的对手AI。这些AI可以根据玩家的行为特征和策略进行动态调整,提供更具挑战性的游戏体验。同时,对操作者行为的预测也可以应用于游戏教学和指导中。通过分析新手玩家的行为和决策,游戏开发人员可以提供个性化的提示和建议,帮助他们更好地理解游戏规则和策略,提高他们的游戏水平。

总之,准确预测操作者的行为对于游戏的战略性和竞争性至关重要。通过观察、分析和学习操作者的行为模式和特征,玩家和游戏开发人员可以获得决策优势和游戏设计的灵感。虽然预测操作者行为并非易事,但通过不断的实践和经验积累,我们可以逐渐提高对操作者行为的预测能力,从而在游戏中取得更好的表现。

(四)决策树学习

决策树通过一系列决策,根据一组观察结果生成一个动作。在树的每一个分支处都考虑虚拟场景的某些方面,并选择不同分支(树上所有的分支应该囊括对应的大部分情景并且保证顺序合理),最终导致一个动作产生。具有许多分支点的树可以非常具体,并根据其观察的复杂细节做出决策。相应地,比较浅的树只有若干个分支,给出的是宽泛和一般性行为。

在学习过程中,决策树具有高效性,因为它可以通过强监督提供的观察结果和动作来动态构建。一旦构建完成,决策树就可以在游戏过程中按照正常的方式进行决策。有多种不同的决策树学习算法可用于分类、预测和统计分析。在游戏AI中使用的学习算法通常基于Ross Quinlan的ID3算法。决策树的学习过程通常分为两个主要阶段:训练阶段和推断阶段。在训练阶段,决策树根据提供的训练数据进行构建。训练数据包括输入观察结果和对应的输出动作。通过分析大量的训练数据,决策树可以学习到不同观察结果下应该采取的最佳行动。

在推断阶段,决策树将根据当前的观察结果和已学习的知识来进行决策。它通过逐步遍历树的分支,根据当前观察结果选择相应的分支,直到到达叶子节点并生成最终的动作。这种基于观察结果的决策过程使决策树能够适应不同的情景和场景,并做出相应的决策。决策树的优势之一是可解释性。由于其树状结构和明确的决策路径,我们可以清楚地看到每个决策点是如何影响最终的动作选择的。这使得决策树在游戏AI的开发和调试过程中非常有用,因为开发人员可以直观地理解和调整决策树的行为。

然而,决策树也存在一些限制。当决策树变得非常复杂时,它可能会变得难以管理和维护。此外,决策树的学习和推断过程可能受到数据质量和数量的限制。如果训练数据不足或不够有代表性,决策树可能无法准确地学习和推断。为了克服这些限制可以使用其他机器学习技术和算法来增强决策树的性能。例如,可以结合强化学习方法,通过与环境的交互不断优化决策树的决策规则。还可以使用集成学习方法,如随机森林,通过组合多个决策树的预测结果来提高整体的准确性和鲁棒性。

总而言之,决策树是一种强大的学习模型,可以在游戏AI中实现智能决策和行动。通过训练和构建决策树，游戏 AI 可以根据观察结果做出准确的决策，并提供有趣的和具有挑战性的游戏体验。尽管决策树也存在一些限制，但结合其他机器学习技术和算法，我们可以进一步提升决策树的性能和适应性，为游戏 AI 的发展带来更多可能性。

（五）强化学习

强化学习（Reinforcement Learning）是一种基于经验的学习技术，它在最一般的形式中包含三个关键组成部分：探索策略、强化函数和学习规则。这些组成部分共同作用，使得强化学习算法能够通过尝试不同的动作、接收反馈信息并进行学习来提升性能。每个组成部分都有多种不同的实现和优化方式，具体取决于应用程序的需求和特点。

在强化学习中，探索策略是指如何在场景中选择动作的策略。探索策略的目标是尽可能多地探索不同的动作和状态，以获取更全面的经验。例如，可以使用随机策略或基于概率的策略来进行探索，以便发现未知的最佳行动。强化函数是提供每个动作好坏程度反馈信息的函数。它根据当前状态和采取的动作，为角色提供奖励或惩罚信号，以指导其行为的改进。强化函数的设计对于强化学习算法的效果至关重要，合理的奖励和惩罚机制可以激励角色朝着期望的目标方向发展。

学习规则是将探索策略和强化函数联系在一起的关键部分。它定义了如何根据经验更新角色的行为策略，以使其逐渐学习到更优的动作选择。学习规则可以基于不同的算法和技术，例如 Q-Learning、SARSA 等，每种规则都有其特定的优点和适用范围。

在游戏 AI 中，强化学习是一个热门的话题，许多中间件供应商将其视为支持下一代游戏玩法的关键技术。强化学习在游戏应用程序中有着广泛的应用前景。作为一个很好的起点，Q-Learning 学习算法被广泛采用。Q-Learning 算法的优点在于易于实现和调整，它已经在非游戏应用程序上进行了广泛的测试和验证。强化学习在游戏中的应用有许多潜在的好处。它可以使 AI 角色更加智能和适应，能够根据不同的游戏情境做出最优的决策。通过强化学习，AI 角色可以在游戏过程中不断学习和改进自己的策略，逐渐提升其游戏水平和挑战性。这种学习方式还可以增加游戏的可持续性和可玩性，使得玩家可以面对更具挑战性和多样化的对手。

然而，强化学习也面临一些挑战和限制。学习过程需要大量的时间和计算资源，特别是在复杂的游戏环境中。此外，强化学习算法的设计和调优需要深入理解其理论属性和参数设置，以确保学习过程的稳定性和有效性。

总结而言，强化学习作为一种基于经验的学习技术，在游戏 AI 中具有重要的地位。通过探索策略、强化函数和学习规则的相互作用，强化学习算法能够帮助 AI 角色逐步提升其行动策略，实现更优秀的游戏表现。虽然面临着一些挑战，但强化学习在游戏中的应用前景仍然广阔，为游戏体验的提升和创新带来了新的可能性。

（六）人工神经网络

人工神经网络的运作原理受到生物神经网络的启发，生物的智慧正是依赖于神经元之间的连接以及神经元内部各种电信号和化学物质的传递。这庞大而复杂的神经元网络赋予生物以智能。人工神经网络以此为原型,其中核心组件是人工神经元。每个神经元接收来自其他几个神经元的输入信号,将其与分配给它们的权重相乘,并将结果求和,然后将总和传递给一个或多个神经元。在将输出传递给下一个神经元之前,一些人工神经元可能会应用激活函数来处理输出。从本质上讲,这听起来可能是一些琐碎的数学运算。然而,当将成千上万个神经元组成多层结构并连接在一起时,我们就得到了一个人工神经网络,它能够执行非常复杂的任务,比如图像分类或语音识别。

人工神经网络由输入层、隐藏层和输出层组成。输入层从外部源(例如数据文件、图像、传感器、麦克风等)接收数据,隐藏层对数据进行处理,而输出层根据网络的功能提供一个或多个输出数据点。例如,一个用于检测人、汽车和动物的神经网络将具有一个包含三个节点的输出层。当我们使用特定的目标通过不断地学习使一组神经网络逐渐熟练起来,我们称之为有效训练。人工神经网络的训练过程通常使用反向传播算法。该算法通过比较网络的输出和期望的输出来计算误差,并将误差反向传播回网络的每个神经元,以更新它们之间的连接权重。通过反复迭代这一过程,神经网络逐渐优化自身的权重和参数,使其能够更准确地进行预测和分类。

有效的训练要求大量的训练数据和合适的标签,以及适当设置的超参数(比如学习率和正则化参数)。此外,为了避免过拟合现象,我们通常会将数据集分为训练集、验证集和测试集,并在训练过程中监控验证集上的性能。人工神经网络在许多领域都取得了显著的成功。它们在计算机视觉、自然语言处理、语音识别等任务中表现出色,并被广泛应用于各种应用程序和系统中。然而,人工神经网络也存在一些挑战和限制,例如对大量标记数据的需求、计算资源的消耗以及解释性的问题。

尽管如此,人工神经网络作为一种强大的机器学习模型,为我们提供了一种模拟和模仿生物智能的方法。随着技术的不断进步和研究的深入,我们可以期待人工神经网络在未来继续发展,为各个领域带来更多创新和进步。

(七) 深度学习

深度学习(DeepLearning,DL)在过去几年中引起了广泛的兴趣和关注。自从21世纪10年代中期开始,深度学习逐渐走出学术界,成为新闻媒体关注的焦点,掀起了全球范围内的热议。众多研究机构和公司,如Google和DeepMind(后来被Google收购),通过其杰出的研究成果,推动了深度学习在公众视野中的普及。如今,深度学习已经成为人工智能的代名词。

然而,虽然深度学习备受推崇,但在专业AI文献以外,对于深度学习的真正定义和内涵往往难以获得。人们对于深度学习的追捧是否能够持续下去,是否能够经受住时间的考验,还有待观察。有可能它会像上一个AI周期(即20世纪80年代的专家系统)一样,在技术的局限性逐渐暴露出来时经历一段幻灭期。

作为一种工程方法,深度学习具有强大的能力。在许多游戏开发工作室中,深度学习已成为一个活跃的研究领域。如果在未来几年内,游戏开发仍未应用深度学习技术,那将是一个罕见的现象。然而,目前对于游戏领域来说,深度学习的最佳应用方式尚不明确。和所有的AI技术一样(比如当初人们对专家系统或神经网络的兴趣),深入了解其机制有助于将其应用于各种不同的场景。总之，深度学习是一个非常活跃且不断演变的研究领域。

浅层人工神经网络由较少的神经元层组成，其中输入层和输出层之间只有几层神经元。多层感知机是典型的浅层网络，具有单个隐藏层，并且输出感知是自适应的，因此总共有两个感知。与浅层网络相比，深度神经网络具有更多的层。关于从浅层过渡到深度的具体层数，并没有公认的标准，但深度神经网络模型可能包含六层甚至更多。在某些网络架构中，要准确地确定层数并不容易，比如在循环神经网络中，层之间是循环连接的。根据不同的计算方式，深度神经网络可以包含数百甚至数千层。

尽管深度学习现在几乎成为神经网络的代名词，但事实并非完全如此。开发人员在构建人工智能系统时，也可以使用其他自适应过程或与神经网络学习相结合的算法。例如，在棋盘游戏 AI 中广泛应用的蒙特卡洛树搜索(Monte Carlo Tree Search)就是一种非神经网络的算法。然而，尽管在深度学习领域也存在其他技术，绝大多数工作仍然基于人工神经网络。这是因为人工神经网络已经被证明在处理复杂任务、如图像分类和语音识别方面表现出色。

第五章
程序化内容生成

一、伪随机数

在编程中，随机数大致分为三类：a. 真正的随机数。此类随机数需要专门的硬件来采样噪声、衰变等其他随机物理现象，不同的物理现象捕获的随机现象符合不同的分布函数，可用于动态天气模拟等情况。b. 密码随机数。此类随机数并不是完全意义上的随机数，但是由于不可预测和不可重复，使它们经常用作密码软件的基础。c. 常规的伪随机数（例如由 random 函数返回的伪随机数）。此类随机数基于种子值，对于同一种子来说将始终返回相同的随机数。生成伪随机数的许多算法也是可逆的：给定一个随机数，就可以推断出种子，因此在给定足够数量的种子和随机结果后，甚至可以推算随机过程。

尽管操作系统或语言运行中的默认随机数生成器一直是伪随机的，但对计算机安全性的日益关注已促使一些开发人员将加密随机数用作标准。在这种情况下，通常会在库中提供一个简单的伪随机数生成器。当然，目前 C/C++、JavaScript 和 C# 使用的仍是非加密随机数生成器。因此，如果在其他环境中进行开发，则可能需要检查这方面的应用情况。

（一）数值混合和游戏种子

严格来说，使用种子的伪随机数生成器其实属于“混合”函数，给定一个种子值，它将返回一个经过算法计算的结果。之所以称其为混合函数，是因为种子值中的所有信息都应在整个结果随机数中进行混合。假设有两个种子值，它们仅在一个位上有所不同，但即便如此，返回的随机数结果也体现在多个位的位置上有所不同。

当然，相同的种子值将始终返回相同的结果，它可以应用在许多包含随机关卡的游戏中，允许玩家共享其运行的结果，让其他玩家体验相同的挑战。但是在游戏中，开发人员通常会使用多个不同的随机数，可以继续调用 random 函数以获得更多值。在幕后，种子值将会更新。伪随机数生成器执行以下更新：

$$s_0 \to s_1, r \tag{5-1}$$

其中，s 是种子（seed），下标表示时间，r 是伪随机结果（result）。更新的种子 s 也完全由

初始种子 s_0 确定。因此，从特定种子开始的随机数序列将始终相同。

使用它来产生游戏可重复性的困难在于确保每次都执行相同数量的调用。我们可能并不希望游戏预先生成所有关卡，因为这方面会浪费游戏性能和玩家时间；另一方面，如果玩家在第一关时不进行任何仿真就到达了最终关卡（因此也就不会有随机命中掷骰的事情），那么开发人员并不希望在以不同方式创建的第二关中，使用相同种子值的玩家与所有敌人训练。

这可以通过使用多个随机数生成器（通常封装为 Random 类的实例）来实现。我们仅需要向主生成器提供游戏种子，所有其他的种子均按特定顺序从中创建。主生成器生成的数字就是其他生成器的种子。

尽管操作系统和语言运行时可提供伪随机数生成器（通常作为可实例化的类），但某些开发人员也会使用自己的生成器。有很多不同的算法在性能和偏差之间提供了不同的权衡。如果需要让自己的游戏可以在多个平台上运行，或者希望将来在不使先前种子无效的情况下对游戏进行修补或升级，则这一点尤其重要。

（二）霍尔顿序列

随机数经常以看起来不自然的方式结块聚集在一起。当使用数字放置随机对象时，这种结块聚集可能会是一个问题。因此，开发人员多半希望能够选择看起来有些随机的点，但这些点在空间上的分布更平滑。要实现这一目标，最简单的方法是使用霍尔顿序列（Halton Sequence）。

该序列由较小的互质数（Coprime Number）控制。所谓“互质数”，是指不共享任何大于 1 的公因数的整数。例如 2 和 3，它们的公因数只有 1，所以是互质数。在霍尔顿序列中，每个维度分配一个数字。因此，对于二维来说，就需要两个数字。每个维都形成自己的 0 到 1 间的分数序列。

霍尔顿序列既不是随机的，也不是伪随机的，它被称为准随机（Quasi-Random）。它看起来是随机的，并且其无偏性足以在某些统计模拟中使用，但是它并不依赖于种子，并且每次都是一样的。为了避免重复，可以使用不同的控制数字，尽管如上所示，较大的值会显示明显的伪像，或者开发人员也可以考虑为这两个维度添加随机偏移。对于霍尔顿序列来说，最好能使用较小的控制数字，并从一个较大的区域开始，而不是将其分成单独的块。

（三）叶序的角度

霍尔顿序列在二维上给出了令人愉悦的对象排列。为了以看起来很自然的方式围绕心轴按径向定位对象（如叶子或花瓣），其使用了一种“金属”比例。其中，最著名的便是黄金分割比例 Φ：

$$\Phi=(1+\sqrt{5})/2\approx 1.618033989 \tag{5-2}$$

这是斐波纳契数列（Fibonacci Sequence）中相除的连续数收敛的比例。除黄金比例（Golden Ratio）外，其他“金属”比例还包括白银比例（Silver Ratio）、铂金比例（Platinum Ratio）和青铜比例（BronzeRatio）等，只不过它们不太常用，但都是由斐波那契数列的其他变体给出的。

叶序(Phyllotaxis)的角度并不是随机的,除非像上面的示例一样将某些随机分量添加到黄金比例中。但是像霍尔顿序列一样,它倾向于以可以随时停止的方式填充可用空间。天然植物的发育在叶片的放置过程中显示出了这些间隔。

(四) 泊松圆盘

当随机放置物品时,通常重要的是不要让它们重叠。霍尔顿序列会以一种视觉上不会结块的方式将对象分布在空间上,但无法保证不会重叠。一个简单的解决方案是测试每个新位置,并拒绝与现有位置重叠的位置。使用霍尔顿序列和随机位置都可以执行此操作,其结果称为泊松圆盘分布(Poisson Disk Distribution)。

就程序化内容生成而言,霍尔顿序列可能适合放置一蓬草地或一簇头发,而泊松圆盘分布则适合放置岩石或建筑物等。以这种方式生成分布可能会很慢。如果已知这是我们的目标,则可以使用 RobertBridson 在 2007 年提出的算法直接生成位置。

该算法从一个点开始,即第一个圆盘位置的中心。该点既可以指定(通常在需要填充的区域的中心),也可以随机生成。该位置存储在称为活动列表(ActiveList)的列表中,然后以迭代方式继续寻找其他的点。在每次迭代中,都将从活动列表中选择一个圆盘(称之为活动圆盘),然后迭代生成一系列周围的圆盘位置,每个位置与活动圆盘之间的距离在 $2r$ 和 $2r+k$ 之间,其中 r 是圆盘的半径,k 是控制填充密度的参数。

我们将检查每个生成的位置,以查看它是否与任何已放置的圆盘重叠。如果没有重叠,则在该位置放置圆盘并添加到活动列表中,否则放弃该位置并考虑下一个候选圆盘。如果经过若干次尝试,无法在其周围放置圆盘,则将活动圆盘从活动列表中删除,然后迭代结束。发生这种情况之前的失败次数是算法的参数,它在某种程度上取决于 k 值,如果 k 值很小,则可以限制检查次数(例如 6 次);如果 $k \approx r$,则检查 12 次左右可能会产生更好的结果。

二、地形生成

现实世界的地形是由地质和气候之间复杂的相互作用所产生的。例如,不同的地表物质岩石具有不同的物理特性:密度、硬度、重量、可塑性和熔点。随着地壳运动和时间推移,地表岩石受力、温度和压力都会发生变化。同时,风、温度变化和降水造成的侵蚀破坏了地表岩石,使岩石凹凸不平,河流和冰川对其进行了地貌的重塑。在某些情况下,我们可以看到岩层并推断出岩层的形成过程,但是从物理上来说,这是非常复杂且漫长的变化,只能粗略地对其进行推测。因此,尽管我们也可以利用一些已知的物理过程来制作地形,但这样做仅仅是出于美学效果。但不论如何,制作出符合现实的场景才是我们工作的重点,在虚拟世界中创建这些场景,我们需要用到以下工具。

(一) 修饰器与高度图

通过一个给定的地形,我们可以对其添加风、降水等自然因素,或者在已有地形上略微进行修改,使其接近我们想要模拟的场景。绝大多数游戏只是将地形生成为简单的高度图,即只进行表面特征绘制的二维网格。因此在一些游戏中,当我们处于旁观的角度时,经常可以发现地图的下面或者外部没有填充,整张地图处于悬浮的空间。尽管如此,高度图也可能包括一些数据:高程、表面纹理、水流、*X-Z* 偏移量等数据。

(二) 噪声

作为自然界中最常见的现象,噪声具有很强的局部性和随机性,最简单的噪声修饰器,是通过从给定范围绘制的随机高程变化来调整每个位置。目前,计算机图形学中常用的噪声算法是佩林噪声,它不仅简单地运用于噪声声音,还可以运用于烟雾、云彩、地形等更广泛的自然现象,因为在该算法中,物质的相关性被考虑其中,这也更符合自然规律。

(三) 地形侵蚀

让玩家觉得符合自然规律的地形侵蚀有很多,主要包括热侵蚀和水力侵蚀,其中热侵蚀要稍微容易一些,材料特征表现为颗粒状材料的堆叠易于散布并形成具有恒定斜率的结构,该斜率的角度称为休止角,具有此角度的地形特征称为斜面坡或卵石坡。水力侵蚀则模拟了降雨在地面上的运动,以及由此产生的表面侵蚀和沉积的物质,此过程更符合实际,但一般来说解决方案复杂,包含大量的操作。

(四) 高地过滤

对于河谷地形来说,如果需要更真实的效果,可以通过更简单的方式生成包含其他特征的地形,即过滤或绘制高地,通俗地说,就是将某些函数用于高程,在一片有限面积的区域生成部分特殊地形,但此方法通常无法生成整片大陆地形。

三、地下城与迷宫的生成

有些游戏还需要添加人造结构,目前我们的任务是专注于讨论最古老的程序化内容生成任务之一:创建迷宫或其他地下结构。它们可能代表不同的环境,如洞穴系统、矿井、污水系统,甚至是建筑物中的房间。以程序化方式生成的地牢可以追溯到 Rogue,并且在最近 Rogue-lite 游戏的复兴中占有重要地位。地下城和迷宫的生成有许多不同的算法和变体,它本身就足够写一本厚厚的图书。在我们所熟知的实现方式中,每种方式都是不一样的,并且针对特定游戏还需要进行调整。

(一) 回溯算法

要创建迷宫,可以使用简单的回溯算法(Backtracking Algorithm),将关卡分为多个单元格,所有单元格最初都是未使用的。刚开始时,入口单元格被发现,当前单元格,然后该算法迭代进行。在每次迭代中,随机选择当前单元格的未使用的邻居。当前单元格连接到该邻居,并且邻居成为新的当前单元格。如果没有未使用的邻居,则返回考虑先前的当前单元格。当按这种方式回到起始单元格,并且当它不再有未使用的邻居时,算法就完成了。

在该算法中,单元格被存储在堆栈中。当新邻居成为当前单元格时,它将被推到堆栈的顶部。如果当前单元格中没有未使用的邻居,则将其从堆栈中弹出。一般来说,迷宫都会有出口和入口。如果是这样,则在算法运行时,出口将被显示为普通的未使用单元格,在算法完成后将其连接。该算法会确保将迷宫扩散到网格中所有可到达的位置,包括出口。

(二)最小生成树算法

最小生成树(Minimal Spanning Tree,MST)算法需要加权图(Weighted Graph)才进行工作,加权图中的边代表迷宫中每个可能的连接,其权重代表将连接中的一部分作为输出的成本,加权图中的节点表示可能存在分支的点,一般用房间来表示。

最小生成树算法从单个点(通常是迷宫的入口)开始,并计算从该点扩展到图中所有节点的网络,以使树包括最小的总边际成本。如果从一组房间开始,并希望计算连接它们的走廊,那么这将特别有用。值得一提的是,最小生成树算法无助于房间的放置,也无助于计算房间之间所有可能的连接。

在编制权重图时,通常会根据距离来计算成本。但是,正如我们在讨论寻路图时所看到的那样,也可以纳入决策的考虑。在两个房间之间的连接上有相当强大的敌人,则该连接可能会被赋予较高的权重,以使最终布局能够放置一些中间位置,从而使玩家在明知不敌的情况下有回旋的余地。

(三)递归细分

生成地牢风格关卡的前两种方法是自下而上进行的:它们从大量可能性开始(指放置走廊或房间的位置可以有很多选择),并逐渐使用内容填充空间。这是一项功能强大的技术,但会产生可显示随机特征的结果,即将元素放置到环境中的方式对于整体来说并不总是有意义的。或者换个方式,开发人员也可以自上而下地进行,先从整体空间开始,然后将其细化为越来越小的区域。

最常见和最简单的自上而下的方法是递归细分(Recursive Subdivision),就像最小生成树算法一样,递归细分可用于布置房间,然后通过走廊将它们连接起来。该算法包含一种确定连接的简单方法,尽管它看起来可以预测。或者为了获得更多控制,可以计算最小生成树。这两种技术可以很好地协同工作。

该算法分两个阶段运行。在第一个阶段中,可以细分空间来放置房间;在第二个阶段中,可以使用走廊将它们连接起来。如果使用其他连接方法(如最小生成树算法或回溯算法),则可以忽略第二部分。

第六章

Game AI 的典型案例

一、《死亡搁浅》游戏中的寻路系统

（一）游戏设计体系

《死亡搁浅》是一款由小岛工作室开发的游戏，该游戏讲述了主人公山姆必须勇敢直面因死亡搁浅而面目全非的世界，团结现存社会，拯救异空间人类的故事。该游戏非常重视环境阻隔，玩家需要由此选择路线、所携带的装备，以及决定如何通过各种地形。有时需要利用手中的各种工具通过地形，例如绳索、梯子、桥梁等。玩家在通过地形时，可能会被绊倒、滑倒、踩空、被河水冲走等。

在概念设计阶段，核心玩法围绕玩家和米尔人的猫鼠游戏展开。其中，米尔人的目的是搜寻玩家踪迹并窃取玩家的货物，而玩家则需要设法穿过敌对领地并成功投递货物。由于米尔人需要从玩家手中窃取货物，那么就要求给敌人（NPC）提供对等的移动手段，这样米尔人才能根据玩家的移动而移动，跟得上玩家。因此，此处的设计难点是让玩家和 NPC 都具有同等级的精度。当玩家进入米尔人的领地时，货物会被标记，米尔人会前往货物的地点并搜索货物。在此时间段内，玩家可以逃跑。如果玩家成功地躲过了搜索，他们将继续扫描该区域，进行下一次的猫鼠游戏；如果玩家被发现，那么营地里的所有米尔人都将跟踪玩家并夺取玩家手里的货物，此时玩家就从入侵变成了逃脱。这就是 NPC 团队负责的送货玩法的核心循环。而实现这一玩法的核心工作就是基于地形开发可靠的寻路系统。

（二）地形和导航寻路系统

寻路模块在游戏 AI 模型中占据着重要的地位，寻路的好坏对游戏性能和体验影响都很大。游戏 AI 模型如图 6-1 所示，该模型将 AI 任务分为三个部分：移动、决策和策略，前两个部分包含对各个角色有效的算法，最后一个部分则适用于整个团队或游戏中的一方。围绕这三个 AI 元素的是一整套额外的基础架构。在游戏 AI 模型中，寻路模块位于 AI 模型的决策和移动之间的边界上。它仅用于计算出移动路线,具体的移动是由其他部分完成的。所以,它可以嵌入移动到移动控制系统中,这样只需要在规划路径时才会调用它。

寻路模块中用到的主要算法有:Dijkstra 算法、Greed Best-First-Algorithm(最好优先贪婪算法)、A＊算法、D＊算法、NAV 导航网格寻路(Navmesh)、JPS 算法等。其中 A＊算法应用最为广泛,很多其他的寻路算法都是基于此算法演进而来。

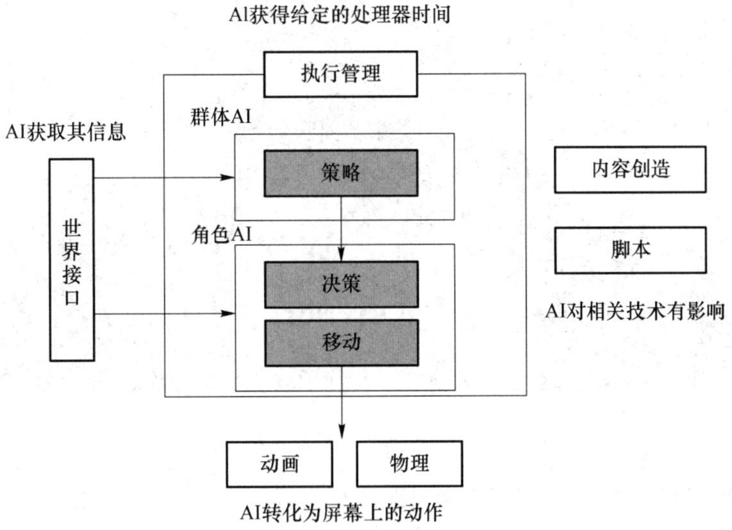

AI获得给定的处理器时间
执行管理
群体AI
AI获取其信息
策略
世界接口
角色AI
决策
移动
内容创造
脚本
AI对相关技术有影响
动画
物理
AI转化为屏幕上的动作

图 6-1 游戏 AI 模型

NavMesh 是 Unity 引擎自身拥有的一款功能十分强大的导航寻路系统,它是基于 RecastNavigation 实现的。NavMesh 实际上是一个对基于导航网格寻路体系的统称,其具体实现有很多种方法,其中寻路算法最典型的便是 A＊寻路算法。NavMesh 是一种基于凸多边形网格的寻路,其整个寻路流程至少分为导航网格构建(Navigation mesh construction)和寻路算法两个部分,其中导航网格构建在 Unity 中大致相当于烘焙(Bake)。

《死亡搁浅》游戏的地形复杂程度以及 NPC 需要有和玩家一样的敏捷度让 Navmesh 的设计变得更加复杂和困难。

在《死亡搁浅》游戏中,起初设置 Navmesh 的目的是让玩家和 NPC 尽可能地远离水域,绕开无法攀爬的岩石。玩家的移动控制能够自动检测并让其跨过和膝盖差不多高的岩石,那么 NPC 也应该具有同样的功能。首先,整体抬高 Navmesh,以覆盖绝大多数存在小型岩石的地形,如图 6-2 左上角和右上角区域所示。然后,在 NPC 前方加入了射线检测,以探知这些小型岩石,再加入上下攀爬的动画来表现整个攀爬的过程。如果玩家从岩石上跑过,有可能会被绊倒并失去平衡。游戏中希望 NPC 也有同样的表现,从而看上去二者跨越的难点一样高。所以,此处引入地面材质检测,并能触发特定的角色动画,当 NPC 踩到岩石材质上时,让 NPC 一定有机会踩滑或者被绊倒。

经过学习后,玩家自然懂得不要从岩石上跑过避免摔跤,而 NPC 也应同样足够熟悉地形。游戏的解决方案称之为放置笔刷。多数的岩石、草类和其他地形装饰物都通过引擎的程序化放置系统添加。例如,岩石生成:制作 Navmesh 时在岩石周边区域投入了更高的消耗,包围整个岩石。这就让寻路系统在生成路线时,能够绕过这些障碍,而不用将 Navmesh

抬高到岩石之上。也就是说 NPC 仍然可以穿越岩石区域，但只是会在没有其他选择时才会这样做。

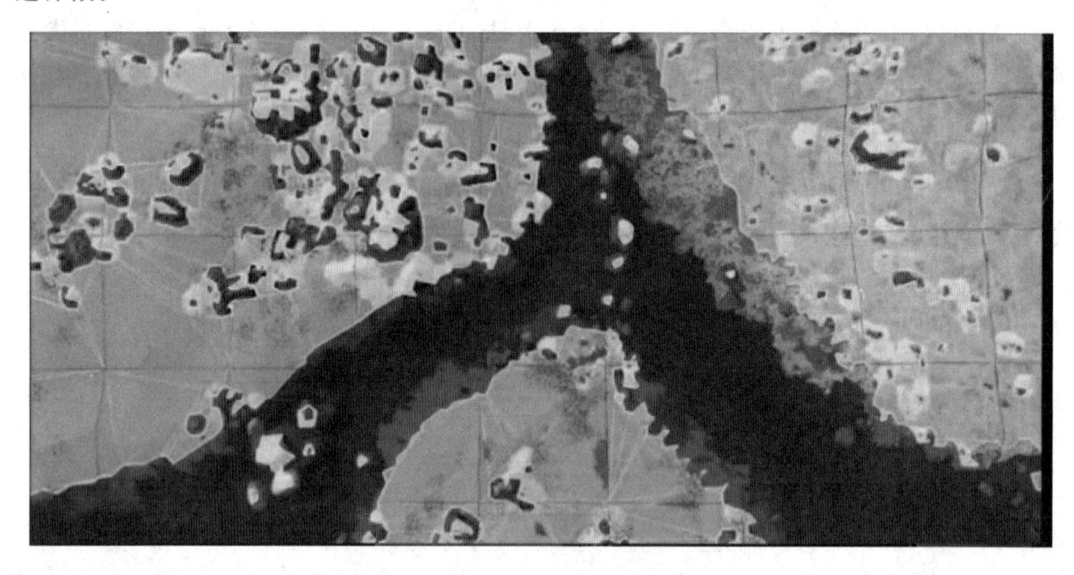

图 6-2 Navmesh 地形网格配置图

玩家也会通过涉水区，所以这些水域也要生成 Navmesh。涉水时，速度很慢，所以玩家能够有机会摆脱 NPC 的跟踪。由于涉水会消耗体力，玩家知道应该尽量避免涉水。游戏采取了和放置笔刷相同的策略，给所有水域的 Navmesh 都刷上了高消耗区域，寻路可以通过，但选择的权值较低，除非是通往目的地的最近路线。该游戏最终还是削减了这些区域，只刷到深度高于 30 cm 的水域，也就是触发涉水动画的阈值。结果就是 NPC 会从水域的边上绕过，作为经过水域的最优路线。经过以上操作，游戏中的地形被分割成了很多的小区域，并赋予了不同的权重，这样玩家和 NPC 在寻路时就具有了选择依据。如图 6-3 所示，经过以上配置步骤，一开始左图这种粗糙但合理的 Navmesh 就迭代到了右图这种有多种斑点状的数据地形。

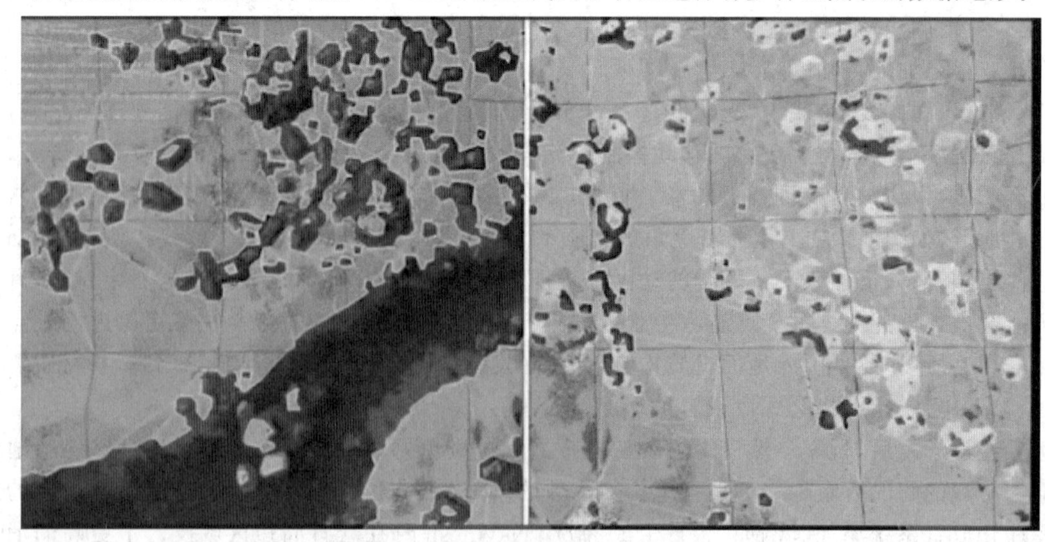

图 6-3 Navmesh 配置前后对比图

(三) 系统优化

如果仅仅依靠上面的设置,会带来一些新的问题。首先就是寻路本身带来的消耗问题。其次搜索区域的增大,会带来性能问题。所以《死亡搁浅》游戏中将搜索次数限制在 500 次迭代以内。另外,基于不同的坐标最终生成的最远寻路距离变化非常大。故在上述算法的基础上,游戏中的 Navmesh 在运行时利用绑定在玩家和 NPC 身上的 Navmesh 气泡动态生成。也就是说,在很多情况下,Navmesh 根本不存在,因为甚至目的地都在移动。Navmesh 气泡如图 6-4 所示。

图 6-4 Navmesh 气泡

还有一个问题就是无法保证当前位置和目的地之间能生成完整的路径。当处在不完整的路径中时,需要重新计算路径,但如何决定何时重新计算呢?常规方案包括:在前方添加射线检测,瞄准路径上远处的一点,如果射线检测遇到了障碍,就代表偏离路线太远或者检测 Navmesh 发生了变化;或者可以规律性地重新规划路线,保证在任意时间内路径都是有效的,来规避这一问题。但以上两种方案都存在问题。射线检测只能探知到当前面临的问题,即使玩家已经远远地看到场景变化了,也只能走到其前面才会做出反应。间隔寻路方法则是无法明确多久的洗刷间隔才算合适,间隔太久会撞到障碍上,太频繁则会消耗过多的性能。在本游戏中采取的方法是:定义了五种特殊情况,在这些情况下 NPC 会去请求重新计算路线,如图 6-5 所示。NO. 0 为正常情况,左边有一个 NPC,要沿生成的路线到达右边的目的地,白色方块代表路径通道上的 Navmesh 多边形。NO. 1～NO. 5 分别对应五种特殊情况,第一种情况:当 NPC 完全走出了由 Navmesh 多边形构成的路径通道时,这说明 NPC 错过了转弯或被外力推了出去。第二种情况:目的地跑到了通道终点的多边形之外时。第三种情况:通道中的一个多边形无效时,这种情况可能是这里增加或者删除了一个建筑物。

第四种情况：目的地的 Navmesh 方块还没有生成时。作为临时的替代物出现，用于在最近的 Navmesh 网格边界上固定目的地，再让 NPC 寻路到这个地点。如果这个虚假目的地移动了，就表明 NPC 和目标点之间的 Navmesh 网格变多或者变少了，或者目的地本身的位置发生了变化，出现这种情况时则可能存在更优的路线。第五种情况：如果上述情况都没有出现，NPC 成功地抵达了路径的终点，但路径本身不完整，因为达到了最高迭代上限，仍需要在抵达之后再计算一次路径，以检查从当前位置是否还能再走一段距离。为了满足这些需求，需要摈弃简单的路点跟随算法，并监听地图路径和路径通道。为此，在游戏中新增了一个验证机制，在寻路过程中每帧运行一次，检查上面列举的所有需要重新计算路径的情况。如果有任何条件不通过，就会自动触发一次重新寻路的请求，然后重新计算的路线就会代替当前路线，保证寻路能够持续进行。

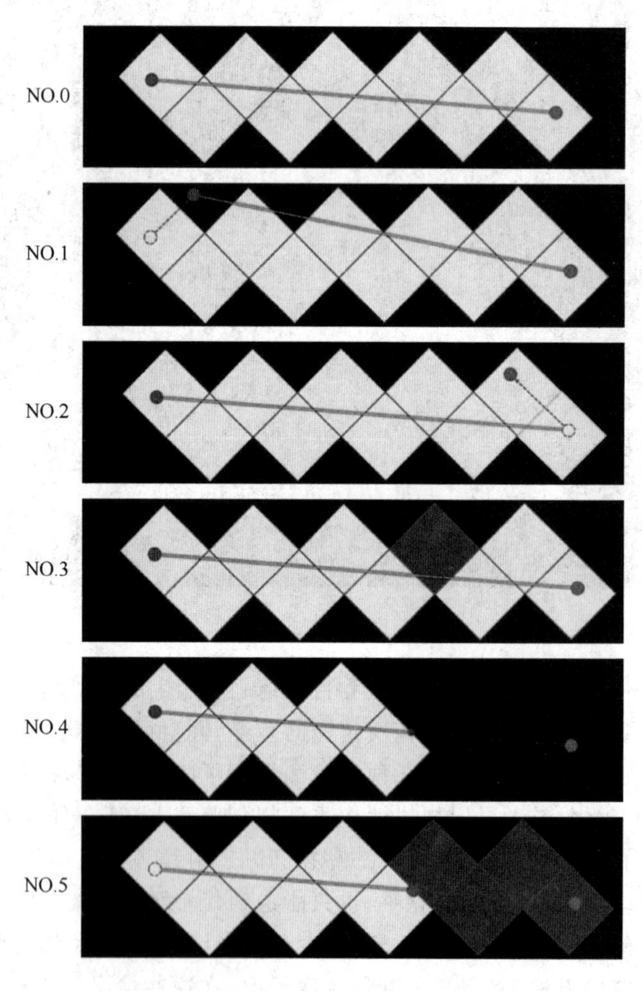

图 6-5 重新寻路触发条件

以上寻路问题针对的是静态地形，对于动态地形，则有几种情况需要讨论。当和怪物（追猎者）进行仿真时，会产生很多搁浅物（流体状）。当搁浅物出现时，便在它出现的地方设置 Navmesh，同时在下方的地面生成与之相连的跳跃连线。然后追猎者就能利用这些跳跃连线跳到建筑物顶上，跳上去之后，这些建筑物则又开始沉入焦油，此时搁浅物的 Navmesh

就会被移除,这就让追猎者能够在遭遇战区域中的所有位置追踪玩家,不论场景如何变化。具体实现方法为:每一个搁浅物其实有两套碰撞,一套是物体本身的,另一套用于生成 Navmesh。由于搁浅物处于持续移动状态,使用其原有的碰撞来生成 Navmesh 并不是一个可行的选项。除了追猎者遭遇战之外,多数动态地形则以 Navmesh 障碍物的形式出现附着在场景物件上。但动态地形并不止是用于防止移动,为了更有效地追击玩家,游戏中希望 NPC 在寻路时能利用玩家自己建造的交通建筑。例如在建桥的过程中,Navmesh 立即响应物件的碰撞变化并在桥梁上自动生成 Navmesh。

(四) 其他 AI 系统

除了寻路系统,《死亡搁浅》游戏中还涉及其他功能的一些 AI 系统。

(1) 支持掩体和恐怖分子营地的方案

NPC 能够根据需求生成掩体,当 NPC 请求建立掩体时,将在一帧内开始分析附近的 Navmesh 边界内的子集,对于所有能够让 NPC 躲藏的 Navmesh 边,都进行一次碰撞检测。在所有 NPC 能够得到保护并探头射击的点上创建蹲伏或者站立掩体,掩体生成后 NPC 便能利用空间检测系统来测试掩体到目标之间是否存在射击轴线。

(2) 针对低 LOD 实体的 AI 行为

LOD 技术指根据物体模型的节点在显示环境中所处的位置和重要度,决定物体渲染的资源分配,降低非重要物体的面数和细节度,从而获得高效率的渲染运算。

当玩家远离一些 NPC 时,这些 NPC 不会切换到低 LOD 状态,而是会切换到消耗更低的 AI 模式,这样他们能够继续保持高 LOD 时的行为,例如在营地巡逻时,检查车辆、停下休息。但当游戏 NPC 处于非常远的位置时,还是会完全暂停其行为。总的来说,整个世界都是活的并随时处于运动状态。

二、《往日不再》游戏中的小队协调 AI 系统

《往日不再》是一款由 SIE 发行,Bend Studio 制作的开放世界动作冒险游戏。该游戏背景设定在爆发世界性大规模疾病感染两年后的地球,玩家将扮演主角迪肯·圣约翰在社会秩序崩塌的美国艰难求生,一方面,要面对狂暴的受变异者和各种变异生物,另一方面又要小心幸存人类的尔虞我诈。

人类势力小队 AI 运作机制主要用于《往日不再》中不同人类势力之间的交战,也可用于仿真训练玩家。这套机制考虑了 AI 的站位分布、进攻角色、仿真阵地等问题,其核心概念包括战线、仿真区、信心值、仿真角色等。

(一) 设计意图及思路

为了塑造一个更可信的世界,并且优雅地提升游戏的难度,游戏中需要一个小队协调 AI 系统。《往日不再》游戏中有各种各样的人类势力和丧尸,在大世界中,人类势力和丧尸、

玩家，以及人类之间会仿真训练并发生仿真，为了让发生在这个世界中的斗争更可信，需要设计能反映人类成员间合训练斗的小队 AI。如果单纯地靠提升 AI 的攻击伤害和命中率则显得过于粗暴、简单且真实性不强，因此要设计一个 NPC 成员间能够协同训练的系统能够使得 AI 更难被击败。

设计合作 AI 是困难的，设计在大世界中的合作 AI 更难。《往日不再》游戏最终推出的是一套相对简洁的设计来解决以下问题。

① 小队的目标/行为。

② 小队成员的角色和角色分配方式。

③ 小队成员的站位。

④ 仿真相关的时机把握。

下面将具体介绍该系统，包括系统核心概念、小队的行为以及系统的优化手段和系统与环境的交互。

（二）系统核心概念

1. 敌我分布

在《往日不再》游戏中，两组不同势力的人类小队，各成员在仿真中不是呈现敌我混杂、犬牙交错的形态，而是泾渭分明，各站一边。这样设计的原因是要提高仿真的可读性。《往日不再》是一个掩体射击仿真游戏，敌我双方的交错会使掩体频繁失效，AI 需要不断调整仿真位置，攻击效率会变得极低。另外，这样的分布从外部看，很难搞清楚攻防双方的意图，例如不确定一边从上往下攻击还是另一边从左往右攻击。在两边势力着装差不多的情况下，外部的玩家甚至很难分清谁在攻击谁。因此，在小队之间仿真时，首先需要把仿真上对立的双方区分开来，呈现出“泾渭分明”的敌我双方站位。

2. 小队

人类 AI 以小队的形式组织起来。小队有以下三个特征。

（1）每个 AI 必有所属小队

所有 AI 都是通过小队来协调仿真的，因此每个 AI 都需要有所属小队。当 AI 生成时，就会自动为他创建小队（因此 1 人小队也是成立的）。

（2）小队会自动合并

1 个人的小队显然无法配合，因此游戏设计了小队自动合并机制。当两个小队靠得足够近时（设置一个阈值距离），它们将会自动合并为一组小队。因此，当 AI 出生时，由于其周围有同伙 AI，就自动合并小队了，小队成员协作也就成为可能。

（3）小队会自动拆分

相当于上一点的逆规则，距离远到一定程度的成员将被重新拆分，组成新的小队。

3. AI 层级

《往日不再》游戏中小队是由独立的 AI 实体控制的，这个小队控制 AI 的主要作用是选择行为(Behavior)以及为小队个体 AI 分配角色(Role)。

个体 AI 的行为总的来说分为三个层级:高优先级行为、角色行为、低优先级行为。当一个 AI 被小队分配了某个角色时,就会开始执行角色行为。这些角色包括类似冲锋、侧翼包抄、火力掩护、投弹手等类型。角色行为之间也是存在预设好的优先级的。因此整个个体 AI 就会按照预设好的行为优先级行动。

该游戏倾向于严格限制角色行为的边界,即当个体 AI 获得某个角色时,只会表现出与角色相符的行为,而一些通用的行为则全部放在角色外去处理。

举例说明个体 AI 的行为层级:当手榴弹被丢到个体 AI 身边时,个体 AI 会立刻表现出一个躲闪行为,这个躲闪行为就是一个高优先级行为,是不属于角色本身的。而低优先级行为则是保底行为,当 AI 没有任何角色时会表现的行为。小队管理器 AI 应该是不会管理高优先级行为的,但是会把高优先级行为作为自己分配角色的判断条件。例如,躲避手榴弹这个行为应该是不需要经过小队管理器的,但是当一个 AI 在躲避手榴弹时,小队管理器可能就无法给他分配某个角色了。

4. 前线

前线是用来描述一组小队 AI 和他的敌人之间的位置关系的。前线包含了下面四个子概念。

(1) 仿真方向

选取自己小队的质心(这里简单地用了所有小队成员的平均位置)和敌人小队的质心,从己方到敌方的连线即为仿真方向,如图 6-6 所示。

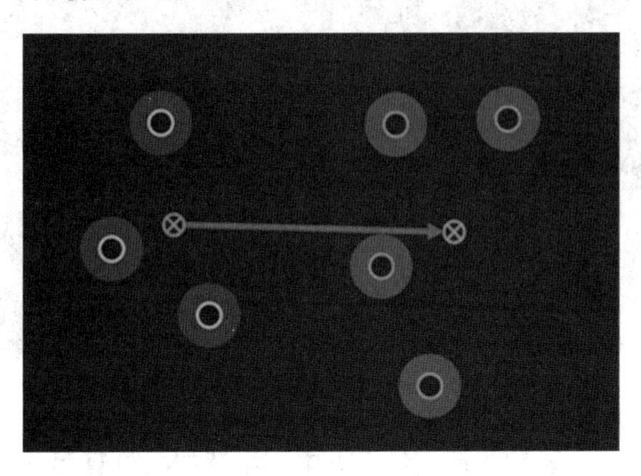

图 6-6 “仿真方向”概念示意图

(2) 仿真宽度

选取仿真上敌方小队展开的宽度(即小队两个成员之间的最大宽度)作为仿真宽度(如图 6-7 左图所示)。但是如果这个宽度小于我方小队所需最小宽度(即每两个成员之间保持最小间距排开),那么就会选取我方小队所需最小宽度作为仿真宽度(如图 6-7 右图所示)。

(3) 中立区

中立区是指敌我双方任何成员都不能踏足的区域。中立区的形状取决于前线的模式。前线有近距离(如图 6-8 左图所示)和远距离(如图 6-8 右图所示)两种模式。

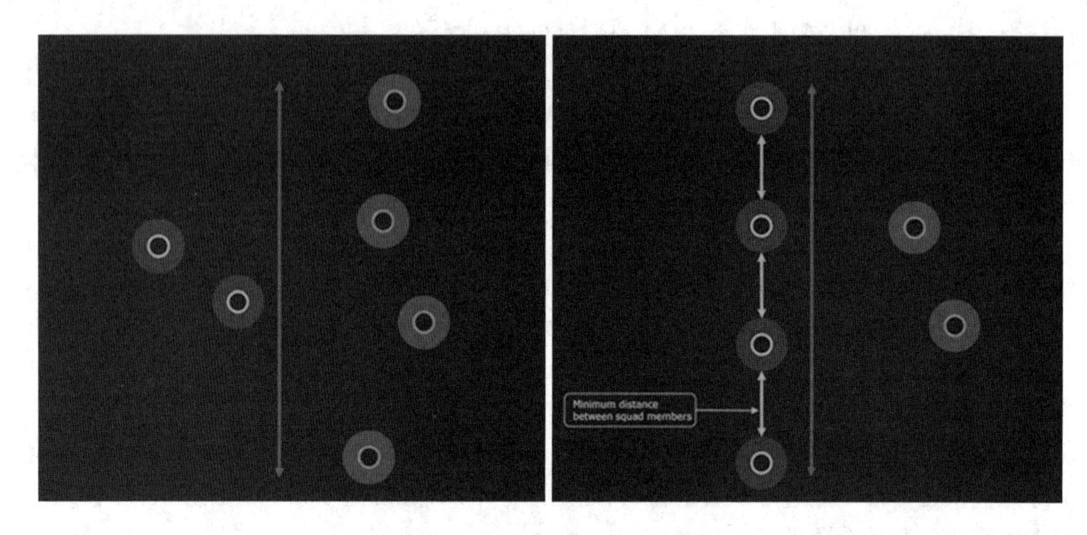

图 6-7 “仿真宽度”概念示意图

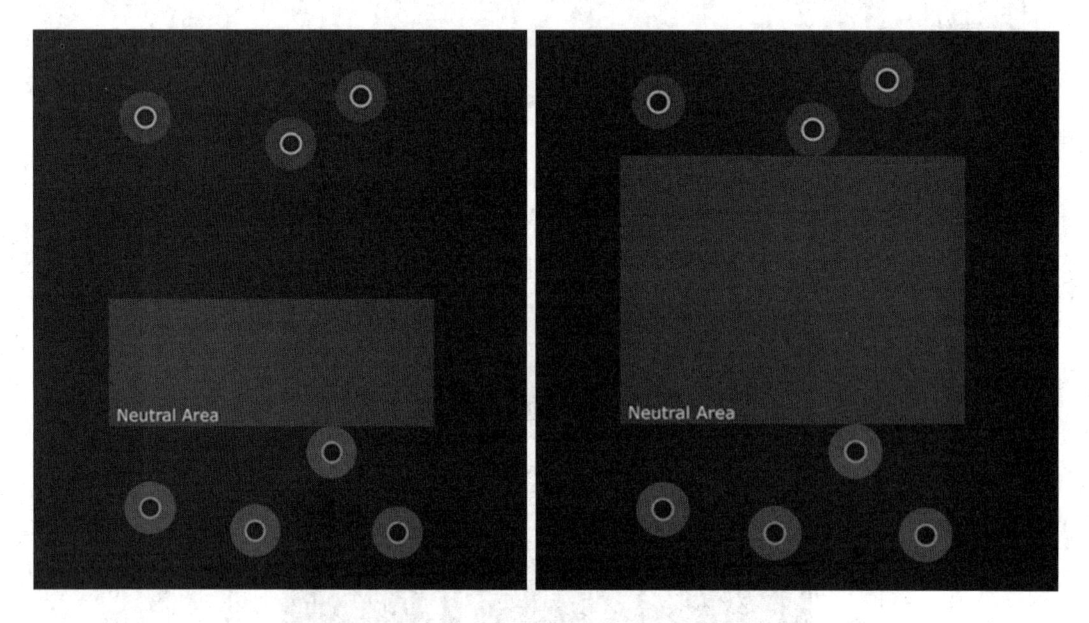

图 6-8 “中立区”概念示意图

在近距离模式中，中立区是从地方最接近本方小队的成员算起，一个固定宽度的矩形区域(长边为仿真宽度)。

在远距离模式中，敌我双方最接近的成员之间的区域皆为中立区，也就是说这个区域是动态变化的。

这个模式被用来满足一些特殊的需求，例如要求一个小队原地防守。由于本方和敌方之间的区域都是中立区，因此无论敌方是推进还是撤退，本方都不会进入中立区，因此表现上就是坚守阵地。

(4) 敌方控制区

敌方控制区是指包含所有敌人的矩形再向外扩张一个固定宽度的矩形区域。后方额外扩张的区域是小队 AI 做侧翼包抄(Flanking)行为时会用到的，如图 6-9 所示。

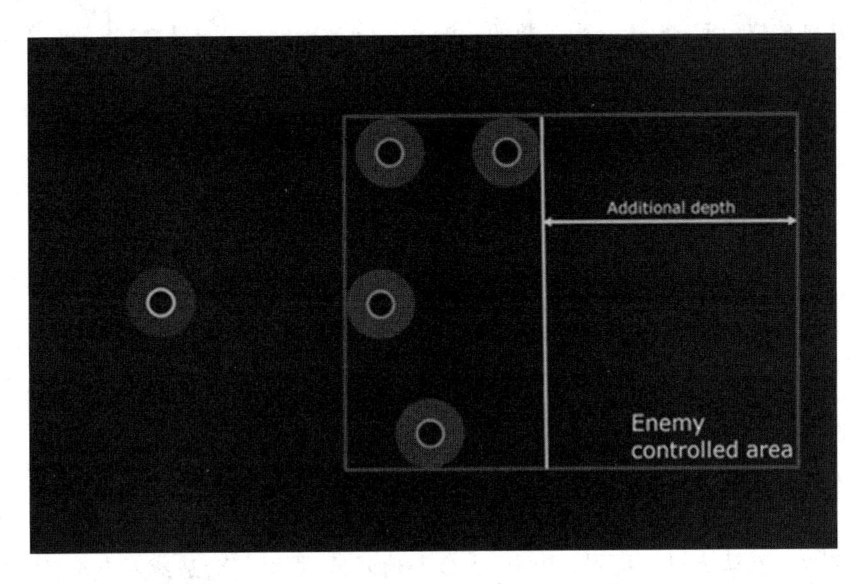

图 6-9 “敌方控制立区”概念示意图

5. AI 排布

在排列小队成员的时候，会根据仿真宽度和小队成员数量，给小队的每个 AI 成员划分站位区域。划分采用简单的平均分布法，有几个成员，就将这个区域分成几行，每行占一位。这样设置的原因是保证 AI 合理分散开来，互相之间不会阻挡射击路线。另外，由于仿真方向会随着时间而改变，因此站位分布也会随着仿真方向改变而改变。

6. 信心值

信心值用来描述 AI 个体对己方赢得对决的态度。个人和小队都有信心值的概念。小队的信心值是所有成员信心值的平均。信心值对决策具有决定性作用。个体 AI 和群体 AI 中都有许多行为是通过信心值驱动的。信心值并不使用具体的数值，而是划分了不同的档位，因为档位的变化较数值更容易被玩家感知到。信心值共划分为五档：奋勇、自信、中立、焦虑和惊惶。之前提到小队的信心值是成员信心值的平均，这里涉及一个类似计算结果取整的问题。《往日不再》游戏的做法是向着中立(Neutral)这一档的方向进行取整。

信心值的计算比较复杂，是通过计算双方的实力值并进行对比之后得出来的。首先要明确的是，这里计算的是个体 AI 的信心值，但是个体 AI 需要权衡仿真上敌我双方的实力，因此个体 AI 会统计仿真上己方小队、己方友好单位所有人的实力值的总和，以及自己感知到的所有敌方单位的实力值的总和，将两者对比，用以计算自己的信心值。这个计算方法的核心是“我(己方)怎么看你(敌方)”，因此双方对对方实力的认知就能够作为重要的指标。每方实力值都是个体实力值的加总，但是这个实力值正如上面提到的，是取决于一方怎么认识另一方的。当己方计算自己队伍的实力值时，取的实力值是自己认为自己的实力，以及自己认为自己友军的实力，将所有己方单位的实力值进行加总。而当己方计算敌方队伍的实力值时，也是取自己认为的敌方单位的实力值进行加总。一方认为另一方的实力是多少，可以用游戏中定义的一个二维矩阵(关系矩阵)表，如图 6-10 所示。需要注意的是，这个矩阵的值只是基础值，后面计算还会受系数的影响。

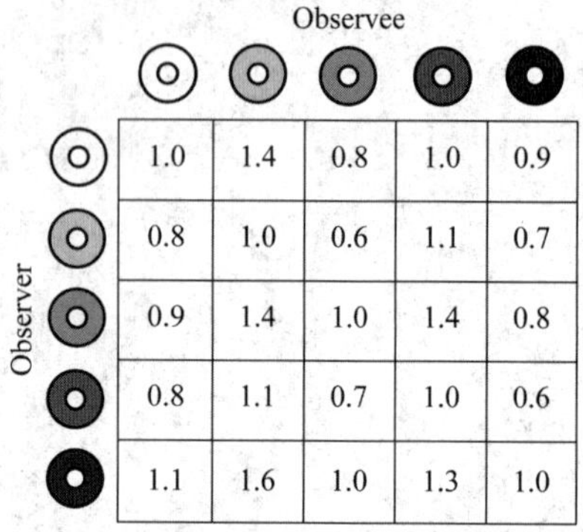

Observee

Observer					
	1.0	1.4	0.8	1.0	0.9
	0.8	1.0	0.6	1.1	0.7
	0.9	1.4	1.0	1.4	0.8
	0.8	1.1	0.7	1.0	0.6
	1.1	1.6	1.0	1.3	1.0

图 6-10　实力矩阵示意图

使用“己方认为对方是怎样的”这种计算方式带来的好处是可以演变出势力之间的仿真策略。如果双方都认为对方更强，从而己方信心值降低，那么就会造成双方都打得比较保守的僵持局面。

每个个体 AI 实力值的基础值由关系矩阵决定，同时受一些乘数的影响。这些乘数包括以下四方面。

① 设备：最重要的乘数取决于携带的设备类型。

② 护甲：是否拥有护甲。

③ 生命：这里只有单位是否重伤两种情况，对应两个不同的乘数。

④ 信心值：个体的信心值影响个体的实力值，从而累加起来会对小队的实力值产生影响。

在计算实力值时，还会把敌方已死亡单位的实力值加到己方来，这样能够进一步强化己方杀伤敌人带来的优势。但是这个加成不是永久的，只会持续一段时间并且影响力在这期间递减。

7. 信心值驱动玩家行为

信心值系统在处理不同 AI 势力之间仿真训练时表现较好，但是在处理 AI 小队仿真训练玩家时，效果则不是太理想。因此开发组做了一些设定，通过玩家行为来改变 AI 信心值，从而反过来影响玩家行为。

玩家的一些消极行为会增加 AI 的信心值，例如玩家待在原地，不移动；玩家在交战时始终躲进掩体；玩家受到敌人的攻击等。在这种情况下，AI 的信心值会增加，行为会更具有侵略性，从而迫使玩家改变消极行为。

相应地，玩家的积极进攻行为也会降低 AI 的信心值。例如玩家对敌人进行侧翼包抄，或者突破掩体进行攻击；玩家瞄准 AI；玩家与敌人进行近战攻击时等。在这种情况下，AI 的信心值会减弱，会降低其侵略性，从而使玩家积极进攻而获得奖励。

（三）NPC 小队的行为

在《往日不再》游戏中，小队 AI 会控制小队进行以下四种行为。

1. 整队

当小队中至少有一个成员的位置不合适时，小队就会进行整队。这里所指的位置不合适包含以下情况：成员在中立区、成员在敌人控制区、成员超过仿真宽度、成员落后离大团体太远等。整队的流程如图 6-11 所示。

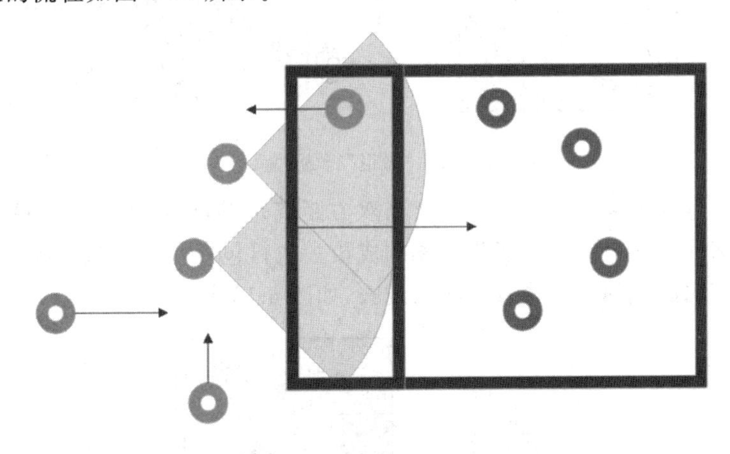

图 6-11　整队流程示意图

图 6-11 中间两个视锥的 AI 是位置正确的 AI，其他 AI 会在整队开始之后朝箭头方向移动，也就是他们应该出现的位置移动。而对于两个位置正确的 AI，他们会有两种情况：a. 保持自己的位置，并且朝敌人攻击，维持住仿真；b. 当敌人距离自己太近导致自己处于危险境地时，会在掩体之间来回切换。整队结束之后，所有的 AI 都会处于合适的位置上。

2. 常规仿真

常规仿真行为只会在小队信心值为中立时才会发生。常规仿真在视觉上能够清晰地呈现，靠的就是上面提到的设计：前线保证了争斗方向的可读性，中立区保证了仿真双方能够区隔开来。随着仿真的持续，前线会随着双方位置的变化而改变，从而始终保持比较好的队形。

3. 撤退

当小队信心值低时，就会开始撤退，撤退的方向是前线的反方向。当撤退开始时，系统会先选择一半的成员撤退。在撤退成员选择时会优先选择处于掩体中的成员，然后选择距离前线最近的成员。当这一半成员开始撤退时，另一半成员会提供支援火力。每次撤退的成员只会后退一小段距离，随后另一半成员（这时他们处于前线较近位置）开始撤退而之前撤退的成员提供支援火力。如此往复，直到出现以下情况之一小队将停止撤退：小队被阻挡；小队和敌方小队脱离接触；小队信心值恢复，如图 6-12 所示。

4. 推进

当 AI 小队信心值高时，就会尝试向敌方推进。推进的第一步是尝试接近敌方，这个过程可以认为是撤退的反向操作，即一半成员向前推进，另一半成员提供支援火力，如此往复，

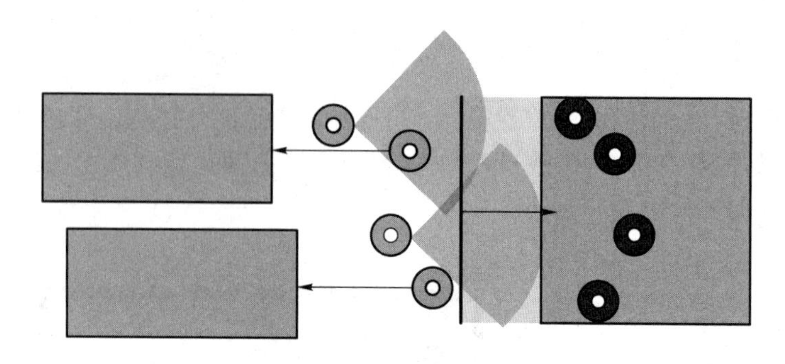

图 6-12 “撤退”行为示意图

直到整个小队靠近敌方到足够近的距离。当双方距离足够近时，推进的小队会尝试去侧翼包抄。系统会选择处于最左侧或者最右侧的成员去执行包抄任务。执行包抄任务的小队成员会选择敌方侧翼区域的一个位置并移动过去，如图 6-13 所示。

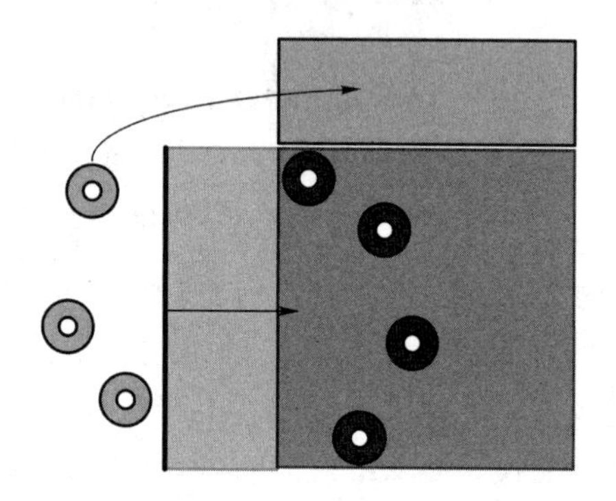

图 6-13 “推进”行为示意图

(四) 系统优化

由于前线方向为两个小队质心的连线方向，而小队成员的任何移动都会改变整个小队的质心，因此如果不加处理，小队成员为了保持位置合理，就会处于不断地走位之中而不会攻击。为了解决这个问题，《往日不再》游戏做了以下五个方面的优化。

1. 忽略部分兵种

一些兵种如果加入小队前线的计算表现会很奇怪，因此游戏选择忽视这些兵种，在计算前线方向的时候不考虑他们。

首先是狙击手。在游戏中，狙击手被设定为在指定的位置原地不动的兵种，因此和小队的距离可能非常远，如果参与前线计算，那么前线的位置将非常靠后，其他队员几乎无法向前移动，所以狙击手位置不参与前线的计算。

其次是突击手。突击手是装备霰弹枪近距离训练的兵种，他们会突进到交战中立区甚至敌占区内，因此也不参与前线计算。另外，小队系统也不需要处理突击手突击到距离敌人过近位置的问题，而是通过高优先级行为打断的方式处理。

2. 掩体位置取代单位位置

《往日不再》是以掩体仿真为人类 AI 仿真核心的游戏。人类 AI 仿真的区域都有掩体。掩体在设置时标记了掩体的使用位置，但是 AI 在使用掩体时，并不是一直处于固定的一小块区域中的。例如 AI 在换弹时会有个后撤步动作，为了防止枪穿模进掩体。另外，如果掩体是高掩体，AI 在射击时就需要向侧方移动 2 米左右走出掩体进行射击。这些微小的移动如果都计入前线的计算就会给前线带来频繁的扰动，因此只要 AI 在使用掩体，就用掩体的位置而不是 AI 的位置来计算前线。

3. 取一段时间前线的平均位置

前线的位置并不是时刻更新的，也不是某个时间间隔 Tick 一次的，而是取一段时间内前线位置的平均值，从而达到平滑的效果。不过为了避免前线位置变化反应过慢的问题，《往日不再》游戏会把前线位置向变化较大的方向进行修正，并且当变化足够大时，前线将被立刻修正为变化之后的位置。这种变化很大的情况包括：当两队 AI 正在仿真，突然一大波其中一方的友军来了，那么就要立刻修正前线的位置了。

4. 特殊处理：包抄者

由于侧翼包抄者需要移动到敌方控制区的侧翼，如果包抄者会影响前线的计算，那么就会给前线带来较大的扰动，并且在前线发生变化之后，包抄者自身也就不再处于适合包抄的位置了。但是，如果包抄者完全不影响前线计算，那么当 AI 被指派成为包抄者时，剩下的小队成员重新计算的前线位置又和决定包抄者时的位置大不相同，这也会导致包抄者失去合理位置。因此，最终方案是：当 AI 成为包抄者时，会在原地留下一个虚拟的单位（并不存在，只指示其位置）用于代替包抄者参与计算前线。当前线移动得足够远时，虚拟单位将被移除。当包抄者重新归队时，或者包抄者不再是小队一员时（例如死亡），虚拟单位也会被移除。

而对于敌方的包抄者的处理则要复杂一些。这里需要明确的是，己方的前线和敌方的前线并不一定是同一条线，因为一方可能同时面对多个敌方小队，另外玩家也是一个影响因素。因此，站在己方的角度，要去判断敌方谁是包抄者，就需要首先确定敌方的小队质心，从而获得己方质心和敌方质心的连线，即前线。具体的方法是：首先己方小队系统首先去发现所有敌人，根据距离把他们分成一堆一堆的。然后取其中最大的一堆，把一些给定大小范围内的人堆加进来，并用这些所有的 AI 小队去计算一个暂时的前线方向。最后，将处于这个前线以内的所有之前没被计算进来的 AI 都加进来，得到最终的敌人群体的质心并计算最终的前线方向。在如此计算之后，剩下的没有被计入的敌人就被认为是包抄者。在识别出敌方的包抄者之后，如果己方立刻做出反馈，那么包抄者就会失去包抄位置。《往日不再》游戏的做法是：给这个包抄者一定的时间，在这个时间之内允许包抄者的包抄行为，而在这个时间之后，将会把包抄者加入敌方前线的计算，从而导致整个战线的移动，包抄者自然就失去了包抄位置。

5. 特殊处理：仿真训练玩家

玩家的行为是不受小队 AI 约束的，并且玩家的速度远快于 AI。如果小队要跟随玩家的移动频繁改变自己的位置，就无法攻击玩家。因此《往日不再》游戏的方案是：识别出玩家在疾跑状态时,AI 在此期间不会改变自己的位置(因为玩家此时几乎无法攻击到 AI),只会通过射击迫使玩家进入掩体或者选择近战。在玩家不再疾跑之后,AI 才会利用间隙重新调整自己的位置。

(五) 系统与环境

以上内容是关于小队 AI 独立运作机制的,接下来介绍小队 AI 与大世界环境交互的一些方式。小队 AI 与环境(主要指大世界的人文环境,例如据点等)的交互需要环境提供相关信息,这部分由关卡设计师辅助完成。关卡设计师标记了一些功能区域用来让小队 AI 产生自然的行为。这些区域包括:防卫据点、宅基地、要塞区和综合应用区域。

1. 防卫据点

防卫据点是 AI 运营管理的一大片区域。每个小队都会绑定一个防卫据点,并且会指定一个约束力值。在属于同一个防卫据点的所有小队中,除了约束力值最大的小队,其他小队都被允许短暂离开防卫据点(例如要去追击),以保证小队的大世界表现更加生动。为了防止小队 AI 离开据点就不回来,《往日不再》游戏在此处再次使用了信心值系统。

信心值系统在这里发挥着以下功能。

- 推动攻击:信心值表现为自信的小队是可以追击退出己方防卫据点的敌人的。在追出防卫据点时,AI 小队会获得信心值增益保证其处于追击状态(用 Timer 或定时 Buff 之类的实现)。
- 适时撤退:当追击距离足够远时,AI 小队的信心值会开始下降,直到降至中立的级别,AI 会停止追击。随着信心值进一步下降,AI 会开始朝着防卫据点撤退并最终退回据点。
- 防止拉扯:当 AI 小队回到防卫据点之后,其信心值会缓慢恢复,直到回到自信级别。缓慢恢复而不是直接重置的原因是:如果直接重置,那么小队会立刻开始追击,从而表现为拉扯,这是游戏设计者不想看到的。

2. 宅基地

宅基地是 AI 锚定的一小片区域,可以和防卫据点搭配使用,也可以独立使用。从表现上看,宅基地可能是 AI 的基地、营地或者守卫的资源点等。

当小队 AI 和特定的宅基地绑定时,意味着以下两种情况。

- 退无可退:小队撤退时永远会向着宅基地撤退,并且一旦到达宅基地,将不会进一步撤离。
- 绝对防卫:当敌人进入小队 AI 的宅基地时,即使小队 AI 的信心值处于中立,也会主动推进攻击。

由于小队 AI 的撤退方向是交战前线的反方向,因此为了实现小队朝着宅基地撤退的效果,实际是在撤退时小队计算的队伍质心会有一个朝向宅基地的偏移,并且越接近宅基地,这个偏移量越大,最终宅基地的位置就会完全替代小队的质心,从而实现撤退进宅基地的效果。另外,在撤退过程中还需要保证前线的旋转从未超过 90 度,从而保证表现合理。

3. 要塞区

为了更加智能，AI 需要能够在仿真中利用有利地形、扼守咽喉要道。游戏关卡设计师为此设计了要塞区用于标记一些易于防守的位置。己方要塞区由攻击位置和攻击触发区两部分构成。

- 攻击位置：当仿真开始时，己方 AI 会占据这里并攻击。
- 攻击触发区：如果敌方进入此区域，己方 AI 就会前往攻击位置开始攻击（注意此区域形状为一个圆台）。

需要注意的是，这两块区域只需要有逻辑上的绑定关系，而不需要在空间上紧密连接，这样配置更加灵活，也更适配一些存在高低差的区域，使得仿真更合理。当敌方进入要塞的攻击触发区，要塞区就被激活，己方 AI 就会前往攻击位置进行要塞的防卫，如图 6-14 所示。

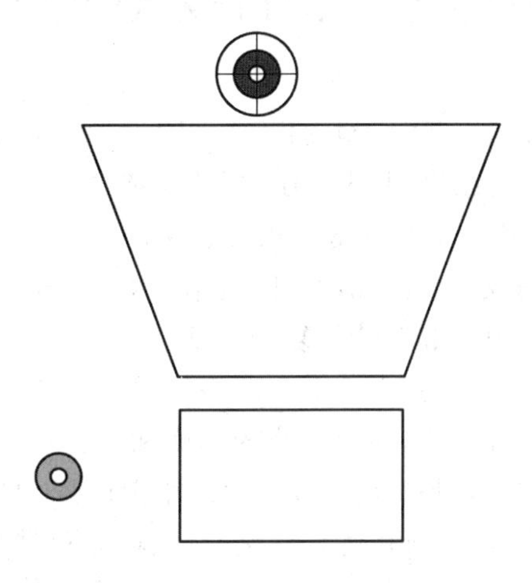

图 6-14 “要塞区”攻击示意图

4. 综合应用区域

将以上三种区域配置方式综合应用，可以配置出一个合理而有层次的大世界 AI 大本营据点。防卫据点区域划出的形状是外扩且不规则的，目的是应对角落的敌人，并且让 AI 能够适当追击出去。而宅基地则正好设置在大本营中心 AI 的生活区域，表现合理。当敌人进入要塞区的攻击触发区，小队 AI 会前往攻击位置进行要塞保卫。能够前往攻击位置的 AI 数量是有限的，这与攻击位置的大小相关（要塞区是可以绑定一些 AI 的，当要塞区被敌人激活时，绑定的 AI 就会前往攻击位置，要塞区有绑定 AI 和攻击位置最大承载 AI 数量之类的配置项）。在利用要塞区进行防守时，己方 AI 依然会遵循之前提到的前线攻击方向等规则进行攻击和掩体移动。当敌方突破要塞区时，要塞区的 AI 将会退出要塞区，并和其他 AI 合并成一个小队，并进行常规仿真。而当小队 AI 撤退到宅基地时，将退无可退，并在那里负隅顽抗。

（六）AI 系统优缺点分析

该小队 AI 系统的优点是：在大多数场景下表现良好，能够流畅地实现小队成员间的互相配合，提高游戏的难度和真实性。但该系统仍存在一些缺点，例如由于“前线”是个二维向量，因此这个系统无法适用于类似螺旋楼梯的场景，不过《往日不再》游戏中并不太存在这类仿真场景，因此可以忽略；不太适应复杂地形阻挡区域，例如在建筑物内外仿真时，由于“前线”这一概念无法识别在这类区域中 AI 应该去哪里比较合理，无法识别房间之间的连通性，因此游戏不得不针对建筑物内外仿真做了一些特殊的行为；不适应与丧尸/动物的仿真训练，因为这套系统本质是给远程持枪 AI 相互射击表演设计的，而丧尸和动物全是近战单位，当人类小队 AI 用这套体系摆好队形之后，其小队行为很快会因为敌人近战攻击而被高优先级行为打断；对玩家造成潜移默化的影响，玩家并不知道前线和控制区之类的设定，但是在实际游玩中，玩家会因为小队 AI 的阵型而本能地尊重“前线”的存在，配合出演，从而达到和 AI 之间互相仿真训练差不多的效果。

三、《最后生还者 2》游戏中的近战 AI 设计

《最后生还者 2》游戏是由著名工作室顽皮狗第二团队开发的作品，讲述了主角艾莉因为乔尔·米勒的死而踏上西雅图复仇的故事，并于 2017 年获得英国金摇杆奖最受期待游戏奖。

《最后生还者 2》游戏的故事情节紧凑而扣人心弦，通过精心编织的剧情和角色发展，让玩家沉浸其中。游戏通过细腻的表演和动态的剧情场景，展现了艾莉在复仇之路上的矛盾和挣扎，同时也探讨了人性、道德和亲情的复杂主题。

除了深入的故事叙述，游戏在技术方面也取得了重大突破。顽皮狗工作室采用了最先进的图形渲染技术和动作捕捉技术，使得游戏的画面和角色动画更加逼真和精细。玩家可以感受到真实的世界细节和角色情感的真实表达，增强了游戏的沉浸感。此外，《最后生还者 2》游戏还引入了创新的游戏机制和仿真系统，玩家可以根据自己的喜好和游戏风格，选择不同的决策和策略来面对各种敌对势力和挑战。游戏注重玩家的选择和决策，每个选择都可能对故事的进展和结局产生影响，增加了游戏的重玩价值和探索性。

（一）游戏中的近战系统对比

在顽皮狗以前发布的游戏中，如《最后生还者》和《神秘海域 4》，近战攻击的前摇（从开始攻击到攻击判定的时间）非常短，且没有闪避技能。NPC 一旦开始攻击，基本上意味着会命中，除非玩家的攻击判定更快。然而，在《最后生还者 2》游戏中，近战攻击的效果与这些游戏略有以下方面的差异。

① NPC 具有较长的攻击前摇：NPC 在发起攻击之前会有更长的准备时间。这给玩家提供了更多的反应时间和机会来避开攻击或进行防御。

② NPC 攻击前摇的视觉效果更加明显：游戏中更加突出显示了 NPC 进行攻击前摇的视觉效果，例如动画动作的变化或特效的呈现。这使玩家能够更好地判断攻击的来临，提高了反应能力。

③ 玩家拥有闪避能力：与之前的游戏不同，玩家现在具备了闪避能力，可以通过适时的躲避来规避 NPC 的攻击。这为玩家提供了更多策略选择和更高的生存能力。

④ 对于玩家操作技巧要求更高：为了成功闪避 NPC 的攻击并保持无伤，玩家需要具备

更高水平的操作技巧和反应能力。这增加了游戏的挑战性，让玩家有机会通过熟练的操作来获得更好的游戏体验。

在设计《最后生还者 2》游戏时，开发团队希望达到以下游戏效果。

① 近战相对于枪战具有足够的比重：近战仿真在游戏中与枪战一样重要，玩家可以选择使用近战设备进行仿真，而不仅仅是依赖枪械。

② 鼓励近战遭遇：游戏鼓励玩家与 NPC 进行近距离的接触仿真，以增加紧张感和仿真的紧凑度。

③ 有技巧的玩家可以无伤：玩家通过掌握闪避技巧和准确的攻击时机，可以在近战中避免受到伤害。这鼓励玩家不断提升自己的技术，并享受更加流畅和令人满足的仿真体验。

④ 达到顽皮狗工作室的技术标准：作为顽皮狗公司的游戏，开发团队致力于保持其技术水准和精良的游戏制作质量。他们在游戏的动画、视觉效果和玩法方面注重细节和精细的设计，以提供令人难忘的游戏体验。

通过实现这些设计目标，顽皮狗工作室成功地为《最后生还者 2》游戏创造了一个紧张、充满策略和技巧的近战仿真系统，使玩家能够更全面地体验游戏世界，并增强了游戏的深度和乐趣。

（二）近战系统中的数据分析工具

一个近战攻击动作包含：a. 一个由角色单位播放的动画。b. 每个近战攻击都有开始和结束的条件。例如角色是否在范围内，是否面朝目标方向，攻击的运动路径是否无阻挡，若条件不满足，则不允许近战攻击。c. 在近战攻击过程中有一些事件，在动画的 timeline 上标记事件。例如打击关键帧、目标对象追踪帧等。

一个近战行为包含：a. 可选攻击动作列表，视情况选择特定攻击。例如 NPC 是想冲到玩家身边攻击，还是稍微有一点距离时发动攻击。b. 游戏中有运动类型，用来配置是否可以在近战行为过程中进行移动或冲刺。c. 整个近战行为也有进入和离开条件。

近战系统中有很多种数据分析工具，分析工具能将游戏内的数据可视化，它对于后面解决具体问题的组件特性来说是必不可少的。

1. 碰撞检测

游戏中存在碰撞检测射线，用来反应物理和碰撞的交互信息，这是开发中很基础的检测。游戏中常常使用射线检测或者球射线检测。如图 6-15 所示，从 NPC 头部或者眼睛处发射球射线至玩家角色，上方图片中的射线表示没有检测到碰撞，下方图片中的射线表示检测到了碰撞。本游戏使用层级来过滤一些碰撞，例如在碎片层级，不允许这个眼部射线检测到场景中的细碎物件。同时，本游戏也支持更细致的层级过滤，例如通过三角比特遮罩，这在处理大型碰撞体时很有用，例如夜间照明时部分区域有亮光，大型墙体上透明的区域等允许 NPC 看到玩家的情形。

2. 导航探针

导航探针和碰撞射线比较相似，只不过它是在导航网格空间中处理的。就像是 2D 空间中的点或圆形射线，碰撞射线遍历所有除了动态障碍以外的静态障碍，而导航探针在导航

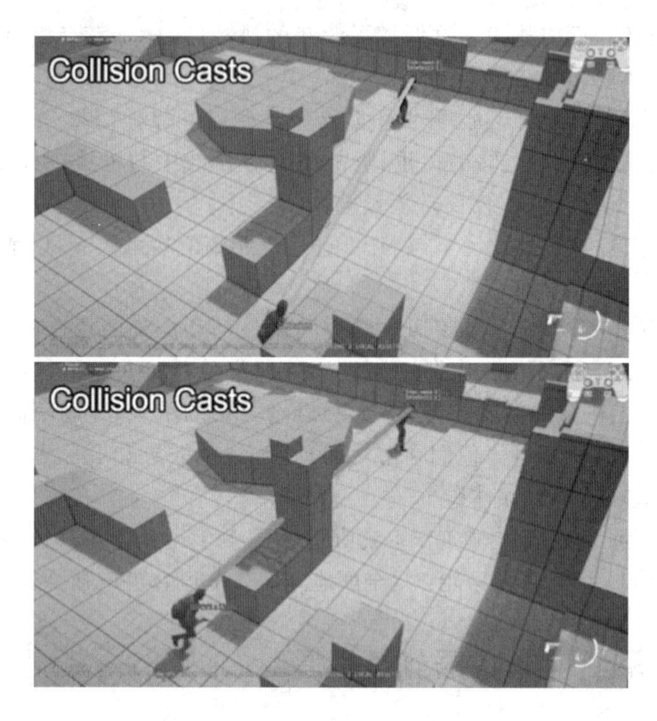

图 6-15 “碰撞检测”工作示意图

空间中遍历。一般来说，在较短距离时导航探针相比碰撞检测性能更优。我们通常用导航探针处理空间检测问题。如图 6-16 所示，上方图片的探针表示没有检测到障碍，下方图片的探针表示检测到了障碍。

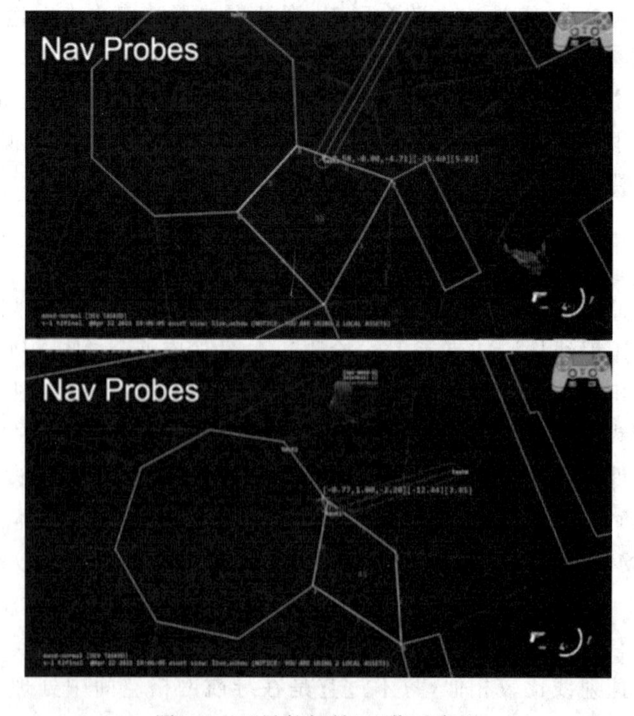

图 6-16 “导航探针”工作示意图

3. 可交互地形

游戏玩法中的可交互几何体可以是利用工具在碰撞体中自动生成的，也可以是策划师手动摆放的。例如玩家可以攀爬的边缘，NPC 可以用来作为掩体的墙角。在运行时向系统发起检测请求，例如玩家三米范围内的所有可攀爬区域，NPC 附近的掩体，如图 6-17 所示。

图 6-17 “可交互地形”示意图

4. 随机动画分析工具

利用随机动画分析工具能获取特定动画的特定帧的特定骨骼的变换数值，用来分析实时的动画信息。例如 NPC 的惊吓动画：当玩家开枪时，NPC 会受到惊吓并播放对应动画，在《神秘海域 4》游戏和《最后生还者》游戏中只是原地播放惊吓动画并同时让 NPC 面向玩家。在《最后生还者 2》游戏中，开发者希望行为更富于变化，让 NPC 受到惊吓时同时会进行运动。但 NPC 这么做可能最后会到掩体后面去，这会让 NPC 看起来很蠢。游戏中用这个随机动画分析工具的数据去分析 NPC 的轨迹和执行导航探针去确保有足够的运动空间，以及计算 NPC 眼部到玩家的射线是否会在动画终点被障碍阻挡。如图 6-18 所示，NPC 播放惊吓动画的同时朝右移动，可以看到有个打向右边的射线，这个射线意味着 NPC 视线不会被阻挡，左边的射线意味着 NPC 视线会在动画结束时被汽车阻挡，中间的线意味着当所有移动动画条件都不通过时使用静止动画。

(三) 优化特定近战问题的组件

1. 攻击槽位

第一个问题是 NPC 应该处于玩家周围的哪个位置，同时 NPC 没有互相阻挡。玩家周围有多个可选攻击槽位，NPC 可以定位到其中之一。NPC 当前想要采取的攻击行为决定了 NPC 与玩家之间的直线距离。为了寻找最好的攻击槽位，需要知道哪个槽位对于玩家来

图 6-18 “随机动画分析工具”工作示意图

说转动的角度是最小的，同时在这个方向上有足够的运动空间。为了处理这种情况，需要计算 NPC 到玩家的导航路径，能够直线无障碍到达玩家位置的墙角点作为计算依据。同时在每个槽位方向上用导航探针检测是否有足够的空间。最终的选择规则：a. 用能够直线无障碍到达玩家位置的墙角拐点作为依据去选取攻击槽位。b. 如果这个槽位方向上没有足够的运动空间，则考虑旁边的槽位。

2. 攻击运动线

近战攻击需要目标之间近距离接触以制造伤害。使用导航探针确保在开始攻击之前运动路径是无阻挡的，这是比较浅显的处理，比较深入的处理称之为角落攻击运动线。如果玩家和 NPC 离得很近，但被墙角隔开，游戏设计者依然希望玩家可以对 NPC 发动近战攻击，如图 6-19 所示。但攻击运动线被墙体阻挡了，如果以上述逻辑作为条件，此时是不允许攻击的。游戏设计者的做法是查找玩家到 NPC 的导航路径，如果发现导航路径与攻击运动线差异不大，认为是可以攻击的，让玩家移动然后击中 NPC。这有两个查找条件：a. 比较导航路径的路程与攻击运动线长度。b. 将导航路径投影到垂直于攻击运动线的平面上，看导航路径向侧面偏离的距离。如果两个条件的差异都很小，则认为玩家此时是可以攻击的。

3. 目标追踪

如果 NPC 在某一刻向当前面对角色的方向发起攻击，并在后续过程中顺着原生近战攻击动画的路径进行移动，玩家可以很轻松地“晃掉”NPC 的攻击。所以游戏设计者赋予了 NPC 在攻击过程中旋转自身以面向玩家的能力，当玩家向侧边移动时他们能更好地抓住玩家。但当玩家成功使用了闪避技能时则取消或中断这种目标追踪，这样强化了玩家的视觉反馈。当玩家前后移动时，如果 NPC 依然采用原生攻击动画中的位移也会出现问题：当玩家向前走时，NPC 在攻击过程中容易走过头；当玩家向后退时，NPC 很容易打不到玩家。在这些情形中需要额外修正 NPC 的移动速度。对于这个问题的解决方案称之为目标接触技术，这个修正称之为运动修正倍率。玩家也有这个逻辑，但是玩家采取的移动方式和 NPC 不同。如果玩

图 6-19 “墙角攻击判定”示意图

家攻击丢失的话负反馈是很强烈的，要确保在允许的情况下玩家总是能打中 NPC。使用玩家到 NPC 的导航路径，让玩家沿着路径移动，当玩家或 NPC 的位置发生变化时，保持路径的更新。不过如果在过程中 NPC 离得太远或者其他人挡路，也会中断这个攻击。

4. 顶墙攻击

顶墙攻击是将被攻击目标压在其背后墙上的近战攻击。分为顶着高墙的攻击以及顶着矮墙的攻击两种类型，采用何种攻击类型取决于目标背靠的墙有多高。从近战攻击者的位置发射线以寻找附近的墙体。如图 6-20 所示，有两组射线，一组用于矮墙检测，一组用于高墙检测。如果高墙检测组里有射线打到东西了，意味着在这条射线方向上有高墙。如果矮墙检测组里有射线打到东西了，但是高墙检测没有打到墙或者高墙检测打到墙了，但比矮墙检测要远，则认为在这个方向上是矮墙。

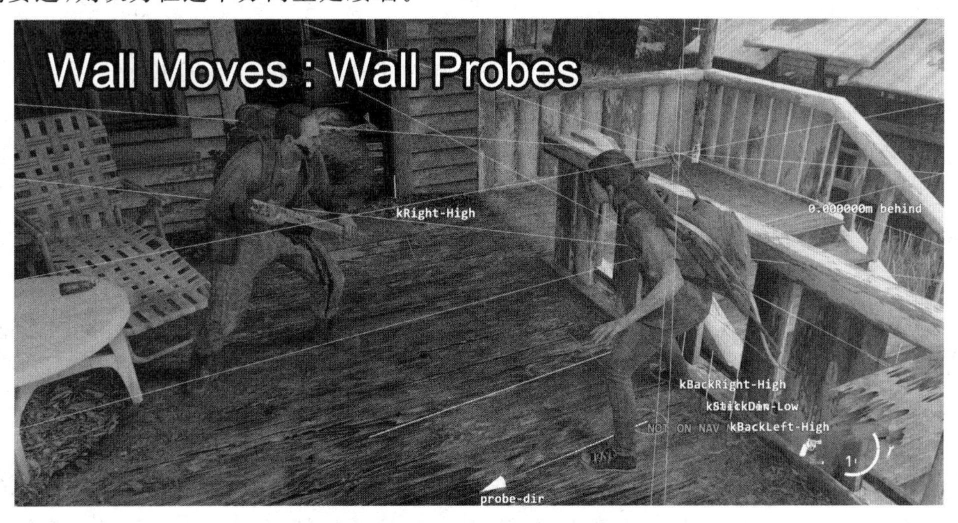

图 6-20 “墙体探针检测”示例图

一旦检测成功，便使用检测成功点下方的墙角作为动画参考点来播放近战动画。在游戏对象实际执行顶墙攻击之前，还有一些额外的检测去确保有足够的空间让近战动画完整播放，如图 6-21 所示。

① 法向：从墙壁法线方向打出圆形探针，以确保攻击者在目标前面有足够的空间。

② 切向：有两个探针沿着墙壁方向向侧面投射，正负切线方向各有一个，以确保有足够的横向空间。如果一侧射线被阻挡，即没有足够的空间，将动画参考点向相反的方向移动去腾出空间。如果两边检测都失败了，就意味着没有足够的横向空间，顶墙攻击就不允许执行。

图 6-21 “空间可行性检测”示例图

5. 挥击区域过滤器

当 NPC 从攻击指令列表选择一个攻击进行近战攻击时，要避免 NPC 的设备尖端插进关卡地形或者其他角色身体，所以要给每个可能的近战攻击动画构建挥击区域，并收集设备尖端的轨迹，数据同样来自随机动画分析工具。同时将轨迹投影到导航网格上用导航探针进行探测，过滤掉被网格边缘阻挡的攻击。如图 6-22 中，存在六种攻击对应的六条轨迹，只有一条轨迹是符合要求的，所以最后 NPC 使用对应的攻击方式。不过这不是一个硬性过滤，如果所有的近战攻击都不符合条件，会随机选取其中之一，因为相比潜在的视觉效果问题，攻击不出来是更加严重的问题。

四、《猎杀：对决》游戏中使用行为树构建的模块化设备系统

使用行为树构建的模块化设备系统是一种创新的设计概念，它为游戏中的设备和装备系统带来了更高的可扩展性和灵活性。该系统的首次应用出现在《猎杀：对决》这款游戏中，旨在创造出一个节奏缓慢、决策性强的游戏体验。传统的游戏设备系统往往是预先定义好

图 6-22 “多种攻击可选项”示例图

的，每个设备都有固定的属性和行为。然而，行为树模块化设备系统的引入改变了这种固定性，使得设备系统能够根据不同的情境和玩家的需求进行动态调整和演化。通过行为树的设计，玩家可以根据自己的决策偏好和游戏需求来选择不同的设备和装备模块，从而创造出独特的仿真风格和策略。

在该系统中，每个设备和装备都被视为一个独立的模块，具有自己的行为树结构。这些行为树可以根据玩家的操作和环境变化来动态调整，从而实现不同的仿真行为。例如，玩家可以根据敌人的位置和距离选择不同的射击方式、切换不同的设备配件或装备辅助道具，甚至进行决策撤退或伏击等复杂的仿真决策。

通过模块化的设计，行为树模块化设备系统提供了极大的灵活性和扩展性。游戏开发者可以轻松添加、修改或替换不同的设备模块，以满足不同玩家的需求和游戏平衡的要求。这种模块化的设计也使得游戏的开发和维护更加高效，可以更快地推出新的设备和装备内容，为玩家带来更多的选择和乐趣。

《猎杀：对决》游戏中的行为树模块化设备系统的成功应用，也为育碧公司旗下其他游戏的开发带来了启示。例如，在《看门狗：军团》这款游戏中，同样采用了行为树模块化的设计思路，使得玩家可以根据不同的角色和任务来选择不同的设备和能力模块，实现更加自由和多样化的游戏体验。

行为树模块化设备系统的引入不仅提升了游戏的决策性和可玩性，也为游戏开发带来了更多的创作空间和挑战。未来，随着技术的进一步发展和游戏设计的创新，我们有理由期待更多基于行为树的模块化系统在游戏中的应用，为玩家带来更加丰富和沉浸的游戏体验。

(一) 设备系统框架

我们可将该设备系统框架分为三个部分。

1. 表现

表现包含设备所有的视觉信息:设备的外观、音频、粒子特效等,以及这些资源如何呈现在虚拟世界中的相关配置。

2. 数据

数据即设备所拥有的状态,是存储在设备系统内的变量。每帧都可以获取到这些变量的最新值,例如弹药数量。

3. 逻辑

逻辑用来更新上面的表现以及变量数据,以表达此刻游戏世界所发生的事情。

逻辑部分是设备系统的"大脑",其中行为是逻辑最基本的组成单元。"单发射击"行为意味着一次单发射击,"充能射击"行为意味着按住蓄力,松开按钮射击。行为和事件一起工作,例如触发器、释放、取消、打断和自定义事件等。这个系统是如何运作的呢?存在一些插槽,根据事件选择插槽执行对应的设备行为。例如,对于一把简单的手枪,它可以装填弹药和单发射击,游戏设计者为该设备分配了"单发射击"行为以及"持续装填弹药"行为。我们可将插槽理解为一个行为触发盒,当选中它以后就会执行相应的设备行为。我们可以放置不同的行为块到插槽内,去制作完全不同逻辑的设备。但是基于上面的逻辑,如果同时触发这两个行为会怎么样?如果同时触发单发射击和装填弹药这两个行为,角色可以边换弹边射击,也就是说角色可以无限弹药射击,这很明显是个缺陷。所以在此基础上增加了逻辑调度节点,通过该节点处理所有接收到的事件、处理打断、输入缓存等。例如在"换弹"行为执行的结尾缓存"射击"行为,换弹完成时自动进行下一次射击。插槽和行为是没有对应关系的,近战、瞄准、射击等行为可以任意摆放到任意插槽。所以近战和射击在配置上都使用相同的界面,即当需要使用剑攻击时,只用把"射击"行为替换为"近战"行为即可。当然,很多时候游戏中不仅要有需要触发的主动行为,还要有被动运行的逻辑,例如改变状态、材质球、音频等,这些行为不需要任何触发事件就可以执行自己的逻辑,如图 6-23 所示。

图 6-23 射击和填弹行为的插槽

但是又存在这样一种需求:希望同一个按键既可以近战,又可以射击,执行哪个行为取决于玩家是否处于瞄准状态。于是游戏设计者想到可以使用条件节点,根据条件进行子节点的选择。这做法很像行为树的逻辑,所以可以用行为树这种现成的逻辑来进行较细粒度的逻辑组织。

行为树中最基本的就是选择器,选择器会进行一次 if 条件判断,并根据布尔值的真假选择对应的节点。如果在“瞄准”行为,就可以执行“开火”行为;如果不在“瞄准”行为,就执行“近战”行为。装饰器节点将会对子节点进行修饰,例如通过“冷却计时”节点检查计时器,如果不满足计时条件就不通过。我们可以用这样的节点控制游戏中每隔一段时间才能用一次的技能。

序列节点将按顺序逐个执行子节点,这样可以拥有任意数量的子节点。一旦行为 a 完成,游戏执行对应行为并顺序执行行为 b。如图 6-24 的序列图所示:有三种枪管颜色的枪,按顺序执行对应的开枪行为,在每个行为之间有一点小的时间延迟。按一下射击按钮,会依次执行所有的节点:开枪→等待→开枪……每次射击都有自己对应的属性以及特定的子弹,具体取决于策划配置。和串行的顺序节点不同的是,平行节点会并行执行所有的子节点,三色枪管会同时发射三色子弹。

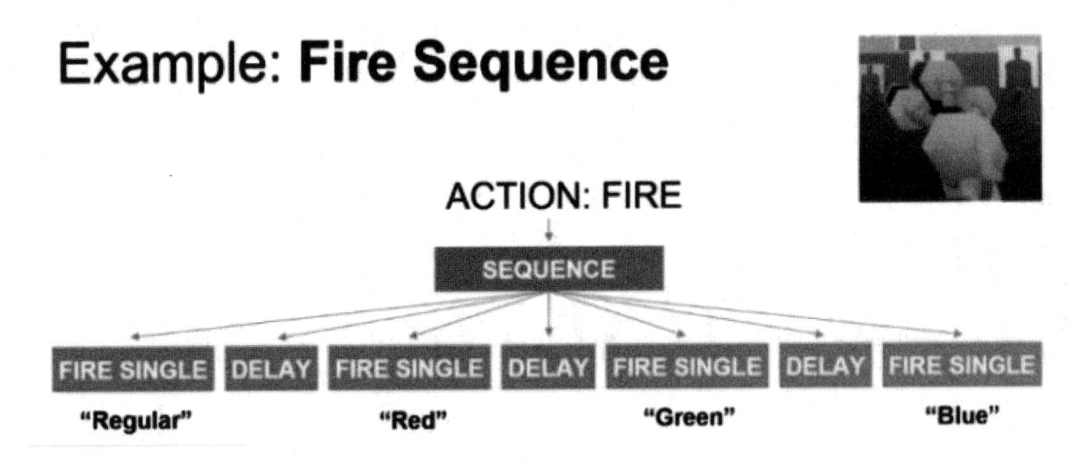

图 6-24 “顺序执行三种开枪行为”的序列图

设备具有各种配件,例如倍镜、消声器等,游戏设计者希望玩家的设备充满魅力和个性,同时增加游戏的深度。修改配件需要修改设备框架中的表现、数据和逻辑。例如狙击倍镜,根据是否有倍镜选择不同的分支节点,狙击倍镜有更大的缩放效果。再如多管配件,会根据是否装配开出单发子弹还是一次性打出三发子弹。

(二) 优化

为了避免行为树过于庞大,可将更多逻辑流程中的数据提到表达式中。策划人员不用关心行为树内部逻辑就可以进行调试,在实际开发中,策划人员会通过频繁微调数值来让玩家获得更好的游戏体验。表达式大幅提高了迭代效率,如图 6-25 所示。

表达式很强大,能够暴露任意的状态变量。但面对冗长的表达式较为复杂,有一定的学

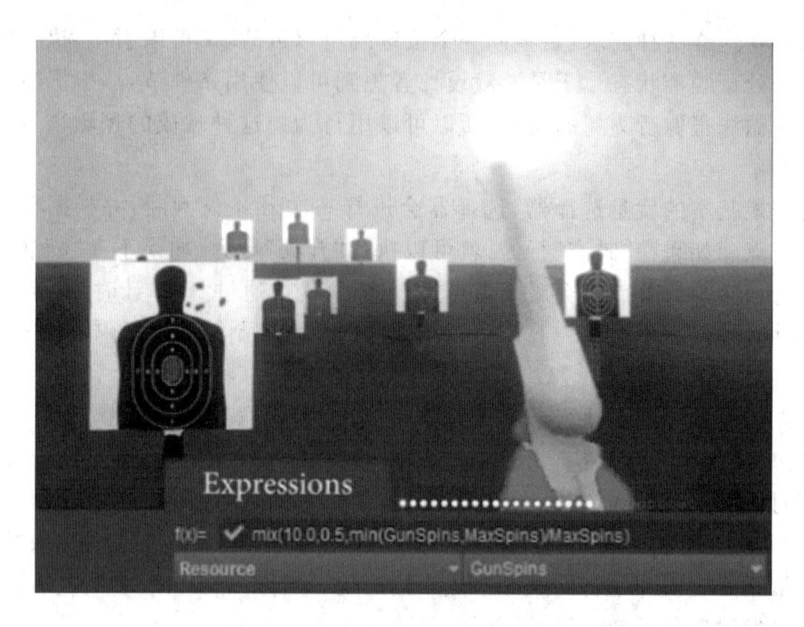

图 6-25 “通过表达式统一改变设备参数”示例图

习门槛；缺少描述信息，有需求时不知道用什么表达式；以及表达式容易写错的问题，有没有一种更好的方法呢？游戏开发人员受到来自儿童玩具的启发，利用更接近人的天性的做法，采用了形状匹配的方案，即把公式中的各种函数看作块和插槽，匹配的块和插槽拥有相同的形状。该方案属于强类型匹配，可为函数块添加描述文本来说明用途，同时该方案存在上下文联系，看到什么形状的插槽就知道可以放什么。《看门狗：军团》游戏中的大部分系统都使用了这样的做法。

五、《刺客信条：奥德赛》和《渡神纪》中的 AI 行为规划

育碧工作室发行的所有的《刺客信条》游戏中的 AI 都是使用的状态机，也就是 FSM 开发。《刺客信条》每代作品都在不断进化，它的世界变得更加丰富、有机和动态，游戏设计者在世界内加入了船只、载具等单位，AI 管理器(Meta AI)可以在游戏世界模拟 AI 的日常行为，对游戏的任务系统也进行了革新。但 AI 的底层架构一直停滞不前，因此游戏开发团队萌生了开发新的 AI 架构的想法，在《刺客信条 · 奥德赛》游戏中首次应用了 GOAP AI 架构。

从技术目标上来看，游戏希望新的 AI 架构能够实现从反应型 AI 向慎思型 AI(即自己能思考的 AI)的转变。反应型 AI 指先接受刺激输入，然后执行对应行为。慎思型 AI 指将环境和背景条件纳入决策考量，这样可以胜任复杂决策。

之所以有这样的技术目标，是因为随着游戏复杂度增加，在旧的 AI 架构下，游戏设计者必须耗费大量时间去处理 AI 的边际情况，而游戏设计者不可能考虑到所有的边际情况，因此建立一套新的 AI 架构并让 AI 有一定的自我决策能力，可以使游戏设计者的负担大大减轻。

开发新的 AI 架构的另一个技术目标是将大的系统分解为一些较小的、更容易编辑和维护的模块。上面提到的所谓的"大的系统"就是之前游戏中 AI 使用的状态机。在《刺客信条·枭雄》游戏中有仿真、搜索和调查三大状态机。游戏设计者一旦想要添加或者修改某个行为,就必须处理这个行为对整个大的状态机带来的影响,这使得系统的维护变得困难。既然状态机本质上是一系列的行为和这些行为之间的过渡关系,那么我们完全可以将这些行为拆分出来,然后通过一个胶水系统将不同的行为根据不同的条件以合理的顺序连接起来,从而取代复杂的状态机。这个胶水系统就是 GOAP 里的行为规划器。

(一) 行为规划器

行为规划器是一个决策系统,这个系统会根据给出的行为目标,选择一系列可以完成目标的行为进行预演算模拟,从而筛选出在接下来一段时间内应该采取的最合适的行为序列。预演算模拟是个很重要的概念。行为规划器预先模拟了采取某种行为之后可能带来的后果,从而挑选出对 AI 而言在接下来几帧或者几秒钟之内最合适的行为序列,而非选择 AI 当下时间点最合适的单一行为。

用行为规划器来搭建的 AI 架构有几种,《刺客信条:奥德赛》和《渡神纪》采用的是 GOAP 系统。GOAP 系统起源于斯坦福大学的 STRIPS,并在 2001 年被应用于游戏 F. E. A. R。此后,包括《古墓丽影》《变形金刚:赛博坦之战》在内的游戏都使用了此系统来构建 AI。

行为规划器的决策流程大致可以分为三个阶段。a. 决策前置阶段(Pre-Planning):这阶段会用到包括世界状态(World State)、决策目标(Goals)、可用行动(Actions)三部分概念,这三部分实际上也是规划器工作的前提。b. 决策算法。c. 决策执行(Plan Execution)如图 6-26 所示。

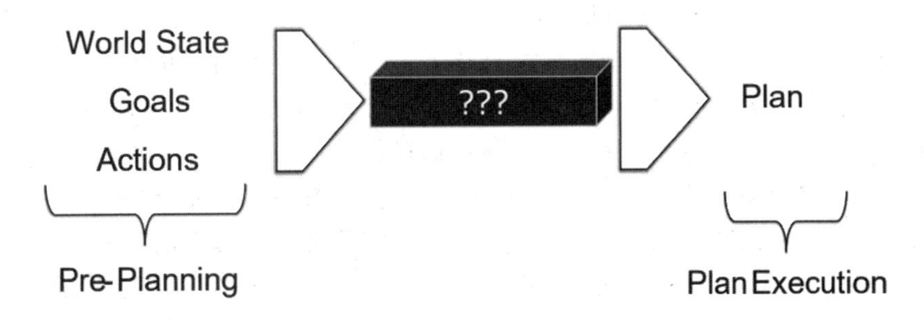

图 6-26 行为规划器的决策流程图

图 6-26 中间黑色的方块代表的是规划器的决策算法部分,这是一个由算法组成的黑盒。游戏设计者知道黑盒内部是如何运作的,包括各种条件算分、模拟出各种行为执行带来的后果。从整个系统外部看,系统根据决策前提,通过决策算法,直接输出一个结果用于决策执行。在《刺客信条:奥德赛》和《渡神纪》游戏中,这套系统只被用于 NPC 决策,但实际上

可以扩展到非 NPC 领域。

规划器的决策前提是世界状态。世界状态并不是简单地指游戏的地图环境，而是指所有可用于决策规划的信息。在规划器需要进行决策时，就会像截图一样提取当前时刻的一系列游戏信息，这些可用于决策的信息会存储在一个黑板中(黑板)是一种数据集中式的设计模式，一般用于多模块间的数据共享，黑板非常适合作为行为树的辅助模块来使用)。这些信息根据需求可以包含很多种，例如 NPC 血量、目标、近期发生一些事件的标记，以及各种描述游戏状态的布尔值等。规划器可以随时从黑板中读取世界状态，游戏中其他的组件单位和逻辑则可能改写黑板的数据。

决策目标指规划器想要通过规划来解决的问题，或者说是希望达成的某种世界状态(例如希望某个 NPC 在夜晚时把设备放到设备架子上然后去床上睡觉)。决策目标依据的条件指的是存在黑板上的数据，而不是游戏中实时的数据。因为规划器的决策是周期性的。例如，规划器有个目标是希望某个怪物在距离玩家 3～5 米时释放技能 A，这里 3～5 米就属于条件，释放技能 A 是目标。如果规划器每过几秒钟 tick 一次，在某次 tick 时恰好满足了怪物距离玩家 3～5 米的条件，并记录在黑板上，那么就会让怪物开始释放技能 A，哪怕在开始执行时玩家和怪物的距离已经不满足条件了。另外，游戏设计者在使用 GOAP 时给目标划分了优先级，这是因为针对一个目标规划器很可能无法找到可行的方案，因此游戏中每次会给规划器一个包含多个可选择目标的清单，这样在有多个目标都有可行方案的时候，通过优先级决定选择哪个目标来执行。这个优先级通过一个简单的整数形数据就可以定义。

可用行动是指规划器在决策过程中可以用于达成目标的行为。例如，目标是到达 A 地，那么走路是一种可用行动，找到一个共享单车停放点、扫码、骑车是三种可用行动。在育碧工作室使用的这套 GOAP 系统中，可用行动包含以下要素。

① 条件和后果：满足条件时，这个行动才可以被执行，而行动执行之后会带来一定的后果，后果影响后续的行动规划。

② 行动成本：指执行此行动需要耗费的成本，这是一个设定值，用来定义行动的难易程度。成本包含基础成本和一些可变参数成本。例如，策划设定一个行动的基本难度是 5，另外一个可变成本与玩家和 NPC 之间的距离正相关，那么最终的行动成本就是基础成本加上计算的与玩家距离相关的可变成本之和。

③ 运行时行动列表：每种行动实际上封装了一系列子行为用于执行，并且每种行动可以对应不止一种子行为。例如，NPC 的嘲讽是一种行动，而这个行动可能封装了好多种不同的嘲讽动画和场景交互用于实际执行时随机选择。

通过一个简单的例子说明一个完整的行动计划。如图 6-27 所示，最终目标是对玩家造成伤害，而造成伤害就必须击中玩家，要击中玩家就需要使用剑挥砍的技能，而使用这个技能的前提是装备剑，为了装备剑，就需要把剑捡起来。这个例子的重点是，形成计划的过程是从目标倒推向起始行动的，这种倒推的方式正是育碧工作室使用的这套 GOAP 系统的核心。

(二) 行为规划算法

该部分就是上面提到的决策算法，即决策中的黑盒部分。在决策前提部分，规划器获得

PLAN

图 6-27 “一个完整的行动计划”示例图

了一系列目标、可用行动以及世界状态。图 6-28 列出了规划算法的基本原理:前三列五边形方框的内容代表可用行动,五边形方框前面的三角形代表行动所需要满足的前置条件,后面的三角则代表行动带来的后果。最后一列五边形方框内容及其前面的三角分别代表目标和目标所需要满足的前置条件。

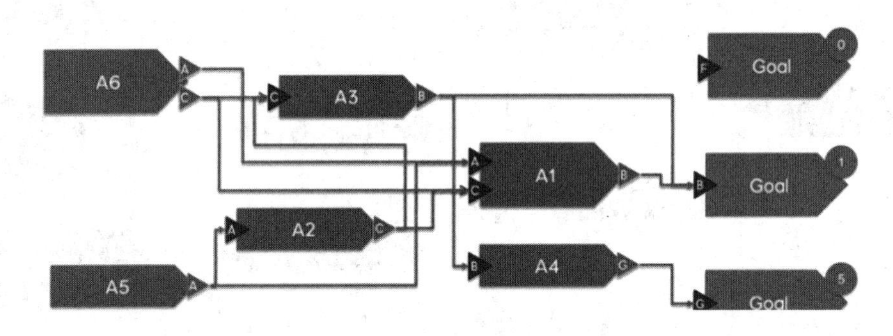

图 6-28 行为规划算法基本原理

算法的核心原理就是找到一条行动线路,能够从行动出发,满足每一步的行动条件,最终达到一个可用的目标,并将这条可用的行动路线输出为最终的行动计划。

规划器的规划算法有两种:正向规划和逆向规划。所谓正向规划就是从行动出发,遍历行动路线,找到能达成目标的解决方案。例如图 6-29,初始世界状态 A、B、C、F、G 默认都是 False,每个可用行动和目标要求的前提条件都是指定字母状态为 True,行动在执行之后都会把自己绑定的字母状态变为 True(以图 6-29 的最上面行动 C-Light Torch-B 为例,意思是执行 Light Torch 行动要求状态 C 为 True,并且在行动执行完之后,会让状态 B 变为 True)。目标右上角的圆圈数字则代表目标的优先级或者成本,可以任意理解,总之是用来决定在正向规划中首先尝试找到哪个目标的解决方案的。

在图 6-30 所示的正向规划中,首先尝试为目标 Hurt Target 寻找解决方案,过程为:从没有前置条件需求的 Goto Position 行动出发,遍历所有可能的行动路线,发现没有满足的方案可以到达 Hurt Target,因此将放弃此目标,开始寻找下一个目标的解决方案。

图 6-31 展示了寻找第二个目标 Work 的解决方案的过程:依然从最初可用的行动出发,最终找到了一个可用方案,于是将此方案输出用于执行,并不再寻找下一个目标的解决方案。

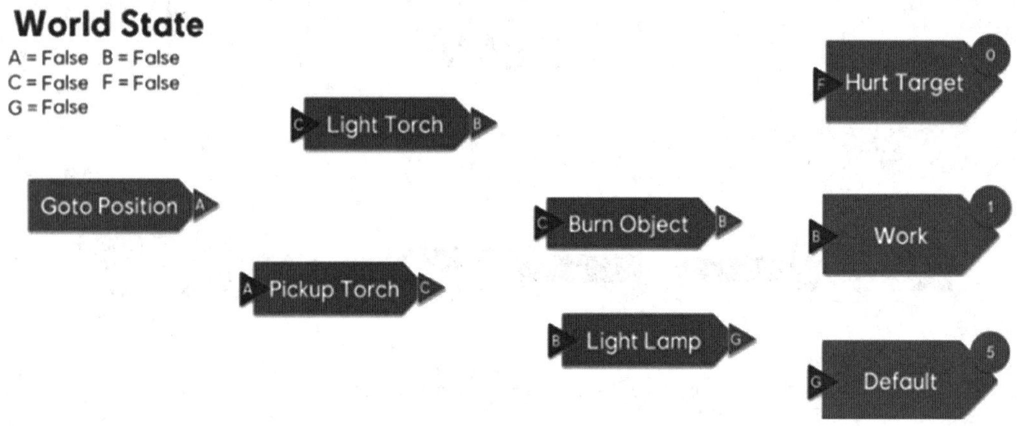

World State
A = False B = False
C = False F = False
G = False
Light Torch
Goto Position
Pickup Torch
Burn Object
Light Lamp
Hurt Target
Work
Default

图 6-29 正向规划示例

World State
A = True B = True
C = True F = False
G = False
Light Torch
Goto Position
Pickup Torch
Burn Object
Light Lamp
Hurt Target
Work
Default

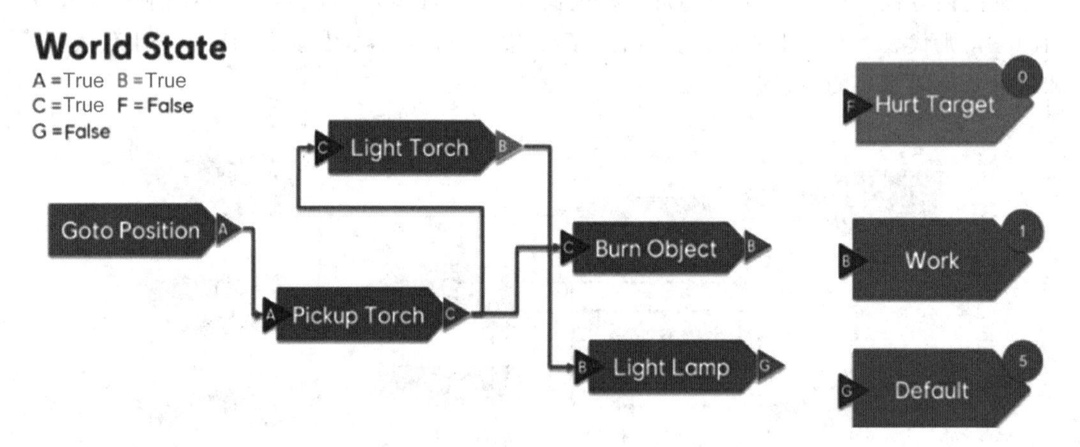

图 6-30 正向规划中“为目标 Hurt Target 寻找解决方案”

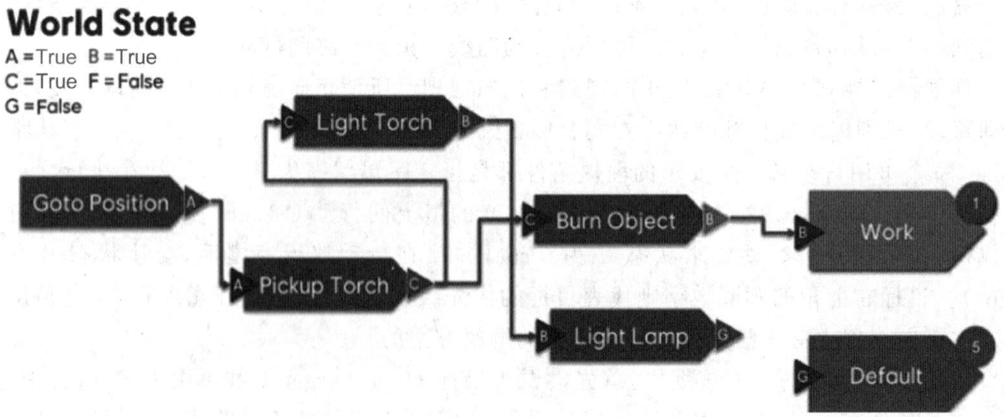

World State
A = True B = True
C = True F = False
G = False
Light Torch
Goto Position
Pickup Torch
Burn Object
Light Lamp
Work
Default

图 6-31 为目标 Work 寻找解决方案

从该例子可以看出，正向规划在为第一个目标寻找解决方案时消耗了运算量，但最终结果是没有找到可用方案。针对这一个过程进行优化，于是有了逆向规划的算法。

逆向规划，顾名思义就是从目标出发，倒推可以用的行动。这里涉及以下两个概念。

待满足条件(Open Condition)：指要执行的行动/目标需要的前置条件。

已满足条件(Solved Condition)：规划器找到可解决待满足条件的行动，就会将这个待满足条件调整为已满足条件。

以图 6-32 为例，和正向规划类似，这里依然首先为目标 Hurt Target 寻找解决方案。此目标的前置条件是要求状态 F 为 True，因此把状态 F 放入待满足条件。这时候发现没有任何行动能够在执行后满足此条件，因此将直接放弃此目标，寻找下一个目标的解决方案。

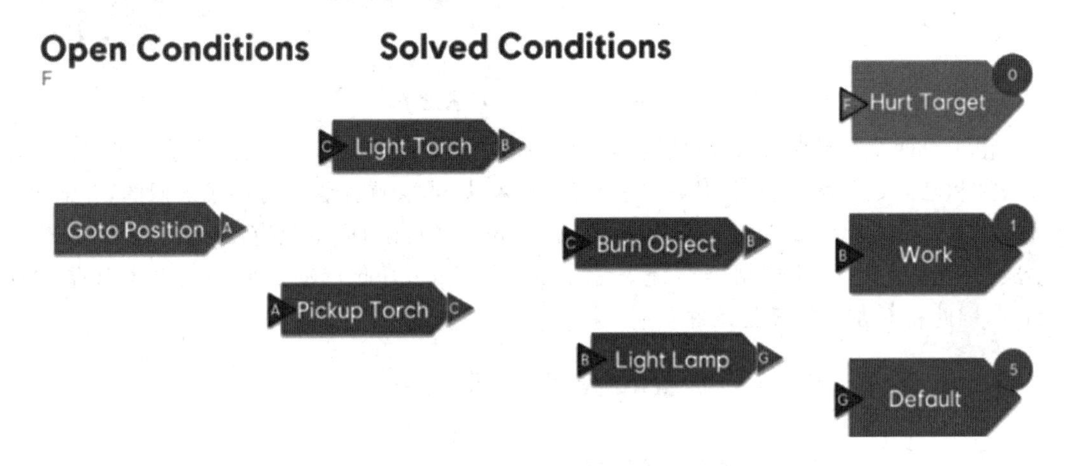

图 6-32 逆向规划中"为目标 Hurt Target 寻找解决方案"

下一个目标是 Work，此目标的前置条件是 B 为 True，因此将 B 加入待满足条件，如图 6-33 所示。

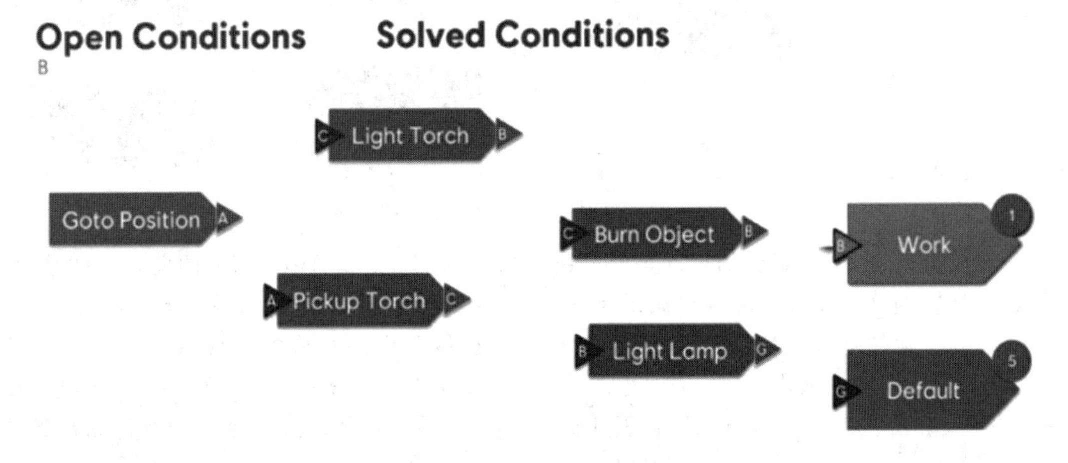

图 6-33 将 B 加入待满足条件

规划器发现有 Light Torch 和 Burn Object 两个行动可以达成 B，因此将 B 放入已满足条件，如图 6-34，并进行下一步规划。

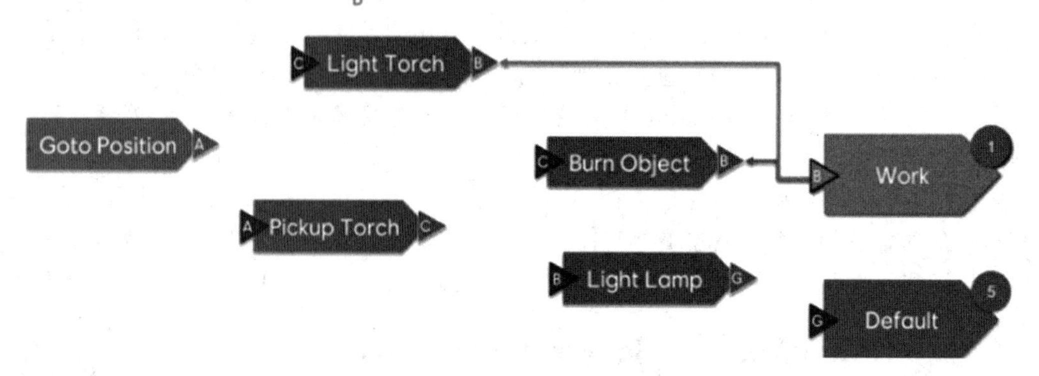

图 6-34　将 B 加入已满足条件

由于有两个行动路线，因此规划器会分别尝试两条路线，并为每条路线计算各自的待满足条件和已满足条件。尝试的顺序则由行动成本决定，会优先尝试行动成本低的，并输出总行动成本最低的路线。以图 6-35 为例：Burn Object 的行动成本只有 5，而 Light Torch 行动成本高达 1500，因此规划器会优先尝试 Burn Object。此行动需要的前置条件是 C 为 True，因此将 C 加入待满足条件。

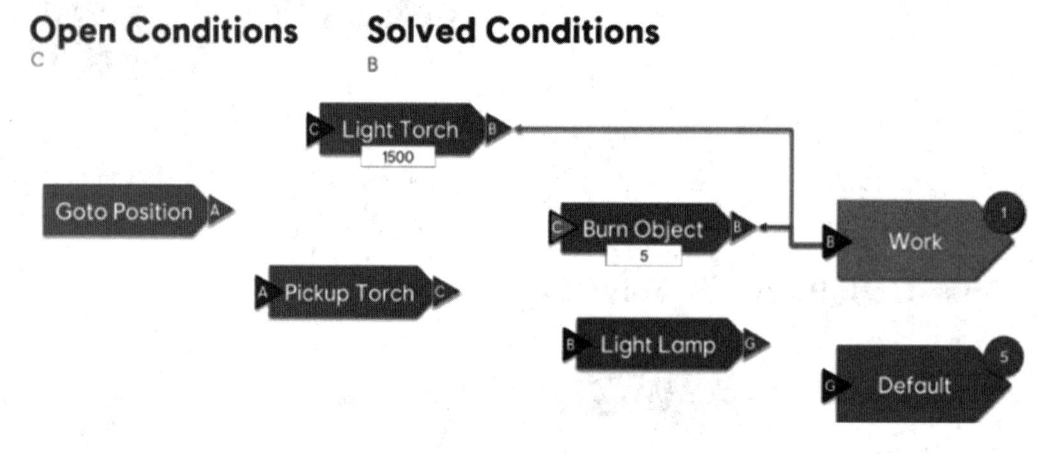

图 6-35　规划器优先尝试 Burn Object

要满足 C 条件，寻找到的行动是 Pickup Torch，而 Pickup Torch 需要的前置条件是 A，因此规划器到这一步将 C 移入已满足条件，并将 A 加入待满足条件，如图 6-36 所示。

需要注意的是，规划器在这一步会计算这一决策分支的总成本。目前，Pickup Torch 和 Burn Object 的总成本为 10，依然小于 1500，因此这个决策分支可以继续走下去。继续规划，发现 Goto Position 可以满足 A，因此将 A 移入已满足条件。此时已经没有待满足条件了，这样就得到了一个可行方案，如图 6-37 所示。

但是这个方案并不一定是最优方案，它从 CPU 效率出发是可以接受的较好方案。例如，在上图中，假如 Pickup Torch 成本是 1500，Light Torch 的前置条件是 X，在这种情况下，规划到 Pickup Torch 时会发现这条路线的成本已经超过 1500 了，那么是否要返回上一条路线呢？如果返回了，会发现上一条路线是死路，那还要再回来。因此，纯粹从效率出发，

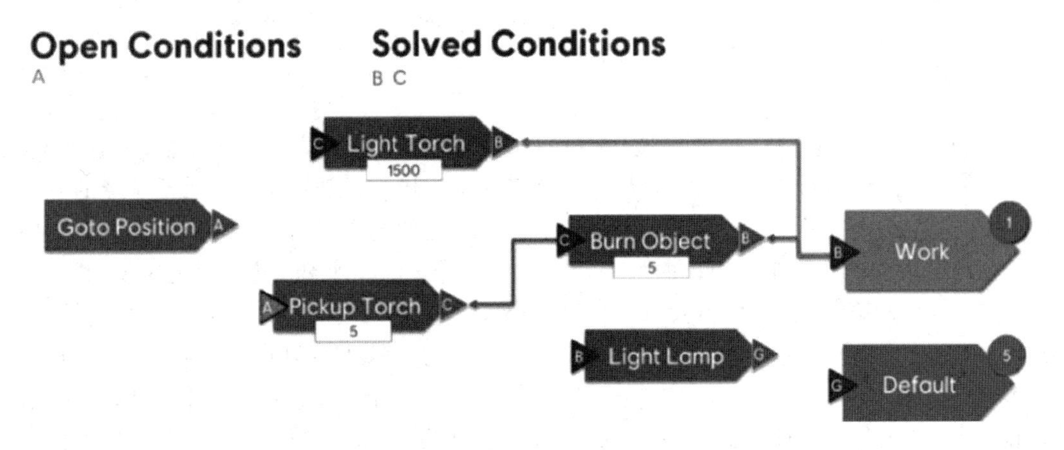

图 6-36 将 C 移入已满足条件，并将 A 加入待满足条件

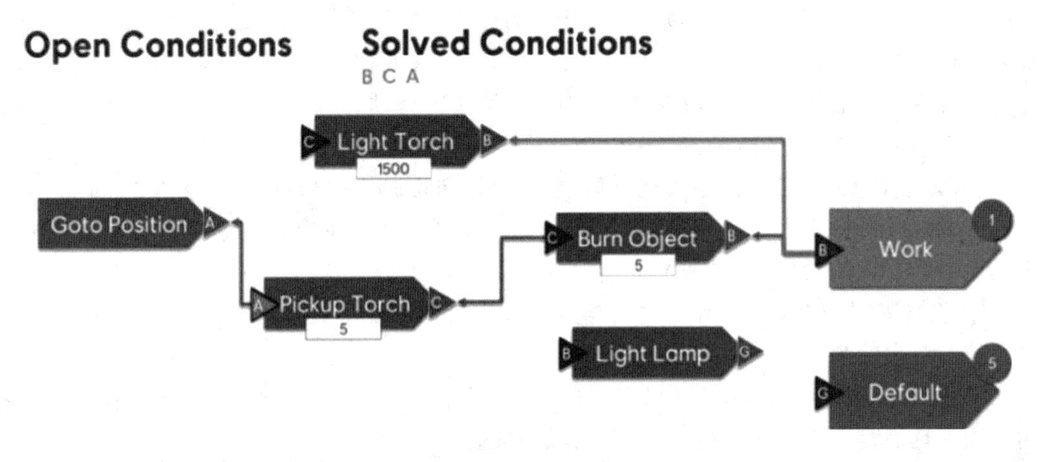

图 6-37 最终得到的一个可行方案

并不追求最优解，而是追求相对最优，那么只在有限步骤内按照行动成本排序，并找出可行路线即可停止运算了。在该例子中，实际上只有第一步选择了行动成本最低的行动开始评估，直接一条路走到底，就不会再尝试其他方案了，哪怕其他方案总成本可能会更低。最终下面的方案被输出为可执行方案，如图 6-38 所示。

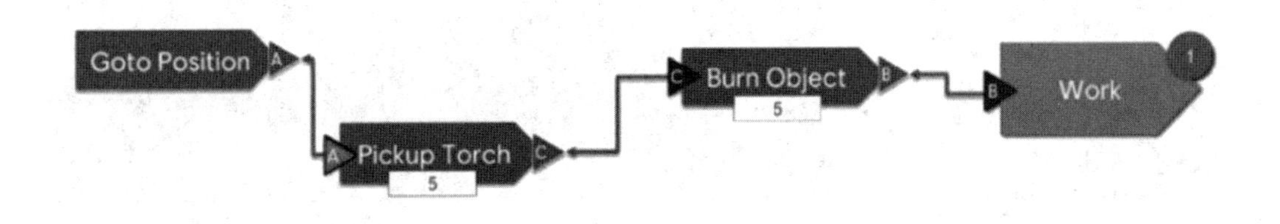

图 6-38 输出的可执行方案

（三）GOAP 在游戏中的应用

在《刺客信条：奥德赛》游戏中引入 GOAP，有其想要实现的技术尝试需求，也有游戏玩法侧想要实现的目标。最主要的玩法侧目标就是希望增加 NPC 和游戏世界环境的互动。在《刺客信条》前作中，尽管玩家和大世界的互动已经足够动态、有机和丰富，但是 NPC 和世界的互动是缺失的。举个最简单的例子，就是 NPC 应该可以抄起身边合适的家伙做设备来打玩家。在《刺客信条：枭雄》游戏中，由于做不到这点，NPC 会在身边摆着一把剑的情况下赤手空拳来打玩家，因为 NPC 无法读到周边环境的信息，这无疑是可以改善的一个点。为了实现 NPC 与环境的互动，《刺客信条：奥德赛》游戏引入了智能物件。可以简单将其理解为蓝图或者 Prefab，里面封装了可调用的接口信息以及 NPC 或者玩家与其交互的方式（例如用什么动作之类）。在 GOAP 系统中，智能物件本身包含了可用行动，可以被决策器在决策中调用。《刺客信条：奥德赛》游戏中，智能物件包含的可用行动是在决策前置阶段被动态加入进规划器可用行动备选池的，只有周围可交互的智能物件包含的行动才会被加进去，这样可以避免规划器计算一些并没有智能物件可调用的行动。

下面举例说明《刺客信条：奥德赛》游戏中的一些智能物件。

① 藏身草丛：NPC 可以用火把点燃，用来确定里面是否藏着玩家，如图 6-39 所示。

② 藏身点：在墙边、箱子或某些障碍物附近生成，NPC 在搜寻玩家时可以走到这些点附近做一个探头的动作，显得搜寻更生动，如图 6-40 所示。

③ 设备架：NPC 可以在睡觉之前走到设备架附近把设备放在上面，在打架的时候会跑过去把设备拿起来。

④ 某些可用作设备的生活用具：例如扫帚、铲子等，这解决了之前提到的 NPC 不会利用周围工具而是赤手空拳和玩家仿真的尴尬问题。

图 6-39 “藏身草丛”示意图

图 6-40 “藏身点”示意图

GOAP 在《刺客信条:奥德赛》游戏中实现的技术成果。

① 短规划:每个规划只包含 1～2 个行动,方便决策。对于一些复杂的不适合拆分的行为,或者发生概率较低的行为,则不纳入 GOAP 系统来触发。

② 有限的世界状态:世界状态是规划器决策依赖的前提,《刺客信条:奥德赛》游戏只提供了有限的世界状态,这是出于性能考虑,也使得 GOAP 决策的结果是有限的,有时候会出现错误的决策结果。但是由于玩家不仔细看根本察觉不出来,开发者决定对此不做调整。

③ 行为模块化:正如最初提到的,GOAP 是为了解决复杂状态机难以维护的问题,实际上它也确实做到了。模块化行为对项目开发是极大的提升,不管是调试还是原型开发都更为方便了。这就是最重要的优化成果了。

GOAP 最常被提及的缺点就是它不是实时反应的 AI 系统。在《刺客信条:奥德赛》游戏中,开发者根据项目需要对 GOAP 做了一系列针对性优化,以缓解 GOAP 决策滞后的问题,具体措施如下。

① NPC 状态与可用行动绑定:这里称为 Context,实际意思就是 NPC 有自己的状态划分(可能是上一级的状态机之类),每种状态下只有特定的可用行动会被加入规划池。例如 NPC 处于仿真状态,那么所有的攻击行动都可以在规划池中备选,但是如果 NPC 处于搜查状态,就不会把这些行动加入规划池,而只加入搜查状态可用行动。这相当于提前筛选了一次,减少了计算量。另外,如果 NPC 处于 Idle 之类的状态,完全被 Meta AI 控制,这时候规划器就完全不会工作。

② 条件分类:规划器在工作时会首先评估最不可能达成的条件(这是规则匹配很常见的思路。另外,越难达成也就意味着越精确,因此一旦达成了一般都是最优解,而越容易达成的,一般都是保底方案,反而应该最后去判断)。

③ 周期性规划:GOAP 滞后的原因在于它的规划是周期性的,《刺客信条:奥德赛》游戏的 GOAP 会在一次 Plan 执行完之后开始下一次规划,同时也会每 0.1 秒周期性规划一次,以尽量保证行动的时效性。

以上优化都是为了达成以下的目标。

① 前置有效性检查:通过上面提到的优化项减少规划器在决策前置阶段需要评估的可选目标和行动数量。

② 生成行动依赖图:在决策前置阶段,如果某些行动没被加入规划备选池,那么依赖这些行动造成的后果的行动也不会被加入规划备选池。这听起来非常合理,游戏设计者在《刺客信条:奥德赛》游戏中应用了这项优化,但是在《渡神纪》游戏中就被取消了,因为这项优化反而让 NPC 失去了很多行为的可能性,并且这项优化并没有节省很多 CPU。

下面介绍 GOAP 在《渡神纪》游戏中的迭代优化,并将重点放在 GOAP 在该游戏中面临的挑战和优化方法上。《渡神纪》是育碧的一款全新 IP 的作品,《渡神纪》与《刺客信条》系列不同,有以下显著特点:丰富、明艳、有趣的大世界地图;自由探索、物理驱动的玩法;与身形比主角巨大很多的敌人仿真的体验;动态变化的世界/NPC 等。

(1) 技术侧优化

在《渡神纪》游戏开发中,游戏设计者针对 GOAP 有以下两个技术目标:扩展规划器的规划能力(准确性、针对性等);完善调试工具。在扩展规划器的规划能力方面,需要实现以下目标。

① 在规划的每一步重新估算行动的成本。行动成本在《刺客信条:奥德赛》的 GOAP 系统中是固定的,规划器只会在决策前置阶段计算一次行动成本,在之后的决策过程和决策分支中这个行动的成本将不会发生改变。而在每一步重新估算行动成本意味着规划器调用的世界状态将会更加精确,规划本身也将具有更多可能性。做这项优化主要针对的是成本与距离相关的一些行动。在《刺客信条:奥德赛》中,一项行动(例如去取一个物品)被纳入最终规划,基于的是规划时 NPC 与对象的距离,那么如果在前置的行动中 NPC 移动了,可能会导致随后的行动不合理(例如移动中 NPC 变得更加靠近另一个物品)。这个在大多数时候是不明显的,但是在《渡神纪》游戏中,还是做了针对性优化。

② 根据怪物的体型做不同的规划(引入攻击范围参数)。与《刺客信条:奥德赛》中写实的人类敌人不同,《渡神纪》中的怪物很多是体型庞大的神话生物,并且攻击手段也不再局限于写实的攻击,可能具有魔法、撼地、蓄力、跳跃等多种攻击手段。因此有必要为每个怪物设定不同的攻击范围参数(例如近战可打到的距离和高度之类的),这种设定靠策划直接配置可能相当麻烦,因此交给规划器是个不错的选择。

在《刺客信条:奥德赛》中,如果敌人想要近战攻击玩家,会首先通过寻路到达玩家的位置,然后进行攻击。但是在《渡神纪》中,如果不对 GOAP 进行优化,一个 8 米高的独眼巨人想要近战攻击玩家,但是玩家恰好处于一个寻路不可达的位置,那么独眼巨人将只会进行远程攻击。图 6-41 就描绘了这样一种情况。在《渡神纪》中,导航网格是预先构建好的,图中阴影部分斜坡就是导航网格缺失的位置设想在阴影区域右侧有个 8 米高的独眼巨人要攻击左边的玩家,那么他不论是放远程技能,还是从 A 路线沿着上面有导航网格的地方绕过来近战攻击玩家,都是非常奇怪的,他明明可以走到 B 然后原地攻击玩家。

所以针对敌人不同的体型,可以有不同的规划方案:对于人形的敌人,可以走 A 路线到玩家身边然后使用近战攻击;对于独眼巨人,可以走 A 路线到玩家身边使用攻击范围 0.7 米的践踏,也可以走到 B 直接使用攻击范围 3 米的回手掏。由于行动成本和距离相关,而走到 B 更近,因此规划器会让独眼巨人选择走到 B 攻击的行为。

图 6-41　导航网格缺失

(2) 游戏玩法侧优化

《渡神纪》想要实现的游戏玩法侧的一个目标，是通过改进智能物件的使用，使《渡神纪》的世界表现出更高的自由度。《渡神纪》的世界引入了更多的互动和物理法则，GOAP 通过智能物件规划 NPC 的行为，使得 NPC 与环境的互动更加频繁。如图 6-42 所示，独眼巨人可以拔起身边的树，将树干丢向玩家，也可以抄起身边的巨石砸向玩家。

图 6-42　“独眼巨人抄起身边树的树干”示意图

(四) 总结

下面总结通过《刺客信条：奥德赛》和《渡神纪》游戏搭建和迭代 GOAP 之后的一些

经验。

1. 开发者思维模式需要转变

和之前基于状态机的 AI 系统不同，游戏设计者必须放弃一部分对 AI 系统的控制欲望，而应该提供更丰富的选择，至于决策则应交给 GOAP。

游戏设计者需要转变的另一个思维模式是：GOAP 做决策是需要时间的，因此必须承认它的慢，而不应该在某个行为之后希望 AI 立刻开始某个特定行为。如果真的需要一些即时反应的行为，也不必一定在 GOAP 中实现。

2. 要为规划器提供足够多的选择

对于 GOAP 而言，选择越多，它的表现也就会越好。GOAP 的能力在于通过合理决策将不同的行动联系起来，这其实能够带来一种涌现式的体验，增加一种行动选项可能会增加许多的行为组合。

3. 要为规划器提供决策依据

对于 GOAP 而言，每个行动选项应该是有不同的意义的。如果有两个行动适用完全一样的条件，或者游戏设计者想要的只是简单随机，那么 GOAP 系统就会丧失其价值。能权衡利弊的决策才是合理的决策。

4. 不要刻意追求计划的行动长度

游戏设计者提到他们的 GOAP 计划的长度只有 1～2 个具体的行动。越长的计划越容易在执行中途因为条件改变而失败，因而并没有什么意义。能够执行长计划并不应该成为评价 AI 决策体系是否强大的指标。短的计划花费的时间更短，反应也更加灵活。

5. 设定合理的颗粒度非常重要

这里的颗粒度包含世界状态、目标、行动，以及分享者单独补充的行动成本。

6. 项目中是否应该使用 GOAP

如果想要 NPC 对特定输入进行特定反应，那么可能 GOAP 并不适合，因为决策需要时间，状态机和行为树在这点需求上比 GOAP 更合适。如果项目中包含了各种互动和涌现式体验，那么 GOAP 是一个不错的选择。

六、AI 自适应与设计师控制的融合《全境封锁》的 NPC 创作方法

《全境封锁》作为一款热门的联机射击 RPG 游戏，其 NPC AI 的设计备受关注。在 2016 年的 GDC(Game Developers Conference)上，负责该游戏开发的设计和程序人员分享了有关支持游戏玩法的 NPC AI 的设计理念和技术细节。这次的分享内容引起了笔者的兴趣，因为与之前在 GDC 和 AI Pro 上看到的 AI 相关分享和文章相比，它呈现出许多独特的

亮点和值得借鉴的设计思路。以下是对该分享的翻译和总结,希望对有兴趣的读者有所帮助,并能够促进学习和讨论的展开。

在分享中,开发团队强调了 NPC AI 在游戏中的重要性,并提出了一些创新的设计思路。首先,他们强调了 NPC 的智能行为模拟和真实性的重要性。通过使用复杂的行为树系统和状态机,NPC 可以表现出更加自然和逼真的行为,如躲避、掩护、追击等。此外,他们还引入了感知系统,使 NPC 能够对周围环境和玩家的动作做出快速反应,提高游戏的紧张感和挑战度。

其次,开发团队着重介绍了 NPC 的团队合作和协同行动。他们设计了一套复杂的协作机制,使 NPC 能够根据场景和玩家的行为进行决策调整和相互配合。例如,在遭遇敌人时,NPC 之间可以相互传递情报、提供支援火力,甚至进行团队包围等策略。这种团队合作的设计不仅提升了游戏的难度和仿真的策略性,也增加了游戏的可玩性和真实感。

此外,开发团队还强调了 NPC 的动态适应性和学习能力。他们提出了一套基于机器学习的 NPC 行为调整系统,通过收集玩家数据和反馈,不断优化 NPC 的决策和行动。这种动态适应性的设计使得 NPC 能够根据玩家的行为和策略进行反击,提高游戏的挑战性和可持续性。

总的来说,《全境封锁》游戏的 NPC AI 设计在行为模拟、团队合作和动态适应性等方面展现出了许多创新和可借鉴的地方。这些设计思路和技术手段不仅可以应用于射击游戏,也可以在其他类型的游戏中发挥作用。对于正在设计游戏的开发者来说,深入了解和研究这些设计思路,借鉴其中的优点,将有助于提升游戏的品质和玩家体验。

当然,AI 系统的设计并非一蹴而就,它需要开发团队的持续迭代和优化。随着技术的进步和游戏设计的发展,我们可以期待更多创新和突破在 AI 领域的出现,为游戏带来更加智能和真实的 NPC 体验。

(一) 仿真 NPC 概述

首先,让我们来了解一下《全境封锁》游戏中的可训练 NPC。开发团队为游戏准备了 36 个独特的仿真 AI,每个 AI 都具有不同的特点和行为。为了更好地组织这些 AI,团队设计了 11 个类型的原型,每个原型代表一类仿真 AI 的基本属性和行为规则。这样的设计使得游戏中的敌人具有多样化的行为方式,增加了游戏的深度和挑战性。

同时,开发团队还设计了 5 个种类的敌对派系,每个派系都有独特的敌人类型和决策。这样的多样性使得玩家在游戏中遭遇的敌人更具变化,需要采用不同的策略和决策来仿真训练不同的派系。这种设计增加了游戏的可玩性和长久度,使玩家在探索游戏世界时能够持续感受到新鲜和挑战。

在 AI 系统的具体设计方面,游戏采用了行为树作为基本的决策制定结构。行为树可以根据不同的情况和条件,调用不同的行为和动作,使 NPC 表现出更加智能和逼真的行为。为了增加 NPC 对玩家行为的感知和反应,开发团队还引入了检测系统和威胁系统。检测系统使得 NPC 能够察觉到玩家的存在和动作,从而作出相应的反应。威胁系统则根据玩家的威胁程度,调整 NPC 的仿真策略和行为模式,增加游戏的紧张感和挑战性。

此外,游戏还采用了动态的目的处理和脚本控制的功能。动态的目的处理使得 NPC 能够根据当前情况和任务目标，灵活地调整行动和决策。脚本控制则用于丰富NPC在故事任务中的表现，使其具有更加生动和连贯的行为。这样的设计使得NPC在游戏中不仅是简单的敌对角色，还具有丰富的人物性格和情感，提升了游戏的叙事性和沉浸感。

总的来说，《全境封锁》游戏的NPC AI系统通过多样化的仿真AI、敌对派系设计以及行为树、检测系统、威胁系统、动态目的处理和脚本控制等功能的结合，为玩家打造了一个富有挑战和真实感的游戏世界。这样的设计不仅提高了游戏的可玩性和深度，还为游戏开发者提供了有价值的经验和启示。

（二）设计理念

游戏的设计理念是《全境封锁》游戏的最大要点。该游戏被定义为RPG（角色扮演）和Shooter（射击）的游戏类型。作为射击游戏，玩家可以使用各种现代设备训练，还可以通过天赋和科技，以不同定位角色（输出、支援、治疗、坦克等）进行在线的组队游戏，在玩家合作和职业配置以及决策选择上都有很大的可玩性。所以也需要作为控制敌人NPC的AI可以支持这种玩法。而在RPG要素方面，要根据玩家对游戏的熟悉和等级装备的提升，NPC也要在表现和行为上有所成长，不断加入更高级的NPC和类型；同时NPC也要对应游戏里不同的事件和各种难度的任务。所以，在AI的制作方面，加入了更健壮的AI原型，以便于扩展NPC和给予玩家更好的游戏体验，以及随着剧情发展，可以支持加入更多的NPC类型。

在游戏内的环境方面，该游戏是以小说家汤姆克兰西品牌为原型的游戏，风格上不是魔法和科幻类的作品。另外，在玩法上选择了开放世界的游戏地图，玩家可以不受时间限制在整个曼哈度区内随意移动，同时为了保证游戏乐趣，AI还是不能做得太过智能和强大。

（三）NPC原型

接下来就是支撑《全境封锁》游戏玩法的NPC原型（AI）的设计，首先是11种游戏原型的介绍，有通常的互相射击的Assault、接近攻击的Rusher、远距离狙击的Sniper、扔手雷的Thrower、设置的炮塔控制器的Turret、高射速重火力的Heavy Weapons、高体力和攻击立的Tank、给予周围行动影响的Leader、恢复体力的Support，以及有特殊行动规范的Special。

为了实现之前提到的设计理念，对原型的实现也提出了一些要求，这里主要还是射击游戏玩法方面的，首先是需要玩家可以对应情况切换目标，例如Rusher类型的敌人近身时会对玩家造成大量伤害，需要玩家优先处理。同样，在副本和任务的Boss战中，Target Ordering也要求玩家去寻找最优的攻击顺序。Positioning和Repositioning要求玩家更积极地进行走位，不能一直躲在同一个掩体后面射击，造成AI无法攻击玩家，会有Thrower投掷手雷和各种投掷物，强迫玩家离开当前的掩体，同样，有些AI也会尽量躲在玩家打不到的敌人，需要玩家移动到敌人的侧翼；也要求玩家尽量的躲避，一旦玩家暴露在掩体外太多时间（游戏里也就几秒），会有Heavy Weapons类型和Sniper类型的敌人对玩家造成大量伤害，这样难度越高的任务和副本，就需要玩家花费更多的技巧和时间来完成。

(四) NPC 派系分类

设计了 10 种 NPC 的原型后,作为射击游戏的 NPC 基本要素就具备了,接下来就是 NPC 对 RPG 元素的支持,随着玩家对游戏的熟悉,以及等级和装备的提升,NPC 也要有一定的强化,《全境封锁》中根据游戏故事,设计了 6 个派系,其中有 5 个敌对派系,每个敌对派系在相互配合、使用的技能和科技的等级上使用不同的配置,来区分出强弱,而且在动作细节上,不同派系也有不同。

游戏中玩家的派系是仿真联合特遣团体,首先遇到的敌人是无组织的暴徒(Rioters),他们大多是基础的原型 NPC,不同类型之间也没有协作,对玩家的反应也迟钝,很容易就被消灭了。然后会遇到第 2 个派系清除者(Cleaners),这里首次遇到的手拿喷火器的 Tank 类敌人会给玩家造成很大的挑战。第 3 个派系是莱克斯帮(Rikers),NPC 的 AI 不仅是在合作和技能上有提升,而且在动作上也有改变。最后遇到的是幸存者团体(Last Man Battalion)和他的进阶的幸存者团体(Tier 2)。

而作为友方势力的仿真联合特遣团体(Joint Task Force),首先的作用就是给玩家分派任务,完成每个街区任务后,会指引玩家到下一个街区的营地,在任务中还可以起到协助玩家或作为玩家保护解救对象的职责。

(五) NPC 的挑战等级

正如前面所说,游戏根据派系对 AI 设置了等级,随着等级提升,派系的 NPC 对玩家行动的反应、他们之间的团队行为、移动速度和风格,以及对掩体的使用频率和技能使用频率等都有提升之外,作为数值属性的各种抗性和生命值,伤害,精确度。

先是对玩家的能力和反应上,通过不同的预设配置来改变 NPC(Bumb,Default,Elite,Tech)对玩家能力和行为的反应,其中 Bumb 是暴徒专用的,Default 为大多数 NPC 使用,Elite 主要是给游戏中的精英角色以及幸存者团体(等级 2)使用,Tech 则是 Boss 使用。除此之外,还有坦克类型角色使用的 Heavy 和炮塔使用的 Turret。

NPC 的移动速度和风格,修改了 NPC 的 Strafe(围绕目标移动)的速度和 Rusher 的冲锋速度,暴徒在被攻击时,移动和各种行动都是平民那种慌乱的行为,而到了后面的派系,各种动作变得更加的镇静和专业,移动方面提供了两种移动时向玩家(和掩体)射击的方式,一种是先冲到一个位置后,围绕目标移动射击,另外一种是直接绕着目标进行射击。团队协作上分为有组织和无组织,掩体使用上,高级的敌人会更积极地利用掩体躲避和射击,而低级敌人则是在掩体和非掩体位置随机选择移动射击位置。同时,不同派系的 NPC 对应的技能使用频率、范围和冷却时间,强度上也有增强,随着难度提高,NPC 也会使用更高级的技能。另外,NPC 的生命值、伤害以及晃动等的抗性上,也根据派系有增强。

移动速度和风格上不同等级有所区别,Strafe 移动是指枪口朝向敌人的边移动边开火的动作。团队行为,当玩家向敌人开火时,其他敌人会集火攻击玩家来强制玩家躲避或进入掩体,也会有近战兵种以及包抄配合来让玩家暴露在掩体外等。高等级的 NPC 会尽量躲避在掩体后射击和移动,迫使玩家包抄或接近到侧翼来进行攻击。敌人通过频繁地投掷 AoE

道具，让玩家无法长时间躲在同一个掩体下。在 NPC 的角色定位上，分为标准、老兵、精英和有命名的更高级的角色，装备、护甲、瞄准和外形上都有对应的提升。

（六）NPC 的行为

《全境封锁》游戏中 NPC 的实现是基于行为树结构的，而且因为游戏的 RPG 要素，需要加入各种任务和突发事件。系统自适应控制的 AI 与关卡设计师脚本驱动的 AI 决策的执行优先级。然后是 NPC 的基本行为的介绍，最主要的是仿真遭遇的行为系统，包括感知与侦查系统（Sensory/Detection），位置查询与走位系统（Positioning），以及威胁系统（Threat），AI 除了这些基于行为树驱动的自主行为以外，还给关卡设计师提供了控制权，可以更方便地制作各种任务事件的表现。

《全境封锁》游戏的仿真分为两种，一种是在开放世界的地图上的突发事件和遭遇战，另一种则是根据故事推进的任务仿真。进入仿真前，玩家是处于调查阶段，这时敌人不会发现玩家，玩家可以开辟仿真区域，走位到要有优先攻击到敌人的位置，通过耳麦与队友交流制定计划等。而这时 NPC 的 AI 也会执行自己的检测系统，分为闲置（Idle）、备战（Ready）、侦查（Investigation）、战斗（Combat）和战斗侦查（Combat Investigation）。默认的 NPC 是处在闲置的状态，通过 NPC 的警觉等级系统设置的阈值，与受到视觉和听觉系统的刺激的数值对照，来决定是否切换到备战，或开始侦查甚至是直接进入仿真。

不同帮派的警觉（Alertness Level）对应的阈值也不同，幸存者团体的警惕性更强。其中，视觉检测的黄色、橘黄、红色分别对应不同的警觉等级，受 NPC 类型，是否仿真和瞄准，以及天气等因素影响，同时不同声音会让 NPC 切换到不同的听觉检测（Audio Stimuli）状态上。

当敌人 NPC 通过侦查系统发现玩家后，就进入仿真状态，在通常的 FPS 和 TPS 游戏中，为了让 AI 可以更加智能地进行仿真的开火、躲避的功能，通常会设置 Cover Position（仿真训练机器里的 Cover Link）和 Fire Position（光环系列）。而在《全境封锁》游戏中，分别设置了标记掩体的（CoverPosition）和非掩体位置（Non Cover Position），高级的 NPC 可以在掩体后移动以及躲避射击，低级的 NPC 和一些兵种可以选择非掩体位置进行移动射击。而且游戏还加入了位置评估系统，根据 NPC 移动到这个位置的距离和风险，以及他到底这个位置可以获取的攻击优势等，用了一系列的参数来对每个位置点做评估，从而让 AI 的走位更加合理和有威胁性。通过威胁系统，AI 也可以选出对自己威胁最大的敌人进行攻击。

关卡设计师在场景中摆放掩体位置和非掩体位置，在 NPC 在掩体位置时就会配合场景里的物件做出掩体设计动作，在非掩体位置时就是移动或漫游射击。通过位置评估系统，NPC AI 可以找到最佳的掩体/非掩体位置，NPC 对各个位置的查询顺序，分别是查找最佳掩体位置，视线内近处的非掩体位置，以及视线外远处的掩体和非掩体位置，NPC 会通过威胁系统来选择攻击对象，当面对 4 人玩家组队时作用会更加明显。

以上就是仿真流程中，基于行为树架构和各种系统实现的自发的行为，但由于任务和特殊事件的插入，有时就需要打破这个仿真流程，由关卡设计师插入一些特殊的 NPC 行为，或直接对 NPC 的属性进行修改。在《全境封锁》游戏中，通过虚拟脚本中的节点，给予设计师对各个系统的控制。

首先是低层次的命令(Low Level Orders),可以直接对NPC下达行动指令,例如移动到哪里,向哪个位置射击等,当然因为他的优先级最高,会破坏AI原有的各种行为。然后是仿真中走位的修正(Combat Positioning),可以由设计师额外加入一些区域体,保证AI当时只在这个范围内移动,或者是给予一些位置点额外的加分。还有就是脚本来控制AI的警告等级(Scripted Alert Levels),这样可以屏蔽AI检测系统中的一部分状态,例如直接就让AI从限制状态切换到去某个位置侦查的状态等。最后是高层次的有目的性的行为(High Level Objectives),和低层次命令的执行的某个行为不同,它更倾向的是一系列行为组成的任务目标。

在仿真跑位上,通过设置区域体,使用评估系统和分数加成,指示NPC AI走向设计师提供的分数较高的位置。脚本化控制警觉等级,可以跳过一些中间状态。和命令不同,这个是给予NPC一个更具体的任务(Objective),还有就是游戏中NPC与道具的交互,通过位置评估系统来配合NPC的走位,通过威胁系统,优先的攻击道具附近的敌人,当周围没有威胁时,直接用上面的策划操作功能,移动NPC到道具位置来交互。

七、艾莉:《最后生还者》游戏中的伙伴AI

《最后生还者》游戏中艾莉的角色对顽皮狗工作室提出了挑战。游戏以玩家与她的关系为中心,团队需要确保角色的系统呈现与叙事所呈现的内容保持一致。在GDC 2014演讲中,顽皮狗工作室的Max Dyckhoff讨论了用于生成可信的"伙伴"AI角色的技术:"仿真中遇见的感染者会让人害怕,但害怕的原因不仅仅是因为感染者在攻击你(乔尔),还因为你害怕你的朋友(艾莉)会遭到感染者的攻击。开发人员希望你的同伴会自始至终都在任何遭遇中陪伴着你,这就是情感的表达方式之一。同时,开发人员也意识到开发人员有一整个游戏需要处理,而不是一两场遭遇战,所以开发人员应该让AI可以服务于整个游戏。"在《最后生还者》游戏最初的版本里,上面的情节都是直接用通用AI代码。但整个游戏不可能只有一场仿真,乔尔和艾莉在后面还要经历很多的事情,因此需要做一个同伴AI,用AI来应对大部分场合。

(一) 位置关系

开始同伴AI的工作时,一般开发人员都会想到仿真AI,但位置关系AI也很重要。比如说艾莉会倾向于待在乔尔的旁边,而非靠近那些可怕的感染者。只要完成了这个位置关系的AI,艾莉的同伴AI实际上已经会有明显体验了。

(1) 同伴AI的设计方案

让艾莉更靠近乔尔,这有很多的好处,如果让艾莉远离敌人的话会让敌人AI更难出错;如果让艾莉距离乔尔太远/不主动靠近你/不跟你聊天,你可能会忘记她的存在,再加上游戏场景到处都是废墟/被毁坏的建筑/荒地,玩家可能会有一种废土中身陷孤独的感受,这并不是预期的游戏体验。游戏开发者希望让玩家保持对艾莉的关注,并且会想要照顾艾莉(毕竟艾莉设定的年龄跟乔尔的女儿相仿),同时也方便艾莉对乔尔进行交互。

（2）希望艾莉是有用的

艾莉应该不仅仅作为乔尔的一个保护对象，这样她会成为一个护送任务。所以游戏开发者希望艾莉会在仿真中或者一些解谜场景中会帮助乔尔，那么玩家会更关心她。当然艾莉能够做的事情有限，但她会随着游戏进程的推进会越来越有用，至少她不会是一个累赘。

（3）让艾莉在仿真内外都会很有趣

游戏开发者为她制作了大量的环境交互动画，让艾莉在仿真中和非仿真时间内都有不同的动作表现。除此之外，游戏开发者还将艾莉的聊天系统加强，艾莉与乔尔在仿真中的对话会明显跟仿真外有不同，艾莉的谈话内容、发声方式都会不同，并且随着游戏的进程会进一步看到差异。

（4）游戏开发者不想在艾莉上“作弊”

“作弊”就是指游戏开发者在代码上赋予艾莉一些特殊且高级的规则，甚至是超越了乔尔可执行行为范围之外的规则（比如后文会提到的一些瞬间转移的设定）。这是个写实的世界，玩家在游戏世界有一系列的限制条件，游戏开发者希望艾莉也要遵循这些规则。因为即便艾莉是一个系统控制角色，游戏开发者也希望艾莉的一系列行为都是合理的，是能让玩家信服的，而不是通过作弊来额外给艾莉提供特殊行为。总而言之就是，游戏开发者希望艾莉在游戏世界里是一个相当真实的角色，真实这一点将会在整个游戏进程中有所体现。

（5）艾莉不会承担失误

艾莉的行为看起来不能比乔尔更笨，艾莉有大量时间都会在玩家周边活动，并且一般只会距离乔尔几米远。如果玩家在一些关卡上遇到难题或者挫折时，都应该会归因到自身而非归因到艾莉身上。比如说在一些潜行关卡，一般来说，感染者发动攻击时都是因为乔尔（也就是玩家）暴露了位置，不过在游戏中艾莉一般都会紧跟在附近的掩体处，如果艾莉被发现，那么玩家也应当被发现，玩家通常会把错误归于自己。这对游戏开发者来说很关键，他们不希望所有错误都被归于艾莉。

（6）触发对话预警玩家

如果艾莉很接近玩家，她可以通过对话系统作为一个很好的提示媒介，帮助玩家了解你们的情况，如果不安全，她会告诉你应该离开等。

（7）对比加强与玩家之间的联系

在游戏中一些剧情需要情况下，艾莉不会在玩家身边，玩家有一些技能不能使用，这时候玩家会觉得自己被遗忘了，是孤独，这改变了游戏的玩法和风格，它也是有助于建立玩家与艾莉的关系的，当她回到玩家身边时玩家会觉得：天哪，很高兴她回来了！

（二）跟随系统设计

（1）跟随范围

跟随范围决定了同伴 AI 如何去让艾莉跟随乔尔。游戏开发者会在乔尔身边设定一个跟随范围，并且让同伴 AI 获得乔尔目前所在位置的坐标。跟随范围的区域细节非常多。首先，它是一个范围较广的弧形区域，可能会在乔尔身前，也可能会在乔尔身后，不同环境下的区域面积会不一样。乔尔身边障碍物的多少也会用来调节区域的大小，当周围障碍物比较密集时，可跟随区域就会小一些。然后，游戏开发者会通过计算乔尔和艾莉的移动速度来进一步确定范围大小,在游戏中的有些地方,游戏开发者希望乔尔带着艾莉快速过场;有些地方,游戏开发者希望他们会停下来观察四周。不同场景有不同的做法。

跟随着玩家的游戏进程,跟随范围会不停变化。例如,在玩家接近于仿真时,游戏开发者会把跟随范围收紧,周边很安全的时候这个范围可以相应扩大一些。总的来说就是,根据乔尔的位置、当前所处的场景、周围单位的多少和类型,给艾莉的 AI 定义一个跟随范围。

(2) 用射线检测来确定跟随坐标点

游戏开发者会在范围内以扇形的方式去扫描一些坐标点,一些开发者认为看起来不会很“蠢”的坐标点(比如一般不会站在垃圾桶或者死掉的感染者旁边),排序并按照权重去选择一个点,这个点就是同伴 AI 中希望艾丽前往的坐标点。游戏开发者会根据角色站位的方向、角度,以及角色与危险或者与同伴的距离来分配坐标点的权重,如图 6-43 所示。

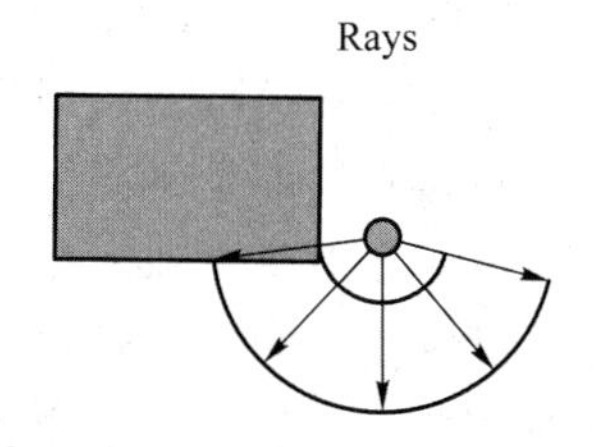

图 6-43 射线检测范围

图中的点表示乔尔的位置,在乔尔身后弧形区域的跟随范围发射检测射线,如果遇到障碍物则取消,很多时候需要有一条清晰的线,有必要的话艾莉会沿着它走。这里为了表达清晰,所以图中只显示了 5 条线,实际上开发人员在代码里用到的会更多。

游戏开发者以这些坐标为中心,朝乔尔坐标的垂直方向发射射线,开发者会弃用射到障碍物上的射线。想象一下日常场景,当开发者在跟随一个人时,或者刚刚追上一个人时,开发者大概率不会面向墙壁,就算开发者靠在墙壁上等人的时候也大多面向外侧。也就是开发者会考虑到艾丽到达这个点之后再去跟上乔尔时的朝向,开发者希望做得更自然一些,所以开发人员是不会用这些面向障碍的点的。

然后,开发者在这三个候选坐标点的射线方向取一个距离,这个距离意味着艾丽跟上乔尔之后,短时间内可能前进的范围。这三个距离都分别对应一个坐标点,开发者把乔尔的坐标跟这些坐标点连接。如果能确保乔尔等下是可以看到艾丽的,那么这些坐标点都是可行的。这一步的作用是避免出现图 6-44 的情况。

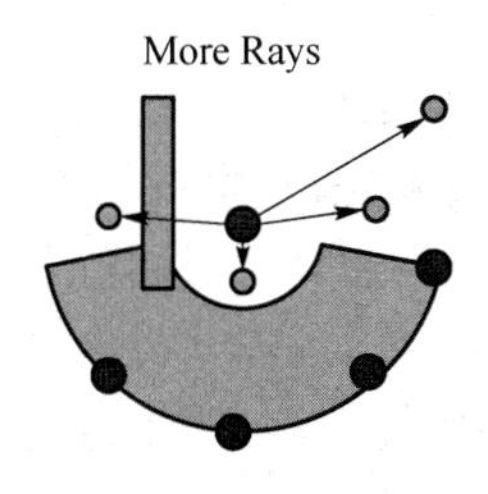

图 6-44 考虑空间环境的射线检测

从上图中开发者可以看到,左边的点就会存在一个问题,当艾丽往乔尔的大致方向移动后(艾丽移动时必然是朝大致的方向移动,肯定不会是直挺挺地朝乔尔移动),有可能就会跟乔尔相隔一个障碍物，这就是开发者上面说到的那些很“蠢”的点。所以开发者会在最后一步在乔尔身上发射出射线，确保艾丽在移动之后还能看到乔尔。

在游戏的场景中，开发者可能会有大量障碍，大量分割空间的房间、院子、围墙等，通过开发者上面的做法就可以保证艾丽能够跟着乔尔进入同一个空间。

（三）移动系统设计

（1）移动动机

玩家可能会在其他游戏里见到一些非常活跃，甚至是很狂躁的同伴角色，它们在不停地动，甚至还会尝试去挤开玩家，根本不管玩家在干什么，玩家也不知道他们在干什么，玩家能见到的就是他们一直在从A点走到B点，但不知道他们为何这么做。

为了避免这种情况，开发者在艾莉AI的代码里会记录并监测艾莉的移动事件。每当开发者看到艾莉发生这种情况时，就会打开她的运动日志，然后开始设置条件，只有在这些条件下移动，所以她会选择一个点一直待在那里直到已经是一个很糟糕的选择。

当艾莉被一些东西吓到时，可能很快就会触发移动；当艾莉距离乔尔比较远时，艾莉也会很快就触发移动；当乔尔走得很慢、在四处观察时，艾莉的移动频率也会变慢，甚至因为条件没有触发而暂时静止在原地。

（2）移动速度

移动速度使用的是和跟随范围一样的系统，一旦艾莉选定了一个坐标点并开始移动时，AI会取得移动距离的长度，然后根据这个距离去确定艾莉应该要慢走、跑，还是要冲过去。有了这个速度之后，玩家再也不会见到当乔尔已经把艾丽拉开50米远距离时，艾莉还在慢悠悠地走过来这种看起来很“蠢”的情况了。

（3）实时移动速度调整

关于艾莉的移动速度，还可以再说一些细节：移动速度的调整。

开发者前面说了艾莉要通过走路或者跑动来移动到某个坐标，而在这个过程中的每一帧，开发者都会根据乔尔的位置来实时计算，进一步调整艾丽的移动速度，从而使艾莉看起来更自然。比如艾莉如果距离乔尔太远了，开发者会提高艾莉约25%的移动速度以便她更快追上乔尔。当然，在这个过程中，开发者也会加快艾莉的动作播放，直到艾莉跑完50%的距离之后，开发者会让艾莉的速度匀速下降，直到玩家感觉乔尔跟艾莉会以几乎相同的速度在奔跑。

无论艾莉处于哪个状态（走路、奔跑还是冲刺），开发者都会有这个移动速度的调整规则，并且这个过程其实非常细微，一般来说，玩家肉眼不太容易观测到，但又能把艾莉的速度调整得非常顺滑。

（四）躲避系统设计

（1）弧形移动

可能玩家在别的游戏里见过一些类似的回避逻辑，就是当玩家走向一个同伴时，同伴会避开，闪到一边去。《最后生还者》游戏也有同样的机制，不过游戏开发者慢慢发现这样其实不算特别好。相比于直接走过去,更自然的移动方式应该是稍微带点弧形,以对方坐标为目标来半绕着前进,最终走到对方的旁边。

开发者在观察玩家试玩时的确也发现了类似的情况,因为乔尔和艾莉是接近于朋友、亲人的关系,玩家通常不会采用充满攻击性的走法,而是采用靠近艾莉时会稍微绕一下然后走到艾莉旁边,然后一起看向下一个关卡目标。因此,当开发者反过来要做艾莉的移动 AI 时,艾莉的移动方式应该也是如此。

如果由于某种原因玩家无法绕开艾莉,那么在最后一刻,开发者会让她躲闪,之后开发者开始再次发射寻路射线判定,试图侧身或者远离玩家,最后再靠近玩家。

(2) 关于脚步声

如果开发者用传送的做法,艾莉的一大部分脚步声可能都会被忽略掉,玩家在一秒前明明听到 20 米外有脚步声,然后忽然就什么都听不到了,这并不好。而且当艾丽用跑的方式赶上乔尔时,脚步的音量随着时间慢慢变化,这本来就是开发者希望达到的效果。

(3) 这个行为不遵守世界法则

游戏开发者取消传送这件事最主要还是游戏的原则性问题,开发者不想在《最后生还者》游戏的世界观里加入一些匪夷所思的事情,瞬间转移这件事情在这个世界上是说不通的。所以,开发者宁愿花很大精力去完成这件事情,也不要去作弊。

(五) 行动触发区域的概念

开发者先提一个在顽皮狗工作室开发的游戏里都会用到的设定:行动触发区(Action Pack)。游戏中,开发者会有一个可以移动的场景,场景地面布上导航网格,然后会有很多的多边形来告诉角色哪里可以行走,哪里不可行走。一个定位器和一些方法数据调用动画集。

平时,玩家只会走路、跑动或者拔枪攻击,开发者希望在场景中某些位置上能够激活玩家的额外行动,开发人员就把这个逻辑就称之为行动触发区。开发者也可以把它理解为角色在环境中潜在的互动行为,当玩家在对应位置上就会激活这个行动。

(1) 行动触发区的类型

行动触发区一共有三种类型:影片触发区、翻越动作触发区和掩体触发区。

影片触发区(Cinematic Action Packs):当角色走到这里的时候就会激活一些影片,也就是进入剧情。这类开发者平时很少用是因为可能会有很多 NPC 或怪物介入并影响玩家,通常会在一些很安全的地方才用到。

翻越动作触发区(Traversal Action Packs):这就是那些可以让玩家跳跃、攀爬的点位,玩家移动到对应的地方就能激活这个行为。这个非常好理解,在游戏中,很多的房间内、箱子上、汽车上、梯子旁都有类似的触发点。

掩体触发区(Cover AP):这就是那些可供玩家潜伏的点位,用掩体来进行潜行攻击或者躲避伤害,玩家在这里可以通过蹲伏的姿势来藏在掩体后面,然后进一步进行仿真。

《最后生还者》游戏是一个支离破碎的废土末日世界,它并不是由大量规整的房间和平面组成的,所以如果一个物件或者障碍物刚好比开发者设定的最低掩体要矮一厘米,那它就不能成为开发者的掩体触发点。这就是为什么有些车头能成为掩体,而有些车头不能成为掩体的原因。

掩体触发区(Cover AP)是大量工具计算生成的，这对于普通的 NPC 已经足够，他们大多数不会使用到掩体，他们要么成群结队正面攻击，要么就在营地里等着玩家去潜行攻击。而对于乔尔(玩家)来说，乔尔在大部分仿真区域内都可以找到很多掩体，利用掩体进一步进行侦查或者攻击，这是开发者仿真的核心部分之一。每场仿真玩家都可以去选择偷偷潜行杀完，或者是干脆放弃掩体正面刚。

一旦乔尔进入掩体，开发者需要让艾丽也利用掩体来跟随在乔尔身旁。有一个非常简单方法就是，开发者在每一个掩体周围的一米内都做一个掩体，但这很显然不太可行，在感官上不太和谐，同时也会影响潜行玩法的体验。这是不可行的，所以开发人员使用生成"实时掩体触发区(Runtime Cover AP)"。

(2) 生成"实时掩体触发区"的生成

开发者在任何运行时生成 2～3 个掩体触发区，它们会触发运动动画系统，一切都与常规掩体触发点完全相同，只不过它是基于实时计算的，开发者可以把它放在任何想要的地方。开发者不会为每个角色都这样做，是因为它的开发成本很高。

Leader 是玩家，开发人员首先在玩家蹲伏的高度围绕玩家发射这个射线环，试图找到艾莉可能可以作为掩体的碰撞几何体；开发人员还收集附近的"掩体边缘(Cover Edge)"特征，这是工具识别用来生成 Cover AP 的东西，他们基于一条长边，用来识别是否有个墙型掩体。通常 Cover Edge 的识别非常苛刻，但是现在如果开发人员把两者结合识别，开发人员就有一个新的数据结构。

首先会发射射线检测，看看在哪里会发生碰撞。在这个基础上开发人员得到了一些命中点，开发人员通过颜色给他们分成了不同的表面组；主要基于角度和高度，开发人员其实没有表面信息，开发人员也不在乎这个。可能是非均匀的表面，但开发人员想统一到一起。分组之后开发人员会传达给艾莉，这里有个边缘，现在可以在这个边缘进行掩护，因为这个角度和高度很不错。显然第一次得到的 Cover Edge 很差，但开发人员每帧都这样做，所以下一帧你移动一点距离，你会得到更好的掩体。开发人员储存所有的识别信息，在所有场景下都是这样的流程。

(3) 评估掩体

在获取若干个边缘信息之后，开发人员会根据一堆类对识别到的掩体进行评估，比如距离玩家太远、距离敌方角色的距离、距离关卡目标的距离、掩体是在乔尔身前还是身后、这个位置能否被敌人看见等等。然后开发人员将选择认为最好的边缘，通常是离玩家最近的，生成一个实时掩体触发区。

(4) 掩体共享

用实时生成逻辑生成掩护区的话，如果艾丽一直处于乔尔周围的掩体或者在乔尔周围的掩体中进行移动时，正如工具计算的一样，可能会把最有利的掩体射击点占据，导致玩家移动目标和体验受到影响。当玩家准备移动到艾莉所在掩体的时候，艾莉突然离开掩体，这样很奇怪。特别是突然离开并且撞到玩家，所以开发人员的动画师 Alma Dino 过来并制作了这个掩体共享区(集)。

乔尔把艾莉带到他的臂膀下，越过她进行射击，这看起来是很酷的东西，它真的建立了两个角色之间的关系，就像父女一样。

在艾莉过来的时候，乔尔会让艾莉进入自己的身下，拥有了这个动画集之后，意味着开发人员可以一直在玩家身上放置一个掩护触发点，让艾莉可以到玩家的地点。这带来艾莉并不比玩家更愚蠢的感受。

基于此，当艾莉在乔尔边上的掩护点，并且她的位置比玩家更好、玩家位置被敌人看见等时候，开发人员会开启额外对话如“嘿，乔尔，离开这里。”或让玩家来到艾莉所在的掩护点。当敌人只是看了看，但是并没有发现你们这样惊心动魄的场面过后，是有利于你们两人之间的关系发展的。

（六）仿真系统设计思路

(1) 与玩家进行合作

开发人员让艾莉跟随在玩家身边，或者躲避在掩体中，但目前她在这个游戏中没有什么正面作用，她不知道什么时候应该射击敌人。

开发人员希望她是和玩家进行合作而不是自己仿真，开发人员的仿真 AI 最开始实际上是让他们做任何他们想做的事，并使用和乔尔相同的技能和行为。这很酷，他们会互相去仿真，但开发人员意识到这并不是开发人员想要的。

开发人员在测试时发现这种情况：房间里有 10 个感染者，乔尔(玩家)在房间这头干掉其中 6 个，艾莉在房间那头干掉剩下的 4 个。这不是开发人员想要的体验，这跟开发人员关卡设计的理念是相悖的，开发人员是希望他们携手共同去跟这 10 个敌人仿真。在不想艾莉与玩家拥有不同遭遇的同时，也要避免艾莉总是在等待玩家，感受好像她总是希望和你一起做。

(2) 维护关卡难度

开发人员不想 AI 会影响关卡难度曲线，如果一个伙伴碰巧在这里会比在那里更有效并且带走了一些敌人，开发人员不想改变设计师在其中放置的内容影响难度，他们已经平衡好了，开发人员不应该改变它。

(3) 投掷系统设计

上面谈到艾莉不希望总是好像要等你一起来做这件事，但如果艾莉这样做了但是玩家没有注意到她在做什么，玩家会觉得艾莉是无用的，开发人员希望他们觉得有用。所以开发人员在 E3 2013 游戏预告片中做的第一件事，就是艾莉向一个暴徒扔砖头的那一刻，开发人员发现这很酷，开发人员应该做进来。其实这很容易做，实现也很简单，动作和声音开发人员都有，但开发人员需要弄清楚的就是艾莉应该什么时候这样做。

最开始开发人员也有设计四处捡砖块和瓶子，但是完全没有玩家在乎这个，所以她有个莫名其妙冒出来的魔法瓶子和砖头，就是扔扔扔。

其次开发人员希望她能够拯救玩家，开发人员需要弄清楚什么时候可以拯救玩家，所以这里开发人员有些作弊，开发人员基本上接入了敌人的感知系统，开发人员弄清楚他们是否会看到玩家等等。这种情况下她会站起扔一个瓶子，她会先通过这个瓶子尝试帮助玩家定位敌人，这样玩家可以摆脱一些隐藏的子弹，然后躲起来，甚至当开发人员被打倒时屏幕外飞来一个砖头把敌人打中，玩家可以逃脱或者反打。

(七)抓捕系统设计

(1) 敌人可以抓住艾莉

艾莉在到处跑,这很好,但是怎么能让她更有趣呢?只是一直站在那里,或者老是撞到NPC,所以现在敌人可以真的抓住她,他们会有一些很酷的动画。

在游戏中当艾莉被敌人抓住的时候,玩家头上会有个提示必须去救她。这很糟糕,因为你在那里和自己的敌人训练,这个时候计时器突然无缘无故出现,然后你必须更安全地跑过关卡并打那么人营救艾莉再去继续自己的训练。

所以开发人员做出了让步,给艾莉加上了一堆动画让她可以自己摆脱抓斗,把敌人推开然后回避,这时候敌人都无法瞄准她。实际上开发人员保留了拯救艾莉的玩法,玩家可以偶尔拯救伙伴,但开发人员对何时执行此操作非常严格地控制。仅当艾丽跟乔尔之间距离不远、两人之间没有过多障碍、乔尔自身没有被抓住且确保乔尔能够看到艾丽的时候,开发人员才会触发艾丽的求救。这时玩家控制乔尔去营救艾丽就不会觉得是负担,玩家在营救完之后也能尽快回到仿真中去。

(2) 艾莉可以拯救被压制的玩家

开发人员还增加了艾莉可以拯救玩家的机制,所以当乔尔被敌人抓住、正在奋力挣脱时,开发人员会让艾丽传送到乔尔旁边(这很糟,但传送距离在她射程之内),所以她可以播放她的动画并在背后刺伤敌人。这很好,因为你有时会救她,然后她又会救你,这样玩家会觉得这是一个互相的帮助。

(八)赠予系统设计

开发人员还想让艾莉做一些更有趣的事情,让她仿真中更有个性,所以开发人员有了赠送的设计想法。因为作为一个小女孩,当艾丽进入仿真后她很难去做一些仿真动作,比如开枪射击等。但开发人员仍然希望她在仿真中有更多用处,希望艾莉身上能透露出她的一些习惯、一些性格特点,所以开发人员有了艾莉赠予乔尔补给的这个点子。具体行为非常简单,就是艾莉会拾取场景内的一些设备、道具,然后递给乔尔,让乔尔去使用。

(1) 不影响平衡性

开发人员在调整AI时,设计师们早就把关卡难度做得很平衡,所以开发人员不可能凭空给予艾莉一些道具,而是把它绑定到现有的掉落系统中,后台有一个掉落表来提供给AI选择其中的道具,艾莉只是把它给你,所以不会改变平衡,而是通过不同的交付机制给到玩家。

(2) 少见而珍贵

开发人员需要控制艾丽递东西给乔尔的频率。高频率的支援不仅仅会降低关卡难度,而且会降低艾莉触发支援事件的价值,艾丽可能从一个很有用的角色变成了一个弹药快递员。并且由于这个行为太过于频繁,导致玩家并不会感激艾丽每一次的支援。因此开发人员最终把支援事件的触发间隔拉长到了几十分钟甚至几小时,让玩家对艾莉每一次的帮助都有足够深刻的感知。

(九) 位置系统设计

(1) 靠近玩家

开发人员仍然希望艾莉在仿真中尽可能地靠近玩家,开发人员基本上尝试尽可能多地大量运行识别玩家的行为,同步艾莉与玩家的状态,所以当玩家躲在掩体的时候,开发人员将使用掩体触发点让艾莉也躲在边上,如果你站起来,她也会站在你身边。

(2) 避免站在玩家面前

开发人员认为最重要的事情是,艾莉尽可能不要站在玩家身前。有时站在身前是有道理的,但是很多时候没有其他办法可以绕过艾莉,比如这个唯一一条出路,或者房间里只有这些空地。但是她站在那里,挡在你面前,给玩家的心态通常是烦躁的,这跟开发人员一直以来想塑造的形象不同,所以开发人员尽可能把艾莉放在边上而不是面前。

(十) 潜行系统设计

(1) 艾莉不会打破潜行状态

游戏中有很多潜行的部分,开发人员需要确保伙伴不会把你潜行的状态打破。这是一件很重要的事,开发人员会详细介绍。如果你想潜行,但是伙伴在错误的时间开枪,而且打破了玩家的计划,比如玩家想要偷偷逃跑,伙伴要开枪,玩家会觉得很恼火,并且因此玩家对整个关卡的控制能力极大下降。

开发人员在这里的改变首先是开发人员关闭了伙伴所有的射击欲望,所以即使艾莉有枪,开发人员在这里完全颠倒了原本的常规 AI 逻辑。不过这本身是说得通的,艾莉还是孩子,而且是个女孩,而且区别于那些感染者、艾丽是个有理智的人类,所以她不会像它们那样充满攻击性。艾丽永远不会主动射击敌人,除非乔尔被击中了或者乔尔和艾莉已经被敌人发现并遭遇到围攻等等。

(2) 模拟玩家状态

潜行不单单是玩家在仿真发生前的潜行,还包括玩家在仿真中借助掩体来逃脱的潜行(snuck away)。图上就是实体感知系统,敌人的 AI 识别还停留在上一个掩护点,开发人员已经移动了一段距离,你实际上已经可以偷偷溜走了。因为你偷偷溜走了,敌人不知道你在哪里,他们失去了目标,所以她现在处于潜行模式,这会触发她绝不开枪的模式。

(十一) 射击系统设计

(1) 平衡射击系统

开发人员在后期开启了艾莉的射击能力,但没有限制地射击的话,她会像一个杀戮机器,这样很糟。如果玩家使用三颗子弹杀死一个敌人,而艾莉需要二十颗,这很奇怪,所以她可以造成同样的伤害,但幸运的是有很多参数,开发人员设置了准确度、射击率等参数所以开发人员开始研究可以做些什么来调整。如果开发人员调整射击效率,那么她用枪瞄准一个向她冲过来的敌人却不开枪，你会想她有危险为什么她半天不开枪，射击准确度也一样，她离一个敌人很近但是一直射不到，就很奇怪。

所以开发人员首先还是调整了射击效率和准确度，尽可能缓慢而准确地射击，但是仍然太慢了，开发人员实际上为了这个概念做了不安紧张地射击动画。开发人员将她的射击速度降低了很多，但给了一个一直颤抖着不敢射击的动画，在这样看来低的可笑地射速是有道理的，你可以看到她的心理斗争。

（2）不在屏幕外射击

如果玩家看不到这样的伤害，那么这样做是没有意义的，她和敌人都在屏幕外，那么开发人员会停止造成伤害。你不会意识到她最终无法杀死任何人，因为你也在忙着仿真。开发人员还确保了在某些情况下她会瞄准屏幕上的某个人并且可能会杀死他们，但如果艾莉在屏幕外，那么你会听到她会射击并且非常清晰，会听到她在叫杀了人，但她其实并没有对玩家的仿真难度有任何影响。而开发人员的计时器会确保她偶尔会回到玩家视野内，并做一些事情，这样就不会变得无用。

开发人员意识到存在一些问题开发人员很难判别的，很多因素参与其中而有所不同。开发人员无法判别问题所在，这是一个连续的游戏，不是一个二元问题，空间大小的不同，最好的掩护离他们很远等。

（3）敌人尽量选择射击乔尔

开发人员不想发生敌人的目标分散成三个人攻击艾莉，三个人攻击乔尔的情况，这很糟，所以开发人员打破了这一切，每个人都以玩家为目标，直到开发人员觉得这有点太多了，然后可能有一点人攻击艾莉，但大多数人还是攻击玩家。

其实很难被玩家察觉，因为根据开发人员前面讲到的跟随逻辑，艾丽一般情况下不会距离乔尔太远，所以敌人的子弹就感觉是朝俩人射过来一样。

（十二）其他 AI 系统设计

（1）作弊系统设计

开发人员的敌人总是能够看到视野中的乔尔和艾丽，如果艾莉愚蠢地跑出掩体，她会被目击并打破潜行，这促使开发人员尽可能多地打磨掩体，但最后开发人员还是妥协作弊，因为这会让玩家被迫提前进入仿真，导致玩家的反感。开发人员永远不想玩家讨厌伙伴，这破坏了玩家与艾莉的关系。

（2）打磨翻越动画系统

开发人员充分打磨了艾丽在 Traversal AP 上的一些动作。Traversal AP 这个概念在前面我有提到，就是那些触发角色爬上爬下、翻窗户、开门关门的行动。对于普通 NPC 来说他们很流畅，但是当你近距离看到你的伙伴使用这个动画的时候会感觉有一些不自然。

开发人员花了好几周的时间去仔细调整了艾丽在使用 Traversal AP 过程中的动画，比如在跳过一辆车这样 15s 时间内，艾莉会在起跳时做好准备，跳起来然后停止，跳下来再停止，才继续前进。开发人员调整了动画进出的混合。

开发人员调整了地面，因为开发人员没有跳到平坦地面上而是有角度的地面。这真的很重要,通过这些让他们看起来与地面更加稳当。

比如这个是开发人员重点调整的地方,你可以看到这里整个地面都是倾斜的并且下方角度混乱,他们甚至在这里识别为掩体边缘,这就是开发人员使用测试用例来跳跃过于倾斜表面的地方。不幸的是,所有的NPC都必须使用相同的新代码。

(3) 警告系统设计

因为开发者把敌人AI做得很好,所以他们可以偷偷摸摸地从掩体完美潜伏到你身后出现,你不会知道。所以开发人员决定艾莉可以看到他们,她会告诉你情况。玩家只有很小的UI,但是她变成了其中之一,她自己没做什么但是提高了玩家的感知能力。

非常重要的是需要确保提示的质量,艾莉一开始只是一直说这里有人,但是玩家看不见敌人,最后开发人员决定她只要发出信息,那么玩家必须转身就能看见即将杀死你的敌人,一旦发现信息是100%有效的时候,这会让玩家很感谢艾莉所做的。

进而,乔尔渐渐就会感激艾丽所做的一切,因为艾丽的确是在很多方面帮助了乔尔,这同样能够加固两人之间的关系。比方说当玩家在掩体后方观察前面敌人时,艾丽忽然大喊说"你后面好像有什么东西!"然后你转过头来,发现一个跑者(感染者的一种,特点是跑得很快)正朝你冲过来,接着你被按倒墙上,艾莉给他背后来了一刀,你们逃脱了。

(十三) 环境交互设计

(1) 待机系统设计

开发人员有过场,有脚本对话,但还是让动画师想出了很多待机动画,比如整理头发、整理鞋子,她有一把修整的刀,一旦加入了这些东西她就从静态的角色变成了一个真正的人一样,即使只有几十个动画。

(2) 探索系统设计

开发人员添加了环境探索这个玩法,玩家在一个巨大的空间来探索,伙伴并不是站在原地播放待机动画,而是探索。这很简单,开发人员在世界各地散布了触发点,它们可能是电影动作包,他们可能是查看点,可能是有脚本的东西,可以去做什么,伙伴四处走动探索他们的四周。设计师把他们放在游戏中,填满了整个世界。

(3) 视线系统设计

还有一个小细节,就是艾丽的视线。很多游戏里都没有设计类似的逻辑,但它其实能提升不少体验。大致上来说就是当乔尔在做某些事情或者环境发生一些变化时,艾丽会扭头过来看一眼,很简单的一个逻辑。比如说艾丽正在看着某个方向,然后乔尔在另一边打开了一个铁柜准备搜刮东西,艾丽就会回头看一眼乔尔,然后再把头转回去刚刚看的方向。又比如说乔尔跑着步在艾丽身边擦肩而过,艾丽也会把头转过来看下乔尔。

(十四) 多同伴逻辑

最后一点是多个同伴同时存在时的逻辑,比如在《神秘海域》里也会有山姆和亨利两个人同时跟随主角的情况,《最后生还者》里也会有类似的设定。多人跟随的逻辑其实比较简单，开发人员会先让一个角色A去跟随玩家，然后让角色B去跟随角色A，以此类推。偶尔如果角色之间互相挡住了的话，比如角色B挡在了角色A要往玩家这边移动的方向，并且没有地方可以绕过来时，开发人员会暂时性地关掉角色B的阻挡，让角色A穿过角色B。这个过程会很快，玩家一般不太能察觉到。当多个同伴来到翻越触发点的时候可能会出现问题，所以开发人员也放置了多个翻越触发区。

（十五）总结

开发人员会把艾丽看作是一个真正具有生命力的角色，玩家把艾丽几乎是看作是第二个女儿，开发人员团队所做的一切都是基于艾丽是世界里的一个真实角色这一点而定的，在制作过程中开发人员会尽量假装自己就是一个十四岁的女孩，从而来考虑一个这样年纪的女孩应该会如何思考和行动，与乔尔和敌人的关系如何，虽然开发人员永远不能回到十四岁。同时，开发人员尽量不会让艾丽给玩家带来挫折或者困扰，而且艾丽应该是有用的，对玩家有帮助的。

然后开发人员在AI的设计过程中有几个重要的点，其中最重要的是让艾丽尽量保持在乔尔身边。就算开发人员来不及做其他的AI，只要让同伴尽量保持在玩家周围活动，玩家去哪他们就会跟着去哪，这种同伴的体验其实已经足够了。

第二点是开发人员调整了很多AI的细节，就是上文讲到各种各样的AI。开发人员很难去断定这些细节到底多有用，很难去衡量这个设计到底提升了玩家多少体验，但整个顽皮狗都会这些细节非常非常看重，细节就是搭建起开发人员游戏的基石。开发人员会从顶视角一直看着整个游戏的进程，开发人员像玩黑暗破坏神一样带着艾莉乱跑，只要发现情况不太对，开发人员就会拉近并且介入调整。

一些细节问题，比如开发人员之前提到仿真支援逻辑，开发人员后来的设定是大约每3小时才会触发一次这个逻辑，而玩家游戏一周的平均游戏时长仅为16小时，所以触发次数很少。但是，如果艾丽在仿真中真的这样做了并且因此帮助到玩家的话，玩家就会对这一幕印象很深，并且还会跟身边的人说“哇噢！这个小女孩刚刚救了我！”如果这种行为出现得太频繁，反而就达不到开发人员想要的效果。

永远防止艾丽去打破玩家的潜行状态，开发人员制作这款游戏当然是希望尽可能贴近真实，但开发人员还是会把玩家的游戏体验放在第一位。因为同伴AI的失误而导致玩家预期的游戏行为被打破，这并不是开发人员想要的体验。这可能是开发人员团队在这款游戏的设计上做过最艰难的决定之一了。

第三篇　语言与工具

第七章
开发语言

一、字节码

字节码是一种游戏编程模式，通过将游戏中的行为编码为虚拟机指令，使得游戏开发者能够更加灵活地处理游戏内需要频繁改动的数值内容。字节码模式的引入使得游戏开发者能够将这些数值操作独立出来，减少了每次修改数值时需要重新编译整个游戏代码的时间和工作量。在游戏开发中，存在许多需要频繁改动的数值，如装备属性、各种数据等。如果将这些数值直接整合到游戏代码中，每次修改数值都会导致整个游戏代码的重新编译。特别是当游戏代码规模庞大且复杂时，重新编译所需的时间和资源将变得相当可观，导致开发效率下降。

为了解决这个问题，字节码模式应运而生。通过将需要频繁改动的数值操作以字节码的形式表示，游戏开发者可以将这些数值操作与主要的游戏代码分离开来。字节码模式允许开发者单独列出需要修改的数值内容，并以指令的方式在游戏运行时进行读取和修改。这种分离和动态修改的方式使得游戏开发者能够更加方便地进行数值调整，无须每次修改都重新编译整个游戏代码。

字节码模式的优势不仅在于减少重新编译的时间和工作量，还在于提供了更高的灵活性和可维护性。通过将数值操作从主代码中剥离出来，游戏开发者可以更加专注于数值调整的逻辑和效果，而不必受制于整个游戏代码的结构和复杂性。此外，字节码模式还可以使得游戏开发者更容易进行版本控制和迭代开发，因为数值的修改不会影响到核心的游戏代码结构和功能。

然而，字节码模式也存在一些潜在的挑战和限制。首先，字节码的设计和实现需要一定的技术和经验，游戏开发者需要了解虚拟机的指令集和相关的编程技术。此外，字节码模式可能增加了游戏的运行时开销，因为每次读取和修改数值都需要额外的计算和处理。因此，在使用字节码模式时，游戏开发者需要在灵活性和性能之间进行权衡，并确保选择合适的方案。

综上所述，字节码模式是一种有效的游戏编程模式，通过将需要频繁改动的数值操作独立出来，使得游戏开发者能够更加灵活地处理数值调整，减少重新编译的时间和工作量。字节码模式提供了高度的灵活性和可维护性，同时需要开发者具备一定的技术和经验。在合适的情况下，字节码模式可以提升游戏开发的效率和质量，为玩家带来更加精彩和流畅的游戏体验。

（一）解释器模式和虚拟机器码

1. 解释器模式

在介绍字节码之前，我们还需要了解一下解释器。解释器的运作原理是将数据从硬盘中读取出来，再将数据进行实例化成对象，之后在游戏的关卡逻辑中实现在数据中定义的操作即可。

这里我们对一个数学表达式进行实例化来介绍解释器：

$$(1+2)*(3-4) \tag{7-1}$$

对于这个表达式中的每一部分，语法中的每一条规则，都将其转成对应的对象，其中数字所对应的对象就是其字面值，如图 7-1 所示。

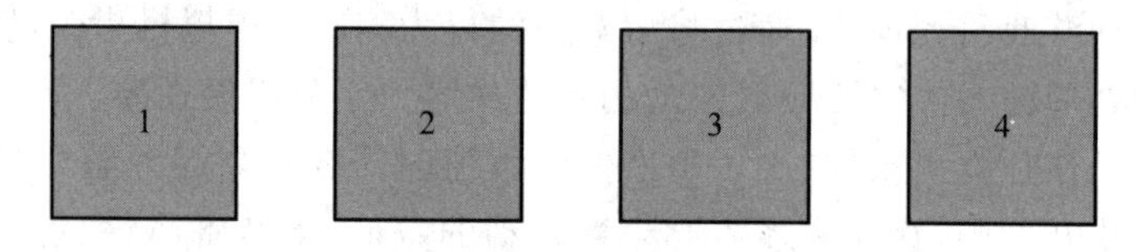

图 7-1　语法与对象

换句话说，我们是在这个表示的原始数值的基础上，对表达式做了一次新的封装。在这里，表达式中的运算符也是对象，它拥有对操作数的引用。在此基础上，我们使用括号去区分优先级，由此这个表达式又成了一棵由对象及运算符组成的树，如图 7-2 所示。

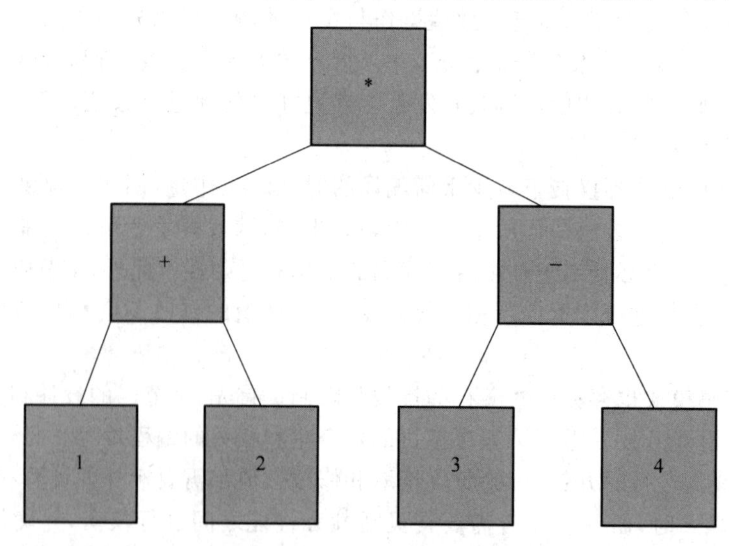

图 7-2　语法与对象的运算表示

在这里，我们的解释器接收了字符串，然后将字符串转变成抽象的语法树，也就是一组表示字符串语法结构的对象。当然，实际的解释器模式与如何生成一个语法树并没有关系，解释器只关心如何去执行它。在树中的每个对象都是表达式或者子表达式。在面向对象的风格中，表达式会计算它们自己的值。

首先需要定义一个所有表达式公用的接口类，当我们将数据从硬盘中读取出来后，会将其实例化为对应的类。代码如下。

```
class Expression{public:
  virtual ~Expression() {}
  virtual double evaluate() = 0;};
```

其次，数字以及各种运算符也属于表达式的一种。代码如下。

```
class NumberExpression : public Expression{public:
    NumberExpression(double value)
    : value_(value)
    {}

    virtual double evaluate() {return{ value_;}
private:
    double value_;}
class AdditionExpression : public Expression{public:
    AdditionExpression(Expression * left, Expression * right)
    : left_(left),
    right_(right)
    {}

    virtual double evaluate()
    {
        double left = left_->evaluate();
        double right = right_->evaluate();

        return left + right;
    }
private:
  Expression * left_;
    Expression * right_;}
```

最后，实例化定义的表达式，计算最终的值。代码如下。

```
Expression * one = new NumberExpression(value);Expression * two = new NumberExpression
(value);
add = new AdditionExpression(one, two);
double temp = add->evalueate();
```

这种模式简单易于理解，但是问题在于这种模式运行太慢了。首先，它需要将磁盘中的数据进行实例化并串联起来；其次，这些对象会占用大量的内存资源；最后，对象中的指针也会消耗很多数据缓存，类中的虚函数同样会使指令缓存捉襟见肘。

2. 虚拟机器码

在游戏实际运行时，计算机是直接执行的机器码，优点如下。

- 机器码是连续的二进制数据块，它具有高密度的特性。
- 机器码的指令是顺序执行的，它的执行的线性的。
- 机器码是计算机可以直接执行的，它是一种计算机的底层语言。
- 机器码的执行速度较快。

虽然机器码具有许多优点，但是直接使用机器码来编写游戏显然是十分麻烦的，而且会带来许多安全问题。由此一来，我们需要在解释器模式的安全和机器码的效率中各取所长，找到一个折中的办法，那就是字节码模式。

（二）字节码模式

在字节码模式中，首先通过指令集定义一套可以执行的底层操作，然后将一系列指令编码为字节序列，最后在虚拟机的指令栈中逐条执行指令。由此，在保证安全性的同时，也提高了代码运行速度。

1. 指令集

与常见的 CPU 类似，虚拟机需要指令集才能够运行，所以我们首先要考虑的是指令集的设计。例如，我们给游戏中常见的法术设置指令集。在真正考虑字节码的指令集之前，我们可以先将这些指令集当作 API。

首先，准备一组游戏中“法术”相关的 API，代码如下。

```
void setHealth(int wizard,int amount);
void setWisdom(int wizard, int amount);
void setAgility(int wizard, int amount);
void playSound(int soundID);
void spawnParticles(int particleType);
```

上面的五个 API，每一个都代表了一个指令，每个指令对应了一个游戏中的操作，我们枚举这些 API，将它们变成指令集，方便存储。代码如下。

```
    enum Instruction
{
    INST_SET_HEALTH       = 0x00,
    INST_SET_WISDOM       = 0x01,
    INST_SET_AGILITY      = 0x02,
    INST_PLAY_SOUND       = 0x03,
    INST_SPAWN_PARTICLES  = 0x04,
}
```

为了将游戏中的各种操作编码成数据，我们将这些操作存储成一些枚举值，其中每个枚举值的长度为一个字节，这也就是字节码的由来。当我们用一个字节列表表示游戏中的“法术”后，可以使用 switch 语句去调用这些命令，代码如下。

```
switch(instruction)
{
case INST_SET_HEALTH:
    //要执行的命令
    break;
}
```

执行一条指令时，我们需要找到与之相对应的枚举值，然后调用相应的 API 即可。由此，就可以搭建出一个简单的虚拟机。代码如下。

```
class VM{public:
    void interpret(char bytecode[], int size)
    {
        for (int i = 0; i < size; i++)
        {
            char instruction = bytecode[i];
            switch (instruction)
            {
              switch(instruction)
            {
              case INST_SET_HEALTH:
              //要执行的命令
              break;
            }
            }
        }
    }
```

2. 栈机

通过上一节的内容，我们搭建了一个简单的虚拟机，能够执行各种指令，接下来需要通过栈机将参数引入指令集中。

在很多高级语言的 debug 中，我们可以看到每个函数的调用顺序是通过堆栈来控制的，在字节码中，我们也要通过相同的方式去控制指令的顺序。我们需要在上一节的虚拟机中设计一个与数值相关的堆栈，这是因为我们调用的函数也是用字节来存储的。同样地，函数中的参数也可以用字节存储。那么，我们就可以有如下的虚拟机的值栈定义。

```
class VM{
public:
    VM() : stackSize_(0){}private:
```

```
    static const int MAX_STACK = 128;
    int stackSize_;
    int stack_[MAX_STACK];
private:
    void push(int value)
    {
        // 检查是否越栈
        assert(stackSize_ < MAX_STACK);
        stack_[stackSize_++] = value;
    }

    void pop()
    {
        assert(stackSize_ > 0);
        return stack_[--stackSize_];
    }}
```

搭建虚拟机内的值栈以后，我们就可以通过出栈入栈来进行参数的输入了。需要执行哪个命令，就可以按照下面的方式对参数进行出栈的操作。代码如下。

```
switch(instruction){
case INST_SET_HEALTH:{
    int amount = pop();
    int wizard = pop();
    setHealth(wizard, amount);
    break;
}
case INST_SET_WISDOM:
{
    ...
}
}
```

下面的问题就是如何向堆栈中添加参数，这里需要用到一个新的指令：字面值。这个指令代表一个整数数值。由于我们的指令序列是一串字节序列，所以我们可以直接将这些整数数值压入堆栈。代码如下。

```
case INST_LITERAL:{
int value = bytecode[++i];
push(value);
break;
}
```

以上的代码是将字节码流的下一个字节作为参数直接压入堆栈，下面我们通过几个指令的执行展示堆栈在虚拟机中如何工作的。

首先,虚拟机执行第一个 INST_LITERAL 指令,也就读取了一个字面值指令,那么虚拟机会读取下一个字节作为参数压入堆栈,如图 7-3 所示。

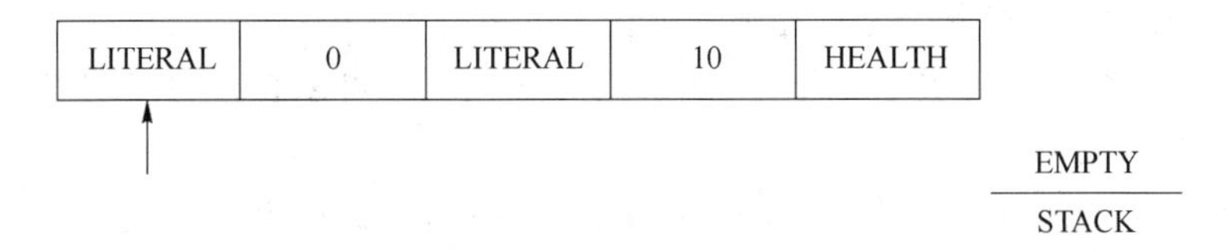

图 7-3 INST_LITERAL 指令(1)

然后,虚拟机继续执行下一个字面值指令,继续将参数压入堆栈,如图 7-4 所示。

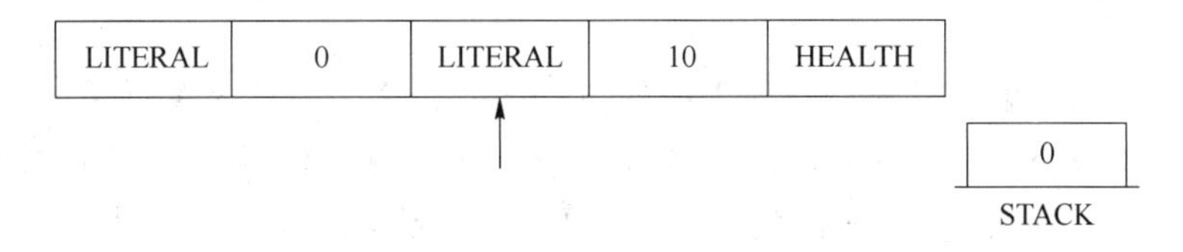

图 7-4 INST_LITERAL 指令(2)

最后,虚拟机执行 INST_SET_HEALTH 指令,这个指令需要调用 setHealth( )函数,而这个函数需要两个参数的输入。那么,虚拟机会弹出栈顶的数值:10,并将其存入 amount 中,再弹出数值:0,并存入 wizard 中,最后调用 setHealth( )函数执行具体的操作,如图 7-5 所示。

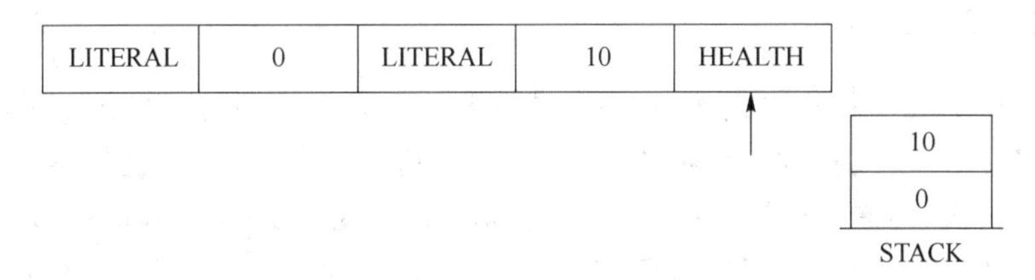

图 7-5 INST_SET_HEALTH 指令

3. 指令如何访问堆栈

字节码虚拟机中指令对堆栈的访问方式有两种:基于栈和基于寄存器。在基于栈的虚拟机中,指令常常对栈顶进行操作,例如在前一节的示例中,将两个数值进行出栈操作再执行下一个指令。对于基于寄存器的虚拟机同样有一个堆栈。而与基于栈的虚拟机之间的区别是并不总是操作栈顶的数值,而是可以读取堆栈其他位置的数值。

基于栈的虚拟机的指令都比较小,因为这种方式一般都只从栈顶进行参数的读取,这就使得每个指令所占用的空间都比较小,通常只有一个字节。正是由于每个指令都是对栈顶进行操作,使得基于栈的虚拟机的代码生成更加简单。我们只需要将指令以正确的顺序排列好并输出,就可以实现参数的传递。但是对于基于栈的虚拟机来说,它的指令数量更多。

与基于栈的虚拟机相反,基于寄存器的虚拟的指令一般更大一些。这是因为它的指令可以对堆栈进行更深入的输出操作,也就是说,它需要存储参数在堆栈中的偏移量,这就使得它的指令所占用的空间更大。同样地,由于它的单个指令可以读取更深的堆栈,那就意味着它的指令数量会更少,因为单个指令可以做更多的操作。

4. 需要什么指令

虚拟机一般需要的指令类型有如下几种。

- 外部基本操作:这些操作位于引擎内部,是一些玩家可以直接感受的,比如之前的例子调用的各种函数。
- 内部基本操作:这些操作针对的是虚拟机内部的值,比如出栈、入栈等。
- 控制流:用来实现一些较为复杂的流程,比如跳转。
- 抽象化:将用户定义的重复的内容,进行抽象化,以达到重用字节码的效果。

5. 值的表示

在之前示例中的虚拟机只有一种类型的值:int 型。这是一种简单直接的表示方式,用这种方式不用担心类型转换的问题。但是,这种方式非常不灵活,因为所有的数据都是 int,对于开发来说十分麻烦,而且一个功能完善的虚拟机应当支持多种类型的数据,所以我们需要用另一种形式表示不同类型的值。

这种方式是在动态语言中常被采用。我们将每个值都分成两部分,第一个部分存储标签,这个标签表明了该数据的类型;第二部分是值本身。在这种方式中,每个值都存储了自身的类型信息,当虚拟机运行时可以直接对值进行类型检查,保证了每个操作执行时不会使用错误的数据类型。当然,这样做的后果就是会占用更多的存储空间。

6. 生成字节码

前几节分析了字节码的构成,还有一个最重要的问题没有讨论,就是如何生成字节码。其中一种方式是写一套编译器,首先,需要定义一种基于文本的语言,也就是说我们需要定义各种语法。其次,还需要处理语法错误,这也是整个流程中最为困难的一步,因为需要在用户出现语法错误时及时提示并引导回正确的轨道上。而基于文本的语言给用户带来的问题就是非专业代码人员不能很好地使用该工具,毕竟写代码不是一件十分直观的事情。

如果说我们设计一个图形化的编辑界面,有单击、拖拽等操作。这样做的好处有很多,比如使用户的操作不容易出错,因为用户可以按照逻辑通过图形界面进行交互操作,使得程序可以及早发现错误并引导用户修正;而使用文本化的语言时,只有在最后编译结果出来后才能发现问题,难以及时避免错误的发生。

二、开发语言

在游戏开发领域,有多种开发语言可供选择。在大型游戏引擎中,有几种语言是非常受欢迎的,比如 C++、Lua 和蓝图编辑器在 Unreal Engine 中的应用,以及 C# 和 Lua 在 Unity 中的应用。选择这些工具作为游戏引擎开发项目的工具是有其合理性的,下面将逐一介绍这些开发工具的使用及其优势。

C++是一种高级编程语言,在游戏开发中被广泛应用。C++允许开发者直接控制硬件和图形过程,提供了更高的性能和灵活性。C++还提供了对参数和内存管理的精细控制,这对于开发复杂的游戏逻辑和优化性能非常有用。在 Unreal Engine 中,C++是一种主要的编程语言,通过编写 C++代码,开发者可以实现高度定制的游戏功能和系统。

Lua 是一种轻量级的脚本语言,在游戏开发中被广泛应用。它具有简单易学的语法和强大的扩展性,允许开发人员快速迭代和调试游戏逻辑。Lua 可以作为一种嵌入式脚本语言,与主要的开发语言(如 C++)结合使用。在 Unreal Engine 和 Unity 中,Lua 可以作为脚本语言使用,用于编写游戏逻辑和定制功能。

蓝图编辑器是 Unreal Engine 中独有的可视化开发系统。它提供了一种直观的方式来创建游戏逻辑,降低了游戏开发的门槛。蓝图编辑器使用图形化节点和连接来表示游戏行为和交互,并且无需编写代码即可实现复杂的功能。蓝图编辑器特别适合没有编程基础但希望参与游戏开发的人员,如美术人员。蓝图编辑器在 Unreal Engine 中非常强大,提供了对材质和 AI 系统的编写,使得游戏功能的定制变得更加容易。

C#是 Unity 中主要使用的编程语言之一。它是一种面向对象的语言,与 Unity 的开发环境紧密集成,提供了丰富的 API 和工具来开发游戏。C#有易学的语法和强大的开发工具支持,使得开发者能够快速创建功能丰富的游戏。Unity 还支持使用 Lua 作为脚本语言,让开发者能够根据自己的偏好选择合适的编程语言。

选择适合的开发工具取决于项目需求和开发团队的技术背景。C++提供了更高的性能和灵活性,适用于开发复杂的游戏系统和优化性能。Lua 和蓝图编辑器则提供了更快速的迭代和开发速度,适用于快速原型设计和游戏逻辑的实现。C#则是一个功能强大且易于学习的语言,适用于中小规模的游戏开发和团队协作。

总之,选择适合的开发工具是游戏开发的重要决策之一。了解各种开发工具的特点和优势,以及结合项目需求和开发团队的情况,可以更好地选择和利用这些工具,开发出优秀的游戏作品。

(一) C++

C++语言在游戏开发领域非常适用,尽管在某些场合它可能看起来有些“笨重”。C++的一大优势是可以手动进行内存管理,这使得它具有极高的安全性。对于游戏开发者来说,这点非常重要。C++还允许开发者对硬件和图形流程进行更直接的控制,因此,在一些受欢迎的游戏引擎中,C++是一种备受欢迎的语言。

C++提供了对参数和内存管理的广泛控制,从而增加了游戏的性能和用户体验。通过利用 C++,开发者可以实现各种类型的游戏,包括 2D 图形游戏和 FPS 游戏等。在当今流行的游戏引擎制作游戏的时代,C++语言更受到游戏引擎开发者的青睐。它为开发者提供了强大的工具和灵活性,使他们能够创建复杂、高性能的游戏体验。

Unreal Engine 4(UE4)作为一款知名的游戏引擎,就是基于 C++开发的。UE4 自行开发了自己的编程语言,即 UE4 C++。UE4 C++在 C++的基础上添加了许多独特的对象和智能指针,以适应游戏引擎的架构和需求。然而,不管如何变化,UE4 C++仍然是 C++语言的衍生和扩展,保留了 C++语言的核心特性和灵活性。

使用 UE4 C++进行游戏开发,开发者可以充分发挥 C++的强大功能,并利用 UE4 C++引擎的各种特性和工具来实现复杂的游戏逻辑、图形渲染和物理模拟等。UE4 C++提供了高性能和灵活性,并允许开发者在游戏开发过程中进行底层的控制和优化,从而实现出色的游戏性能和用户体验。

总的来说,C++在游戏开发中具有重要的地位和广泛的应用。它的内存管理能力、直接硬件控制能力以及对性能的优化等特性使其成为游戏开发的理想选择。UE4 作为一款知名的游戏引擎,基于 C++开发并扩展了其编程语言,提供了丰富的工具和功能,使开发者能够更好地利用 C++的优势来创建出色的游戏作品。无论是对于开发者,还是对于游戏引擎用户来说,C++和 UE4 C++都是强大而受欢迎的工具,为创造出令人惊叹的游戏体验提供了坚实的基础。

(二)蓝图

UE4 提供的蓝图编译器是一种可视化的开发系统,它极大地降低了游戏开发的门槛,使没有编程基础的人员也能够轻松进行开发。蓝图系统实际上具有类似于 C++的编程思想,本质上可以看作是一种开发语言,但蓝图更加直观和易于上手。

蓝图节点本质上就是封装了特定功能的函数。通常,一个具有功能的函数节点的左侧接口提供功能实现所需的输出值,右侧接口则表示功能产生的结果。蓝图工具非常强大,让一些对编程感到头疼的人眼前一亮,尤其是对于美术人员来说。他们可以通过学习蓝图,快速上手虚幻引擎,并完成一些以前只能依靠编程语言完成的工作。此外,蓝图编辑器还提供了编写材质的功能,使得编写着色器变得更加容易。

蓝图运行在专门的蓝图虚拟机中。当修改了蓝图后,无须像 C++那样重新编译整个项目,只需要生成蓝图字节码,即可立即运行。这种即时反馈的特性使得开发者能够快速迭代和调试他们的蓝图逻辑,极大地提高了开发效率。在 UE4 的 AI 系统中,蓝图同样是一个非常有用的工具。通过学会使用蓝图,开发者可以充分发挥其在 UE4 AI 中的潜力,实现各种复杂的人工智能行为和决策。蓝图的可视化特性使得创建、编辑和管理 AI 逻辑变得更加直观和便捷,而不需要深入了解复杂的编程语言。

总的来说,UE4 的蓝图编译器是一项强大的工具,它为开发人员提供了可视化、直观和易于上手的方式来创建游戏逻辑、材质和 AI 行为。通过蓝图,人们能够以更具有创造性和更高效的方式开发出令人惊叹的游戏体验。无论是对于有编程基础的开发人员,还是对于没有编程经验的美术人员,蓝图都是一个宝贵的工具,使他们能够更好地实现他们的创意和构建精彩的游戏世界。

(三)Lua

Lua 是一种轻量级的脚本开发语言,其语法简单,复杂度远低于 C++等重型语言,在 UE4 和 Unity 中都有所其用。Lua 和传统的脚本语言不同,它是一种易整合语言。一般的脚本语言用于控制执行重复的任务,而易整合语言可以让使用者把其他语言开发的功能整合到一起,这样就让脚本程序员有了更大的发挥空间,而不仅仅局限于执行命令。程序员使用这种脚本语言在底层语言开发的功能模块基础上创建新的命令。Lua 常常用于整合C++

的与游戏相关的一些功能,如GUI、AI、数据等。

Lua非常适合作为更强大的底层编程语言的搭档,如C++。Lua能让游戏开发者快速建立游戏原型甚至是完整的游戏。游戏开发者可以在没有程序员帮忙的情况下构建整个图形界面。Lua还可以用来管理游戏进度文件的保存和载入,而且很容易阅读和调试。在游戏开发领域,Lua能帮助开发者构建一个高效并且方便验证游戏想法的环境。按照开发Lua的团队的描述,Lua是一个可以集成在应用程序中的"语言引擎"。它本身是一种编程语言,并且还提供了很多可以和应用程序交换数据的API(应用编程接口)。另外,Lua还能够通过整合C++的模块来进行功能的扩展(这个就是我们之前所说的"整合"功能)。和程序开发语言(如C++)配合使用时,Lua也可以用来作为特定项目的框架语言。这种易扩展性使Lua非常适合作为游戏开发的环境。

Lua只有集成在其他语言中才能发挥它的价值。它的实现非常简单,仅仅通过一些LuaGlue函数就可以和底层语言通信,在用户自定义LuaGlue函数的基础上,它还可以进一步被扩展,甚至成为一种新的编程语言。

(四) C#

在C#中,一切都是类,每个函数和变量都属于一个类。Unity的C#与微软的.Net中的C#非常相似,因此游戏开发者可以利用C#的强大功能编写游戏逻辑和系统。Unity的C#脚本允许开发者访问和调用Unity引擎的功能和特性,例如创建和管理游戏对象、处理输入、控制场景和资源、实现游戏逻辑和动画等。此外,由于Mono虚拟机的存在,Unity的C#脚本还可以调用.Net平台提供的大部分功能,这使得开发者可以利用.Net的丰富库和工具来增强游戏的功能和性能。

对于使用Unity进行游戏开发的开发者来说,掌握C#是至关重要的。通过编写C#脚本,他们可以创建自定义的游戏行为和系统,实现游戏的各种功能和交互。C#具有面向对象的特性,例如类、继承、多态等,这使得代码结构清晰,易于理解和维护。此外,Unity还支持其他脚本语言,如JavaScript和Boo,但C#是最常用和推荐的脚本语言,因为它与Unity的生态系统更加紧密集成,具有更好的性能和开发效率。

总之,Unity开发人员使用C#脚本编程,借助C#的面向对象特性和丰富的库可以创建出功能丰富、交互性强的游戏。通过与Unity引擎和.Net平台的集成,他们可以更好地控制游戏的逻辑、功能和性能,为玩家提供出色的游戏体验。

第八章

可视化引擎

一、虚幻 4

Unreal Engine 4(UE4)是一款由 Epic Games 开发的强大且广泛使用的游戏引擎。它为游戏开发者提供了丰富的工具和功能,使他们能够创造出高质量、逼真而且引人入胜的游戏体验。UE4 在游戏开发领域被广泛应用,并且在其他领域,如虚拟现实、增强现实和可视化效果等方面也非常受欢迎。在本章中,我们将对 UE4 进行一个综合的概述,介绍其主要特点、工具和应用领域。

UE4 具有出色的图形渲染能力,采用了先进的渲染技术,包括全局光照、实时阴影、体积光和次表面散射等效果。它支持多种平台,包括 PC、主机和移动设备,并提供了高度优化的图形渲染管道,以确保游戏在各种设备上都能获得最佳性能和视觉效果。

UE4 提供了一个可视化的蓝图系统,使非程序员也能够快速创建复杂的游戏逻辑。蓝图系统采用图形化节点和连接的方式,允许开发者通过拖拽和连接节点来构建游戏功能和行为。这使得游戏设计者、美术人员和其他非编程人员能够参与到游戏开发中,并实现自己的创意和想法。同时,UE4 也支持使用 C++进行编程,提供了强大的编程能力和灵活性,使开发者能够更深入地控制游戏的逻辑和功能。

UE4 还提供了丰富的工具和编辑器,用于创建游戏世界、设计关卡、调整光照和材质等。其中包括可视化的关卡编辑器,用于创建游戏场景和布置游戏元素;蓝图编辑器,用于创建游戏逻辑和交互;材质编辑器,用于创建和调整游戏中的材质效果;动画编辑器,用于创建和编辑角色和物体的动画等。这些工具和编辑器提供了直观且高效的方式,使开发者能够快速迭代和调整游戏内容,实现他们的创意和设计。

UE4 还支持多人协作和团队开发,提供了强大的版本控制系统和协作工具。开发者可以轻松地与团队成员合作,共享和管理项目资源,协调开发进度,确保项目的顺利进行。除了游戏开发,UE4 还在其他领域得到广泛应用。例如,它在虚拟现实(VR)和增强现实(AR)方面具有出色的支持,使开发者能够创建逼真的虚拟世界和交互体验。它还在可视化效果和建筑可视化领域有广泛应用,用于创建逼真的建筑模型、室内外场景以及产品演示。此外,UE4 还被用于创建动画电影、电视剧和其他数字媒体内容。

总之,Unreal Engine 4 是一款功能强大且广泛应用的游戏引擎。它提供了丰富的工具、灵活的编程能力和出色的图形渲染,使开发者能够创造出令人惊叹的游戏和虚拟体验。无论是小型独立开发者还是大型游戏工作室,都可以借助 UE4 实现他们的创意,并打造出独特而引人注目的作品。

(一) 概述

UE4 的 AI 由行为树、场景查询系统(Environment Query System,EQS)、AI 感知和 AI 调试四大系统组成。我们可以在 UE4 中编写蓝图或用 C++程序搭建四大系统,从而组成 UE4 中的 AI。行为树是 UE4AI 最重要也是最烦杂的系统,包含着 AI 可以执行的所有行为,我们将展开阐述行为树系统。场景查询系统(EQS) 是 UE4 AI 系统的一个功能,可将其用于从环境中收集数据。在 EQS 中,可以通过不同种类的测试向收集的数据提问,这些测试会根据提出问题的类型来生成最适合的项目。AI 感知系统利用 AI 感知组件创建一个刺激监听器,收集可以响应的已注册刺激,这将使我们能够确定 AI 何时能实际看到玩家,并作出相应的反应。AI 调试用于创建 AI 实体后诊断或查看 AI 的行为。UE4 的 AI 系统是一个庞大又复杂的架构,在这里只阐述 UE4 AI 的架构及组成部分。

(二) 行为树

在 UE4 的 AI 系统中最重要的当数行为树,AI 可执行的一系列行为都由行为树定义。行为树通过类似于决策树的树形决策结构来选择当前环境下应该做出的具体行为。行为树按照从左到右、从上到下的顺序依次执行,因此节点的排列顺序十分重要,我们通常把 AI 最重要的动作放在左边,次要动作则放在右边,具体操作的数字顺序显示在行为树图表中所放置节点的右上角。当然,子分支也会以相同的方式执行,如果任何子分支执行失败,整个分支都将会停止执行,导致失败并返回到上级树节点。在 UE4 蓝图中创建行为树之后,我们会随之创建黑板(Blackboard)来组织行为树。

在 UE4 中,设计者可以用多种不同的方式为角色创建 AI,可以使用蓝图可视化脚本来指示角色“执行某种操作”,例如播放动画、移动到特定位置、被物体击中时做出的反应等。希望 AI 角色自行思考并自行做出决定时,行为树便能派上用场。行为树与蓝图十分相近,都是以一种可视化的方式创建。在我们想要实现某些功能时,就要将一系列具备需要功能的节点添加并连接至行为树图表。任务节点是设计者希望 AI 执行的“动作”,比如移动到一个位置或旋转朝向某个物体。除了在 UE4 中内置的现有可用任务节点外,还可以用自己的逻辑创建自定义的任务节点(如果考虑优化,则可能需要考虑把蓝图行为树节点切换为本地行为树节点)。在执行逻辑时,行为树会使用一种名为黑板的独立资源来存储它所需要知道的信息(名为黑板键),从而做出有根据的决策。黑板本质上是 AI 的大脑,在 UE4 AI 系统中起着至关重要的作用,我们希望 AI 知道的所有信息都会有能够引用的黑板键。常见的工作流程是创建一块黑板,添加一些黑板键,然后创建一个使用黑板资源的行为树,接下来可以在行为树内构建设计者想要的逻辑了。

我们在具体构建行为树时,了解其所有节点及其作用显得尤其重要。首先介绍合成节点，此节点是流控制的一种形式，决定了与其相连的子分支的执行方式。合成节点有三种，分别为选择器（Selector）、序列（Sequence）和简单平行（Simple Parallel）。选择器：从左到右执行分支，通常用于在子树之间进行选择，当选择器找到能够成功执行的子树时，将停止子树之间移动。举例而言，如果 AI 正在有效地追逐玩家，选择器将停留在那个分支中，直到它的执行结束，然后转到选择器的父合成节点，继续决策流。序列：从左到右执行分支，通常用于按顺序执行一系列子项，与选择器节点不同，序列节点会持续执行其子项，直到它遇到失败的节点。举例而言，如果我们有一个序列节点移动到玩家，则会检查他们是否在射程之内，然后旋转并攻击。如果检查玩家是否在射程之内已失败，则不会执行旋转和攻击动作。简单平行：简单平行节点有两个"连接"，第一个任务是主任务，它只能分配一个任务节点（意味着没有合成节点）。第二个连接（后台分支）是主任务仍在运行时应该执行的活动。简单平行节点可能会在主任务完成后立即结束，或者等待后台分支的结束，具体依属性而定。当我们右键点击行为树节点时，可以添加提供额外函数的子节点，子节点又分为装饰器（Decorator）和服务（Service）两种。装饰器也称条件语句，这种节点附着在合成节点上，用于验证该黑板键是否为 true，决定着树中的一个分支，甚至单个节点是否能够被执行。服务节点连接至任务（Task）节点和合成（Composite）节点，只要它们的分支正在执行，它们就会以所定义的频率执行。这些节点通常用于检查和更新黑板。它们取代了其他行为树系统中的传统平行（Parallel）节点。虽然默认状态下有一些服务节点可用，但可能需要创建设计者的自定义服务节点，以便帮助确定如何执行行为树。如果需要考虑优化，设计者可能需要考虑把蓝图行为树服务节点切换为本机行为树服务节点。

（三）虚幻 4 行为树与传统行为树系统的差异

1. 行为树由事件驱动

UE4 行为树于其他行为树系统的一个不同点在于 UE4 行为树由事件驱动，可避免每帧进行不必要的工作，行为树并不会一直检查所有相关的变化是否已经发生，而是会被动地监听可用于触发树中变化的"事件"。构建由事件驱动的架构可以对性能和调试进行改良。然而，为充分利用这些改良，需要理解 UE4 行为树的其他不同之处，并合理构建行为树。因为编码不需要在每个 tick 通过整个树进行迭代，所以性能更佳。当在行为树的执行历史中前进或后退，对行为进行可视调试时，建议让历史显示相关的变化或不显示不相关的变化。在 UE4 事件驱动的实现中，没有必要过滤掉在整个树上迭代并且选择和之前相同行为的不相关步骤，因为额外的迭代从一开始就并未发生。事实上，只有树中的执行位置或黑板值的变化才有意义，显示的也正是这些差异。

2. 条件语句并非叶节点

在行为树的标准模式中，条件是任务叶节点，并不执行成功或失败之外的任何操作。在 UE4 中，我们可以设置传统的条件语句任务，但是强烈建议使用装饰器节点作为条件语句。

条件语句位于其所控制的子树根部，如果未满足条件语句，便能立即看到树的哪个部分已被"关闭"。此外，所有的叶节点都是操作任务节点，所以更容易分辨有哪些操作。在传统模式下,条件语句会出现在叶节点中,所以分辨哪些叶节点是条件语句,哪些叶节点是动作会消耗大量时间。

条件语句装饰器的另一个优点是可以轻松将装饰器设为树中关键节点上的观察者(等待事件)。我们要充分利用树事件驱动的特点,此特性十分关键。

3. 并发行为

标准行为树通常使用并行合成节点来处理并发行为,该平行节点会同时在其所有子项上开始执行。如果一个或多个子树结束,特殊规则将决定如何操作(取决于所需的行为)。UE4 行为树没有采用复杂的平行节点,而是采用了简单平行节点:一种称为服务节点的特殊节点,以及装饰器节点的观察者中止(Observer Aborts)属性来完成相同类型的行为。简单平行节点只有两个子项:一个必须是单个任务节点(拥有可选的装饰器),另一个可以是完整的子树。我们可以将简单平行节点理解为"执行 A 的同时,也在执行 B"。例如"攻击敌人,同时也朝敌人移动。"从基本上而言,A 是主要任务,B 是在等待 A 完成期间的次要任务或填充任务。有一些选项可以处理次要任务(任务 B)。较之于传统平行节点,该节点在概念上仍相对简单,然而它支持平行节点的大多数常规用法。利用简单平行节点可以轻松使用事件驱动的优化,而完整平行节点的优化则更为复杂。

(四) 虚幻 4 AI 的优势

在上一节中,介绍了 UE4 行为树与传统行为树系统的差异,而这些差异正是 UE4 的 AI 系统相较于传统 AI 的改进。首先,提到 UE4 行为树是由事件驱动的。然后,是使用装饰器作为条件语句,用条件语句装饰器替代任务节点有以下优点:①条件语句装饰器使行为树用户界面更直观、更易读。②所有叶节点都是操作任务节点,因此更容易分辨在指示进行哪些实际操作。最后,解释了 UE4 AI 的并发行为 UE4 处理并发行为的优点:

① 明确:使用服务节点和简单平行节点创造的树更简明,易于观察和理解。

② 调试简单:图表更清晰,便于纠错。此外,同时执行路径更少,更易于观察正在执行的内容。

③ 更易于优化:由事件驱动的图表如果没有同时执行大量子树,将更易于优化。

(五) 场景查询系统

Environment Query System(EQS)查询是 UE4 中的一种基于环境的查询系统,它提供了一种快速、简单和可扩展的方式来搜索场景中的特定元素或位置。EQS 查询可以在 AI 行为树和蓝图中使用,以帮助 AI 角色做出更加智能和优化的决策。

EQS 查询主要由生成器节点和情境节点组成。生成器节点用于生成将被测试和加权的位置或 Actor,而情境节点则用作各种测试和生成器引用的框架。用户可以在场景查询编辑器中添加生成器节点来生成需要查询的项目,如玩家、物品、障碍物等。同时,用户还可以添加需要在这些项目上运行的测试,如距离测试、角度测试、路径测试等。

UE4 默认提供了多种生成器类型,如球体、盒子、射线、Actor 等,但用户也可以通过蓝图或 C++创建自定义生成器。自定义生成器可以根据用户的需求和场景特点生成合适的项目,并对其进行加权,以便于后续的查询操作。

EQS 查询可以应用于很多场景,如在游戏中帮助 AI 角色找到能够发现玩家并发起攻击的最佳位置、找到距离最近的体力值或弹药拾取物,或找到最近的掩体等。在 AI 行为树和蓝图中使用 EQS 查询可以使 AI 角色更加智能化和高效化,提高游戏的玩法体验。

除了常规的查询操作,EQS 还提供了一些高级功能,可以进一步增强其应用场景和查询效果。其中之一是 EQS 图表,可以帮助用户直观地查看查询结果和评分情况。EQS 图表可以以条形图或散点图的形式展示查询结果,让用户更加直观地了解每个项目的权重和评分,以便于调整和优化查询操作。

另外,EQS 还支持多查询操作,可以同时进行多个查询并将结果合并,以获得更加综合和全面的查询结果。多查询操作可以在场景查询编辑器中设置,用户可以定义多个查询操作,并指定每个查询操作的权重和合并方式。这种功能可以在多个查询条件下快速筛选出最优的结果,提高查询效率和精度。

总的来说,EQS 查询是一种非常强大和灵活的查询系统,可以帮助用户快速地搜索和筛选场景中的元素和位置,并为 AI 角色做出更加智能和优化的决策。EQS 还支持高级功能,如 EQS 图表和多查询操作,可以进一步增强其应用场景和查询效果,提高游戏的玩法体验。

(六) AI 感知

AI 感知系统是 AI 框架中的一个重要组成部分,它为 AI 提供了感官数据,帮助其更好地理解和适应环境。AI 感知系统通常由两个主要组件组成:AI 感知组件和感知源。感知源可以是声音、视觉、触觉等各种感官刺激源,它们被注册到 AI 感知组件中,以便 AI 能够接收它们并作出相应的反应。

AI 感知组件是一个专门设计用于接收和处理感知数据的组件,它与 Pawn(AI 角色)相关联。当感知源产生刺激时,AI 感知组件将收到通知,并更新 AI 感知系统的状态。在更新状态后,AI 感知组件将调用 On Perception Updated 事件,该事件可以被蓝图脚本捕获,并用于启动新的蓝图脚本或更新验证行为树分支的变量。

AI 感知系统通常使用分类器算法来识别和处理感知数据。例如,视觉感知源可能会使用目标检测算法来识别环境中的对象,而声音感知源可能会使用语音识别算法来识别不同的声音。AI 感知系统还可以通过学习算法来提高其准确性和适应性,例如,通过反馈机制来优化算法,从而提高其预测能力和响应速度。

AI 感知系统是 AI 框架中的一个关键组件,它使 AI 能够获取和处理感官数据,从而更好地理解和适应环境。它可以使用各种分类器算法来处理感知数据,并通过学习算法来不断提高其准确性和适应性。AI 感知系统的重要性在于,它为 AI 提供了更全面的环境感知能力,从而使其能够更好地执行任务和适应不同的环境。AI 感知组件可用于定义要监听的感官、这些感官的参数以及检测到感官时的响应方式。用户还可以使用几个不同的函数来获取所感应到内容的信息和所感应到的 Actor,甚至禁用或启用某个特定类型的感应,接下来介绍几种常见的 AI 感知属性。

AI 伤害：如果希望 AI 对伤害事件（如 Event Any Damage、Event Point Damage 或 Event Radial Damage）作出反应，可以使用 AI 伤害感知配置（AI Damage Sense Config）。实现（Implementation）属性（默认为引擎类 AISense_Damage）可以用来确定处理伤害事件的方式，但用户也可以通过 C++代码创建自己的伤害类。

AI 听觉（AI Hearing）：可用于检测由报告噪点事件（Report Nolse Event）产生的声音，例如发射物击中某物发出的声音，该声音可通过 AI 听觉来注册。

AI 感知：这要求感知系统（Perception System）在 PredictionTime 秒内向请求者提供 PredictedActor 的预计位置。

AI 视觉（AI Sight）：用户可以在 AI 视觉配置中定义参数，而这些参数决定着 AI 角色在关卡中所能“看见”的事物。当一个 Actor 进入视觉半径后，AI 感知系统将发出更新信号，并穿过被看到的 Actor。例如，一个玩家进入该半径，并被具备视觉感知的 AI 所察觉。

AI 团队：这会通知感知组件的拥有者同团队中有人处在附近（发送该事件的游戏代码也会发送半径距离）。

AI 触觉（AI Touch）：通过 AI 触觉配置能够检测到 AI 与物体发生主动碰撞，或是与物体发生被动碰撞。例如，在潜入类型的游戏中，用户可能希望玩家在不接触敌方 AI 的情况下偷偷绕过他们。使用此感官可以确定玩家与 AI 发生接触，并能用不同逻辑做出响应。

AI 感知刺激源（AI Perception Stimuli Source）组件为其拥有的 Actor 提供了一种方法，可以自动将自己注册成为感知系统中指定感官的一个刺激源。例如，可设置一个 AI 角色，其拥有的 AI 感知组件被设为基于视觉来感知刺激。然后用户可以在一个 Actor（如物品拾取 Actor）中使用刺激源组件，并将其注册为视觉刺激（这将使 AI 能够“看到”关卡中的 Actor）。

AI 闻觉（AI Smell）：可以用于检测报告气味事件（Report Smell Event）产生的气味，例如玩家放置的诱饵或怪物释放的气味等。

AI 记忆（AI Memory）：可用于存储 AI 角色的经验和信息，包括玩家位置、道具位置、敌人位置等，以便在需要时进行查询和使用。

AI 情感（AI Emotion）：可以使 AI 角色在行为上表现出情感和情绪，例如恐惧、愤怒、喜悦等，这可以让角色看起来更加生动。

AI 决策（AI Decision Making）：可以使 AI 角色在特定情况下做出正确的决策，例如选择最佳的攻击方式或选择逃跑的路线等。

AI 预测（AI Prediction）：可以使 AI 角色在特定条件下预测玩家的行为和位置，以便更好地应对玩家的行为。

AI 学习（AI Learning）：可以使 AI 角色在不断的游戏中不断学习和适应玩家的行为和策略，从而提高 AI 角色的智能水平。

AI 路径规划（AI Pathfinding）：可以使 AI 角色在复杂的地形和障碍物中寻找最佳路径，以便更有效地移动和追踪玩家。

AI 目标选择（AI Target Selection）：可以使 AI 角色根据当前的情况和目标，选择最佳的攻击策略和目标，例如选择攻击最脆弱的敌人或者保护队友等。

AI 意图理解（AI Intent Understanding）：可以使 AI 角色理解玩家的意图和目的，以便更好地预测和应对玩家的行为。

AI 对话系统(AI Dialogue System):可以使 AI 角色和玩家进行对话交流,提供更加互动和逼真的游戏体验。

在实现 AI 感知时,需要考虑许多因素,例如感知范围、感知灵敏度、反应时间等,这些因素的选择取决于游戏的需求和设计目标,可以通过对感知属性进行定制来实现。

(七) AI 调试

当创建一个人工智能实体时,它需要经过调试过程以确保其能够在特定环境中按预期运行。这通常涉及测试、诊断和优化人工智能的行为和反应。为此,我们需要使用一些专门的工具(例如 AI 调试工具),以便在开发人工智能实体时能够轻松地进行问题诊断和查看 AI 在任何特定时刻的行为。

启用 AI 调试工具后,我们可以在同一个集中位置查看所有关键的信息和工具。这包括行为树、环境查询系统和 AI 感知系统。这些工具可以帮助我们深入了解 AI 实体的行为和反应,并在需要时对其进行调整和优化。

行为树是一种决策树,用于管理 AI 实体的行为和反应。在行为树中,我们可以看到 AI 实体正在进行的活动和当前目标,以及其下一步的行动计划。此外,我们还可以查看任何行为计划的进度,以及任何其他关键信息,例如当前运行的状态或任何故障或错误。

环境查询系统是 AI 实体用于获取关于其环境的信息的一种方法。这包括地图、物体位置、障碍物等。EQS 还可以让我们在环境中查找特定的物体或位置,以帮助 AI 实体执行任务或完成目标。这些信息对于 AI 实体能够在其环境中有效地运行非常重要。

AI 感知系统则是一种帮助 AI 实体理解其环境和对其做出反应的方法。这包括识别和回应周围的物体、声音和事件等。通过 AI 感知系统,AI 实体可以接收和解释来自其环境的各种信息,并采取适当的行动。

除了行为树、EQS 和 AI 感知系统之外,AI 调试工具还可以提供其他有用的信息和工具。例如,我们可以在调试工具中跟踪 AI 实体的内部状态,以查看它如何处理特定的信息和事件。我们还可以创建和修改 AI 实体的属性和行为,并测试其反应和行为。

总之,AI 调试工具是开发人工智能实体的必备工具之一。它们可以帮助我们深入了解 AI 实体的行为和反应,并对其进行调整和优化,以确保其能够在特定环境中按预期运行。

二、Unity

Unity 是一款流行的跨平台游戏引擎,由 Unity Technologies 开发和维护。它最初于 2005 年发布,目的是为游戏开发者提供一个灵活的工具,以创建各种类型的游戏,包括 2D 和 3D 游戏。

Unity 提供了一组强大的工具和功能,可以让游戏开发者在多个平台上创建高质量的游戏。Unity 的编辑器提供了一个直观的界面,使游戏开发者可以快速创建游戏场景、调整游戏对象、添加动画和效果等。此外,Unity 还提供了许多预制件和脚本,可以帮助开发者快速创建各种游戏元素。

Unity 还支持多种平台，包括 Windows、Mac OS、Linux、iOS、Android、PlayStation、Xbox 等。这意味着开发者可以使用 Unity 创建一次游戏，并将其发布到多个平台上，从而减少开发和维护成本。Unity 还提供了云服务，可以帮助开发者管理游戏内容、玩家数据、广告和分析等。

Unity 使用 C# 作为其主要编程语言，这使得开发者可以使用熟悉的语言来编写游戏逻辑和脚本。此外，Unity 还提供了强大的 API 和工具，可以帮助开发者编写高效的代码，从而提高游戏性能。

除了游戏开发，Unity 还可以用于其他应用程序开发，例如虚拟现实、增强现实和模拟器等。Unity 提供了许多与 AR 和 VR 相关的工具和功能，可以帮助开发者创建令人惊叹的虚拟体验。

Unity 社区非常庞大，拥有数百万注册用户。这意味着开发者可以获得许多支持和资源，包括教程、文档、论坛、代码示例等。Unity 还有一个广泛的生态系统，包括第三方插件和资产商店，可以帮助开发者快速增强他们的游戏。

虽然 Unity 是一个非常强大的工具，但它并不是完美的。一些开发者认为 Unity 的编辑器有些过于笨重，并且有时会遇到性能问题。此外，Unity 的许可证模型可能会对某些开发者造成困扰。

总的来说，Unity 是一个非常流行和强大的游戏引擎，可以帮助开发者在多个平台上创建高质量的游戏和应用程序。Unity 拥有强大的工具和功能，提供了丰富的教程和资源，是许多游戏开发者的首选引擎。它的跨平台特性和 C# 编程语言使得开发者可以更加高效地开发和发布游戏。Unity 不仅是一个游戏引擎，它还可以用于其他领域，例如虚拟现实、增强现实和模拟器等，这些功能都为 Unity 带来了广泛的应用和影响。

Unity 的编辑器是其最重要的特点之一，它提供了一个可视化的界面，使开发者可以轻松地创建游戏场景、游戏对象和动画效果等。Unity 的编辑器非常容易学习和使用，即使是初学者也可以很快上手。此外，Unity 的编辑器还支持多个视图，例如场景视图、游戏视图、层次结构视图和检查器视图等，使开发者可以更方便地查看和编辑游戏。

Unity 还提供了许多内置的预制件和脚本，可以帮助开发者快速创建各种游戏元素。这些预制件和脚本涵盖了许多不同的领域，例如物理引擎、动画系统、音频系统、网络系统等。此外，Unity 还支持多个插件和资产商店，可以帮助开发者快速增强他们的游戏。

Unity 的跨平台特性是其最大的优势之一。开发者可以使用 Unity 开发一次，然后将其发布到多个平台上，例如 Windows、Mac OS、Linux、iOS、Android、PlayStation、Xbox 等。这种跨平台特性可以大大减少开发和维护成本，使开发者可以更加专注于游戏的创意和设计方面。

Unity 的 API 和工具也是其最重要的特点之一。Unity 提供了一系列强大的 API 和工具，可以帮助开发者编写高效的代码，并提高游戏的性能。Unity 的 API 和工具涵盖了许多不同的领域，例如图形渲染、物理引擎、音频系统、网络系统等。这些 API 和工具可以使开发者更加专注于游戏逻辑和创意方面，而不是底层技术。

Unity 的生态系统也是其最重要的特点之一。Unity 拥有庞大的社区和生态系统，包括数百万的注册用户、教程、文档、论坛、代码示例等。Unity 还有一个广泛的插件和资产商店，可以帮助开发者快速增强他们的游戏。这些资源和支持可以使开发者更加高效地开发游戏，并解决各种问题和挑战。

Unity 的开发文档和教程也非常丰富，可以帮助开发者学习和掌握 Unity 的各种功能和技术。Unity 官网上有大量的文档和教程，其中包括入门教程、高级教程、视频教程等。此外，Unity 还提供了一个名为 Unity Learn 的学习平台，可以帮助开发者深入了解 Unity 的各种功能和技术，并提供了一系列的项目和挑战，帮助开发者提高自己的技能和经验。

Unity 还支持许多第三方工具和库，例如深度学习库 TensorFlow、音频处理库 FMOD、物理引擎 Havok 等。这些第三方工具和库可以帮助开发者扩展 Unity 的功能，同时还可以使游戏更加优化和高效。

总之，Unity 是一个功能强大、易于学习和使用的游戏引擎，拥有跨平台特性、丰富的 API 和工具、庞大的社区和生态系统以及丰富的文档和教程。它已经成为游戏开发者的首选引擎，同时也被广泛应用于其他领域，例如虚拟现实、增强现实、模拟器等。随着技术的不断发展和更新，Unity 将继续在游戏开发和其他领域发挥重要的作用。

（一）Unity 中的人工智能

Unity 是一种流行的游戏开发引擎，它提供了一系列强大的工具和功能，可以帮助开发人员构建高质量的游戏。其中，最重要的工具之一就是人工智能(AI)。Unity 的 AI 工具集提供了一系列的功能和技术，可用于开发游戏中的各种 AI 应用程序，包括游戏中的 NPC、敌人、智能交通系统、路径规划等。

Unity 中的人工智能主要分为两类：基于行为的 AI 和基于规则的 AI。基于行为的 AI 采用了“行为树”(Behavior Tree)的方法来控制 NPC 的行为。这个行为树是一个有根树结构，每个节点都代表一个行为，例如移动、攻击、等待等。通过配置行为树节点，可以很容易地创建各种行为，从而控制 NPC 的动作。行为树还支持各种类型的组合器，如顺序组合、选择组合和并行组合，以及条件节点和随机节点等。基于规则的 AI 方法是使用有限状态机(FSM)。有限状态机是一种模型，其中有限个状态之间基于输入触发相互转换。在 Unity 中，有限状态机主要用于控制角色的状态，例如待机、行走、跑步、攻击等。在有限状态机中，每个状态代表一个角色的动作，角色的行为是由当前的状态和输入触发器决定的。

除了这些基本的 AI 方法外，Unity 还提供了其他一些高级的 AI 技术，例如机器学习和神经网络。机器学习技术可以让 NPC 在游戏中逐步学习和优化自己的行为，使得游戏更加真实、有趣。神经网络技术可以帮助 NPC 更快地适应不同的环境，更好地应对各种挑战。

总的来说，Unity 的 AI 工具集提供了强大的功能和灵活的工具，可以帮助游戏开发人员快速创建高质量的游戏。使用这些工具，游戏开发人员可以轻松地创建各种不同类型的 AI 应用程序，从而为游戏带来更多的乐趣和挑战。

1. 有限状态机

有限状态机(FSM)是一种基于状态和转换的数学模型，通常用于描述和设计自动化系统或程序。在游戏开发中，FSM 通常被用来表示游戏实体的状态，例如角色、敌人、道具等等。每个游戏实体都可以处于多个状态之一，例如移动、攻击、防御、待机等。这些状态通过状态转换连接起来，可以被视为游戏实体的状态图。

在状态图中，每个状态都被表示为一个节点，节点之间的转换则表示为有向边。每个状态都有一个名称和一些特定的属性，例如该状态所代表的行为、该状态下的动画、音效等。状态之间的转换则由事件和规则触发。例如，当角色被攻击时，可以触发从待机状态到受伤状态的转换。

在游戏实体中，任何时刻都只能处于一个状态之下。当某个事件发生时，游戏实体将根据当前状态和事件触发的规则进行状态转换。状态转换可以是确定性的，也可以是随机的，这取决于游戏设计的需要。

除了用于游戏实体的状态表示，FSM 还可以用于 AI 的实现。例如，在游戏中的敌人 AI 可以被表示为一个 FSM，其状态可以包括巡逻、攻击、逃跑等。通过 FSM 的状态转换和规则，敌人 AI 可以自动选择最佳的行为，并在不同的情况下进行相应的调整。

总之，FSM 是一种简单而强大的模型，可以被广泛用于游戏开发、自动化系统和人工智能等领域。例如，在典型的射击类游戏中，AI 防御角色通常具有巡逻模式、追逐模式和射击模式，如图 8-1 所示。

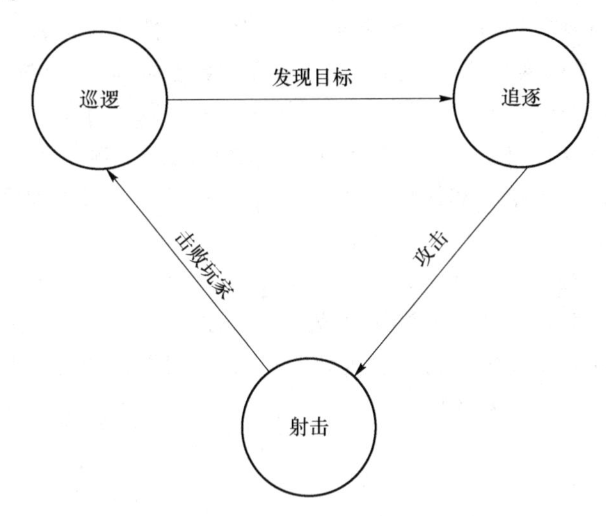

图 8-1　典型射击类游戏中 AI 防御角色功能

简单的 FSM 中一般包含下列 4 个组件。

状态：该组件定义了一组游戏实体或 NPC 可选择的一组唯一状态(例如巡逻、追逐和射击)。

转换：该组件定义了不同状态间的关系。

规则：该组件用于触发某一状态转换(例如玩家巡视、位于射杀范围以及玩家被摧毁)。

事件：该组件负责触发规则检测操作(例如守卫的可见区域、与玩家间的距离等)。

鉴于实现的简单性、可视化特征以及易于理解，FSM 常用于游戏开发过程中的搜寻 AI 模式。对此，使用简单的 if/else 语句或 switch 语句，即可实现 FSM。如果开始阶段即包含诸多状态和转换，则事态将会变得较为复杂。

2. 路径追踪

某些时候，AI 角色需要在游戏场景中按照大致路线或既定路线行进。例如，在赛车类游戏中，AI 车辆需要在公路上进行导航，按照预定的赛道路径进行比赛；在实时战略游戏中，其他训练单位需要知道玩家发出的训练位置，并实现整体前进，以协同训练。为了进一步展示 AI 角色的智能特征，主体对象需要具备一定的决策能力，包括确定目标位置、判断是否可到达该点、选取最佳路线，并在遇到障碍物或变化的情况下进行路线调整。这样的行为使得 AI 角色能够更加智能地在游戏世界中行动，增加游戏的挑战性和可玩性。

在游戏开发中，有多种方法可用于实现寻路和导航功能。其中，A 算法是一种常用的寻路算法，它通过评估节点的启发式估计值来选择最佳路径。A 算法在计算复杂度和寻路效果之间取得了很好的平衡，因此在游戏开发中被广泛应用。它可以根据地图的拓扑结构和代价函数（例如距离、障碍物等）来生成路径，以使 AI 角色能够按照预期的方式移动。

此外，许多游戏引擎和开发框架提供了内置的导航网格（NavMesh）功能，如 Unity 引擎中的 NavMesh 系统。导航网格是一种预先生成的网格结构，用于表示可行走区域和障碍物等信息。通过将游戏场景分割为小块，AI 角色可以使用导航网格来计算出最佳路径，并根据具体情况进行动态调整。这种方法可以在一定程度上简化寻路的实现，并提供高效的导航解决方案。无论是使用 A * 算法还是导航网格，寻路和导航功能的实现都需要考虑多个因素。例如，地图的复杂性、障碍物的布局、路径规划的效率和实时性等都会对 AI 角色的导航行为产生影响。开发者需要根据具体游戏需求进行权衡和调整，以提供良好的游戏体验。

除了基本的寻路和导航功能外，还有一些高级技术可以增强 AI 角色的智能表现。例如，引入行为树可以实现更复杂的决策逻辑和行为序列，使 AI 角色能够根据不同的情境做出不同的反应。此外，机器学习和深度强化学习等技术也可以用于训练 AI 角色在复杂环境中学习和适应，提高其自主决策能力和适应性。

在游戏开发中，寻路和导航技术是构建智能 AI 角色的重要组成部分。它们不仅能够使游戏世界更加真实和可信，还能够增加游戏的挑战性和可玩性。随着技术的不断进步和创新，相信寻路和导航技术将继续得到改进和优化，为游戏开发者提供更多强大的工具和方法，创造出更加引人入胜的游戏体验。

3. 集群行为

大量生物采用群集方式实现迁徙、捕甫猎或觅食等行为，例如鸟类、鱼和昆虫。与单独行动相比，这将使得群体变得更加安全、强大。对于鸟群在天空中盘旋这一类场景，设计独立飞鸟的运动和动画行为将消耗动画设计师大量的时间。如果针对飞鸟个体使用某一简单的行进规则，即可针对包含复杂、全局行为的鸟群实现整体智能效果。除了鸟类、鱼和昆虫，许多其他生物如狼、大象、野狗、羚羊等也采用了群集方式进行迁徙、觅食和狩猎。这种群体行为不仅使得个体更加安全、强大，而且可以促进种群的适应性进化和生态环境的平衡。

在计算机科学领域，群集智能（Swarm Intelligence）是一种仿生算法，通过模拟群体行为来解决复杂的优化和决策问题。其中，著名的算法包括蚁群算法（Ant Colony Optimization）、粒子群算法（Particle Swarm Optimization）和人工鱼群算法（Artificial Fish Swarm Algorithm）等。这些算法都采用了集群行为的策略，通过个体之间的相互作用和协作来实现全局优化的目标。

在实际应用中，集群智能算法已经广泛应用于交通运输、智能制造、网络优化、无人机协同等领域。例如，在交通运输领域中，通过将车辆视为群体进行模拟，可以实现交通拥堵的缓解和车辆运行效率的提高。在智能制造领域中，通过将机器人视为群体进行调度和协作，可以实现生产线的自动化和智能化。在无人机协同领域中，通过将多个无人机视为群体进行协作和任务分配，可以实现更加高效和安全的飞行任务。

除了计算机科学领域，群集智能还在其他领域得到了应用。例如，在城市规划中，可以将城市居民视为群体进行调度和管理，以提高城市的运行效率和居民的生活质量。在环境保护领域中，可以将野生动物视为群体进行研究和保护，以促进生态平衡和物种多样性的维护。在金融投资领域中，可以将投资者视为群体进行分析和预测，以实现更加精准的投资决策和风险控制。

在实际应用中，群集智能算法的成功往往依赖于群体的规模、个体之间的通信方式、行为规则的设计和优化算法的选择等因素。因此，针对不同领域和不同应用场景的需求，需要选择合适的算法和技术手段，以实现更加高效和精准的应用效果。

总之，群集智能作为一种集体智慧的表现形式，已经在各个领域得到了广泛的应用和研究。通过模拟群体行为，可以实现全局优化和协作，为解决现实生活中的复杂问题提供了新的思路和方法。

因此，群集智能不仅是一种生物学现象，更是一种具有广泛应用前景的计算机科学方法。通过模拟集群行为，可以实现全局优化和协作，从而为各行各业的发展提供有力支撑。

4. 行为树

行为树则是体现 AI 主体对象之后隐藏的控制和逻辑，并在 AAA 游戏中变得越发流行，例如《光晕》和《孢子》。前述内容简要地讨论了 FSM 机制，并提供了简单、高效的主体行为方式，即不同的状态以及状态间的转换。然而，由于 FSM 在后续操作中缺少一定的灵活性，且需要大量的人工设置，因而难以实现规模化操作。考虑到需要加入多个状态，连接大量的转换以支持全部方案，并以此考察主体对象，因此应采取一种可扩展的方法处理大型问题，这也是行为树的产生原因。

行为树表示为节点集，并通过层次结构方式予以组织。其中，节点连接至父节点，而非彼此连接的多个状态。该结构类似于树枝状结构，行为树的名称也由此而来。

行为树的基本元素表示为任务节点，相比之下，在 FSM 中，状态则表示为主元素。相应地，存在多项不同的任务，例如 Sequence、Selector 和 Parallel Decorator。跟踪其全部功能实现较为困难，理解这一概念的最佳方式是考察相关示例。下面将转换和状态分解为多项任务，如图 8-2 所示。

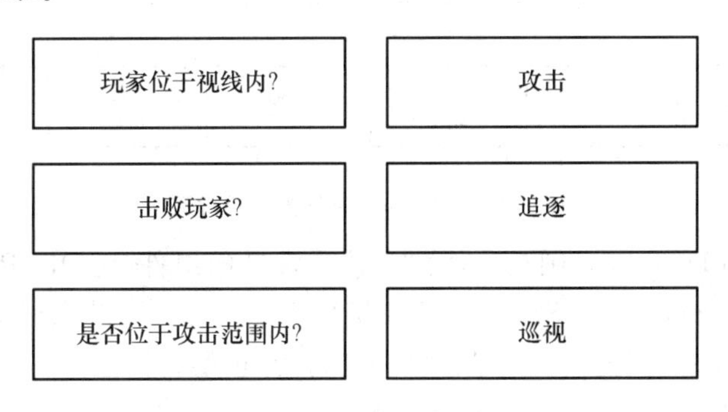

图 8-2 FSM 中状态询问与反馈

下面针对当前行为树考察 Selector 任务。Selector 任务通过圆形和问号表示。其中，Selector 按照自左至右的顺序计算各个子节点。首先，Selector 选择攻击玩家，如果 Attack 任务返回成功标识 则 Selector 任务执行完毕并返回至父节点处（如果存在父节点）。如果 Attack 任务无效，则 Selector 将尝试 Chase 任务。如果 Chase 任务无效，则会继续尝试 Patrol 任务 7。图 8-3 显示了该树形概念的基本结构。

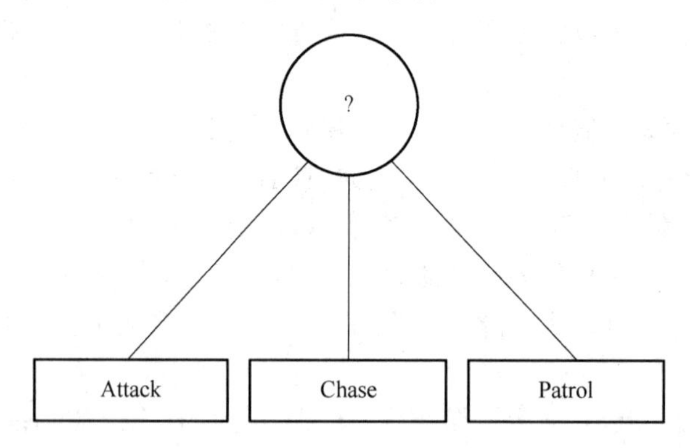

图 8-3　Selector 任务树

测试也是行为树中的任务之一。图 8-4 显示了 Sequence 任务的具体应用，相关任务采用包含箭头的矩形表示。另外，根 Selector 选择了第一个 Sequence 动作。Sequence 动作的首项任务即检测玩家角色是否位于攻击范围内。若该项任务成功执行，将会继续处理下一项任务，即攻击玩家角色。若 Attack 任务也成功返回，则全部序列将返回成功状态，Selector 将以当前行为告终，且不会继续执行其他 Sequence 任务。若邻近检测任务无效，Sequence 动作将不会执行 Attack 任务，并向父 Selector 任务返回无效状态。随后，Selector 将选择当前序列中的下一项任务，即“Lost or Killed Player?”。

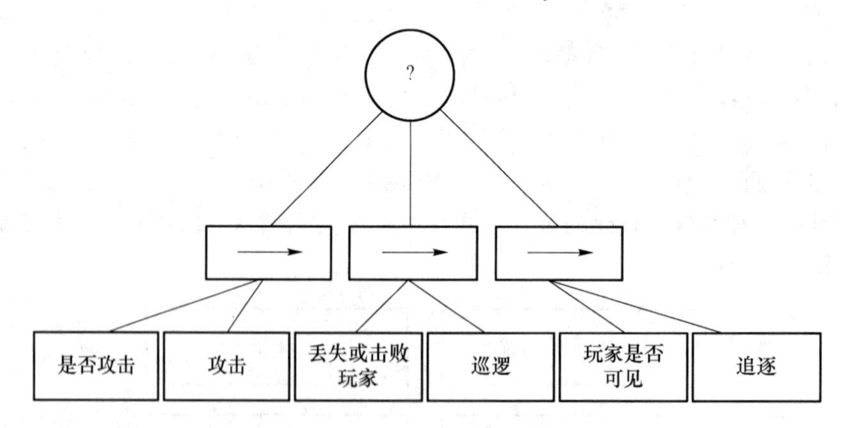

图 8-4　Sequence 任务树执行序列

Parallel 任务和 Decorator 则是其他两个较为常见的组件。其中，Parallel 任务同时处理全部子节点，而 Sequence 和 Selector 任务仅是逐一处理其子节点任务。Decorator 则是另外一种任务类型，并可调整自身子节点任务的行为，包括是否运行其子节点任务以及运行次数等问题。

（二）Unity 中的 AI 插件

Unity 作为一款流行的游戏引擎，不仅提供了强大的图形渲染和物理模拟功能，还为游戏开发者提供了丰富的 AI 插件，用于实现游戏中的人工智能。这些 AI 插件可以帮助开发者轻松地创建智能角色和敌人，为游戏带来更多的挑战和乐趣。

其中，Unity 的 Navigation 系统是一个基于导航网格（NavMesh）的路径规划工具。开发者可以使用 Navigation 系统在场景中生成导航网格，然后让角色根据生成的网格自主导航。通过 Navigation 系统，开发者可以简化寻路的实现，让 AI 角色能够智能地避开障碍物、选择最佳路径，并实现复杂的行为逻辑。这为开发者提供了一种方便且高效的方式来实现游戏中角色的导航和移动。此外，Unity 还提供了一系列的 AI 插件和工具，包括 Behavior Designer、Playmaker、NodeCanvas 等。这些插件使用不同的编程范式，如行为树、状态机、图形化节点编辑器等，使开发者能够以可视化的方式创建 AI 角色的行为逻辑。通过简单地拖拽和连接节点，开发者可以定义角色的决策流程、行为序列和条件判断，从而实现复杂的智能行为。这些插件不仅适用于创建敌人角色，还可以用于实现友善 NPC、队友 AI 等各种类型的智能角色。此外，Unity 还提供了机器学习工具包（ML-Agents Toolkit），它基于强化学习算法，允许开发者训练 AI 角色学习并适应游戏中的环境。通过与强化学习算法的结合，开发者可以让 AI 角色通过试错和奖惩机制来自主学习并改进其决策策略。这使得游戏中的角色能够根据玩家的行为和环境的变化进行自主调整，增加游戏的挑战性和可玩性。

除了 Unity 自带的插件和工具，还有许多第三方 AI 插件可供开发者选择。例如，A* Pathfinding Project 是一款广受欢迎的寻路插件，它基于 A* 算法提供了高效的路径规划功能。开发者可以使用该插件在游戏场景中生成导航网格，并根据需要定制寻路算法和路径的计算代价。此外，TensorFlowSharp、CaffeSharp 等机器学习库的 Unity 封装也可以用于在游戏中应用深度学习模型，实现更高级的智能行为。

总之，Unity 作为一款强大的游戏引擎，提供了丰富的 AI 插件和工具，为开发者提供了多种选择来实现游戏中的人工智能。无论是基于路径规划的简单导航还是基于机器学习的智能决策，开发者都可以根据自己的需求和技术水平选择适合的工具和方法。通过合理运用这些 AI 插件和工具，开发者可以为游戏中的角色赋予智能，提升游戏的体验和乐趣。未来，随着人工智能技术的不断发展，相信 Unity 的 AI 功能将不断创新和完善，为游戏开发者带来更多惊喜和可能性。

1. ML-Agents

（1）概述

Unity Machine Learning Agents（ML-Agents）是一款开源的 Unity 插件，旨在为游戏和其他模拟环境中的智能角色训练提供支持。通过 ML-Agents，开发者可以利用强化学习、模仿学习、神经进化等机器学习方法，通过简单易用的 Python API 对角色进行训练。ML-Agents 插件提供了一种便捷的方式，让开发者能够在 2D、3D 和 VR/AR 游戏中训练智能角色。它基于最先进的机器学习算法实现（基于 TensorFlow），为开发者提供了强大的工具来训练智能角色并改进其行为。通过 ML-Agents，开发者可以创建多个智能代理角色，并设置它们进行合作或仿真训练，从而模拟复杂的游戏场景和情境。

经过训练的智能代理角色可以用于多种目的。首先，它们可以用于控制非玩家角色(NPC)的行为。通过训练，NPC 角色可以学会根据环境和玩家的行为做出智能的决策，使游戏更具挑战性和交互性。其次，ML-Agents 还可以用于游戏内部版本的自动化测试。通过训练智能代理角色来执行游戏中的特定任务，开发者可以自动化测试游戏的各个方面，并发现潜在的问题和改进空间。此外，通过对不同游戏设计决策的预发布版本进行评估，开发者可以利用训练的智能代理角色来评估游戏的设计决策对游戏体验和玩家行为的影响。

ML-Agents 不仅为游戏开发者提供了训练智能角色的工具，还提供了一个集中的平台，让开发者能够在 Unity 的丰富环境中评估人工智能的进展。这个平台不仅可以帮助开发者跟踪智能角色训练的性能和进度，还可以提供实验数据和结果，供更广泛的研究者和游戏开发者社区使用。

通过 ML-Agents，Unity 为开发者提供了一个完整而强大的工具集，使他们能够在游戏中实现智能角色。无论是通过路径规划、基于规则的行为还是基于机器学习的决策，开发者都可以利用这些插件和工具来创建智能角色，并为游戏带来更多的创新和乐趣。随着机器学习和人工智能技术的不断发展，ML-Agents 将继续演进和改进，为开发者提供更多先进的功能和方法，推动游戏开发领域的进步。

(2) 主要组件

ML-Agents 是一个 Unity 插件，如图 8-5 所示，它包含三个高级组件。

① Learning Environment：包含 Unity 场景和所有游戏角色。

② Python API：包含用于训练(学习某个行为或 policy)的所有机器学习算法。与学习环境不同，Python API 不是 Unity 的一部分，而是位于外部并通过 External Communicator 与 Unity 进行通信。

③ External Communicator：它将 Unity 环境与 Python API 连接起来。它位于 Unity 环境中。

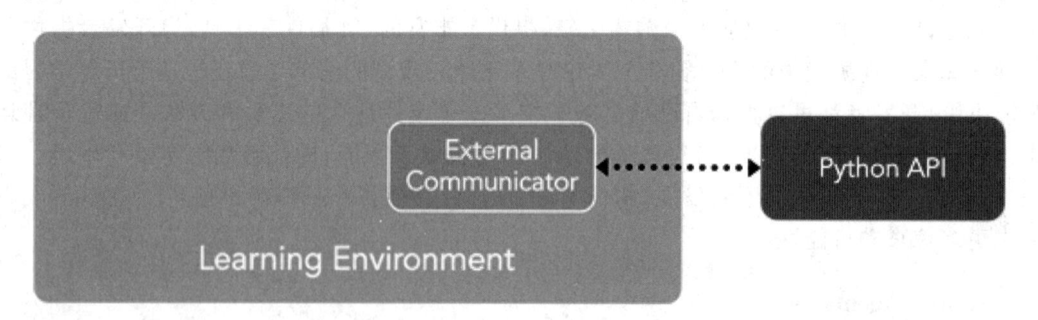

图 8-5　ML-Agents 简化框图

Learning Environment 包含三个可帮助组织 Unity 场景的附加组件。

① Agent：它可以被附加到一个 Unity 游戏对象上(场景中的任何角色)，负责生成它的观测结果、执行它接收的动作并适时分配奖励(正/负)。每个 Agent 只与一个 Brain 相关联。

② Brain：它封装了 Agent 的决策逻辑。实质上，Brain 中保存着每个 Agent 的 policy，

决定了 Agent 在每种情况下应采取的动作。具体地说,它是从 Agent 接收观测结果和奖励并返回动作的组件。

③ Academy:它指挥 agent 的观测和决策过程。在 Academy 内,可以指定若干环境参数,例如渲染质量和环境运行速度参数。External Communicator 位于 Academy 内。

每个学习环境都会有一个全局的 Academy 和与每一个游戏角色一一对应的多个 Agent。虽然每个 Agent 必须与一个 Brain 相连,但具有相似观测和动作的多个 Agent 可关联到同一个 Brain。Academy 除了能够控制环境参数之外,还可确保所有 Agent 和 Brain 都处于同步状态。Brain 有以下四种类型可以实现广泛的训练和预测情形。

① External:使用 Python API 进行决策。这种情况下,Brain 收集的观测结果和奖励通过 External Communicator 转发给 Python API。Python API 随后返回 Agent 需要采取的相应动作。

② Internal:使用嵌入式 TensorFlow 模型进行决策。嵌入式 TensorFlow 模型包含了学到的 policy,Brain 直接使用此模型来确定每个 Agent 的动作。

③ Player:使用键盘或控制器的实际输入进行决策。这种情况下,人类玩家负责控制 Agent,由 Brain 收集的观测结果和奖励不用于控制 Agent。

④ Heuristic:使用写死的逻辑行为进行决策,目前市面上大多数游戏角色行为都是这样定义的。这种类型有助于调试具有写死逻辑行为的 Agent,也有助于把这种由写死逻辑指挥的 Agent 与训练好的 Agent 进行比较。

(3) 训练模式

鉴于 ML-Agents 的灵活性,我们可以通过多种方式进行训练和预测。

① 内置的训练和预测。如前所述,ML-Agents 附带了多种用于训练智能 Agent 的最先进算法的实现。在此模式下,Brain 类型在训练期间设置为 External,在预测期间设置为 Internal。该插件的实现是基于 TensorFlow 的,因此在训练期间,Python API 使用收到的观测结果来学习 TensorFlow 模型,然后在预测过程中该模型将嵌入到 Internal Brain 中,以便为连接到该 Brain 的所有 Agent 生成最佳动作。

② 自定义训练和预测。先前的模式中使用 External Brain 类型进行训练,从而生成 Internal Brain 类型可以理解和使用的 TensorFlow 模型。然而,ML-Agents 的任何用户都可以利用自己的算法进行训练和预测。在这种情况下,训练阶段和预测阶段的 Brain 类型都会设置为 External,并且场景中所有 Agent 的行为都将在 Python 中接受控制。

- 课程学习(Curriculum Learning)。此模式是内置训练和预测的扩展,在训练复杂环境中的复杂行为时特别有用。Curriculum learning 是一种训练机器学习模型的方式,这种训练方式会逐渐引入问题较难理解的方面,使该模型总是受到挑战。这种思路已经存在了很长一段时间,这也是我们人类通常学习的方式。例如初等教育的课程和主题都会排序,先教算术,然后教代数,再教微积分。前期课程中学到的技能和知识为后期的课程奠定了基础。机器学习也是同样的道理,对较简单任务的训练可以为将来较难的任务打下基础。

当我们考虑强化学习(Reinforcement Learning)的实际原理时,学习信号是在整个训练过程中偶尔收到的奖励。训练 Agent 完成此任务时的起点将是一个随机 Policy。该起始 Policy 将使 Agent 随意转圈,这样的行为在复杂环境中可能永远不会获得奖励或极少获得奖励。因此,通过在训练开始时简化环境,我们可让 Agent 将随机 Policy 快速更新为更有意义的 Policy,即随着环境逐渐复杂化,Policy 也会不断改进。在示例中,我们可以考虑当每个队只包含一个玩家时,首先训练军医,然后反复增加玩家人数(即环境复杂度)。ML-Agents 支持在 Academy 内设置自定义环境参数。因此,可以根据训练进度动态调整与难度或复杂性相关的环境要素(例如游戏对象)。

- 模仿学习(Imitation Learning)。简单地展示我们希望 Agent 执行的行为,而不是试图通过试错法来让它学习,这种方式通常会更直观。例如,这种模式不是通过设置奖励功能来训练军医,而是通过游戏控制器提供军医应该如何表现的示例。更具体地说,在这种模式下,训练期间的 Brain 类型设置为 Player,并且所有使用控制器执行的动作(不仅包括 Agent 观测)都将被记录并发送到 Python API。Imitation Learning 算法随后将会使用这些来自人类玩家的观测结果以及他们对应的动作来学习 Policy。

③ 灵活的训练方案。虽然迄今为止的讨论都主要集中在使用 ML-Agents 对单个 agent 进行训练方面,但同时实现多种训练方案也是可能的。

- 单 Agent。与单个 Brain 相连的单个 Agent,拥有自己的奖励信号。这是传统的 Agent 训练方式。
- 同步单 Agent。与单个 Brain 相连的多个独立 Agent,具有独立奖励信号。传统训练方案的并行版本,这可以加速和稳定训练过程。当用户在一个环境中拥有同一角色的多个版本而这些角色版本应该学习类似行为时,这很有用。
- 仿真训练性自我模拟。与单个 Brain 相连的两个相互作用的 Agent,具有反向奖励信号。在双人游戏中,仿真训练性自我模拟可以让 Agent 变得越来越熟练,同时始终拥有完美匹配的对手:自身。
- 协作性多 Agent。与单个或多个不同 Brain 相连的多个相互作用的 Agent,具有共享的奖励信号。在此方案中,所有 Agent 必须共同完成一项不能单独完成的任务。示例包括这样的环境:每个 Agent 只能访问部分信息,并且需要共享这些信息才能完成任务或协作解决难题。
- 竞争性多 Agent。与单个或多个不同 Brain 相连的多个相互作用的 Agent,具有反向奖励信号。在此方案中,Agent 必须相互竞争才能赢得比赛,或获得一些有限的资源。所有的团队运动都属于这种情况。
- 生态系统。与单个或多个不同 Brain 相连的多个相互作用的 Agent 具有独立奖励信号。这种方案可以看作是创造一个小世界,在这个小世界中,拥有不同目标的动物都可以相互影响,例如可能有斑马、大象和长颈鹿的稀树草原,或者城市环境中的自动驾驶模拟。

④ 其他功能。除了提供灵活的训练方案外,ML-Agents 还包含其他功能,可用于提高训练过程的灵活性和解释能力。

- 按需决策:使用 ML-Agents 可以让 Agent 仅在需要时才请求决策,而不是在环境的每一步都请求决策。这种方案可用于训练基于回合的游戏、Agent 必须对事件作出反应的游戏,或 Agent 可以采取持续时间不同的动作的游戏。在每一步决策与按需决策之间切换只需要点击一下按钮即可实现。用户可以在此处了解更多关于按需决策功能的信息。

- 记忆增强 Agent:在某些情况下,Agent 必须学会记住过去才能做出最好的决策。当 Agent 只能部分观测环境时,跟踪过去的观测结果可以帮助 Agent 学习。我们在教练中提供了一种长短期记忆(LSTM)的实现,使 Agent 能够存储要在未来步骤中使用的记忆。用户可以在此处了解有关在训练中启用 LSTM 的更多信息。
- 监控 Agent 的决策过程:由于 ML-Agents 中的通信是双向通道通信,因此我们在 Unity 中提供了一个 Agent Monitor 类,这个类可以显示经过训练的 Agent 的各个方面,例如 Agent 对自己在 Unity 环境中的表现(称为价值估算)的感知。通过利用作为可视化工具的 Unity 并实时提供这些输出,研究人员和开发人员可以更轻松地调试 Agent 的行为。用户可以在此处了解更多关于使用 Monitor 类的信息。
- 复杂的视觉观测:在其他平台中,Agent 的观测可能仅限于单个向量或图像,与之不同的是,ML-Agents 允许每个 Agent 使用多个摄像机进行观测。因此,Agent 可以学习整合来自多个视觉流的信息。这在多种情况下都会很有用,例如训练需要多个摄像头且摄像头具有不同视角的自动驾驶车辆,或可能需要整合空中视觉和第一人称视觉的导航 Agent。用户可以在此处了解更多关于向 Agent 添加视觉观测的信息。
- Broadcasting:如前所述,默认情况下,External Brain 会将其所有 Agent 的观测结果发送到 Python API。这对训练或预测很有帮助。Broadcasting 是一种可以为其他三种模式(Player、Internal、Heuristic)启用的功能,这种情况下的 Agent 观测和动作也会发送到 Python API(尽管 Agent 不受 Python API 控制)。Imitation Learning 会利用这一功能,此情况下会使用 Player Brain 的观测和动作来通过示范的方式学习 Agent 的 Policy。不过,这对 Heuristic 和 Internal Brain 也有帮助,特别是在调试 Agent 行为时。用户可以在此处了解更多关于使用 Broadcasting 功能的信息。
- Docker 设置(测试功能):为了便于在不直接安装 Python 或 TensorFlow 的情况下设置 ML-Agents,我们提供了关于如何创建和运行 Docker 容器的指南。由于渲染视觉观测的限制,该功能被标记为测试功能。
- AWS 上的云训练:为了便于在 Amazon Web Services (AWS)机器上使用 ML-Agents,我们提供了一份指南让您了解如何设置 EC2 实例以及公共的预配置 Amazon Machine Image (AMI)。
- Microsoft Azure 上的云训练:为了便于在 Microsoft Azure 机器上使用 ML-Agents,我们提供了一份指南让您了解如何设置 virtual machine instance 实例以及公共的预配置 Data Science VM。

⑤ 示例:训练 NPC 的行为。假设我们正在开发一个由玩家控制角色的多玩家仿真训练主题游戏。在此游戏中,我们有一名担任军医的 NPC,他会负责寻找和恢复受伤的玩家。最后,我们假设有两支军队,每支军队有五名队员和一名 NPC 军医。

军医的行为相当复杂。首先,此角色需要避免受伤,因此需要检测何时处于危险之中并转移至安全位置。其次,此角色需要了解其队员中哪些人受伤而需要帮助。如果多人受伤,则需要评估受伤程度并决定首先帮助哪个伤者。最后,一名优秀的军医总能把自己置于一个可以快速帮助队员的位置。符合所有这些特征意味着军医需要在任何情况下测量环境的若干属性（例如队员位置、敌人位置、哪一名队员受伤以及受伤程度），然后决定采取的行动（例如躲避敌人的火力、前往帮助其队员之一）。鉴于环境中存在有大量的可变参数以及军医可以采取的大量可能的行动，手工定义和实现此类复杂的行为极具挑战性，并且很容易出错。凭借 ML-Agents，我们可以使用各种方法来训练这类 NPC（称为 Agent）的行为。我们需要在游戏（称为环境）的每个时刻定义三个实体。

- 观测：军医对环境的感知。观测可以是数字和/或视觉形式。数字观测会从 Agent 的角度测量环境的属性。对于军医来说，这将是军医可以看到的仿真属性。根据游戏和 Agent 的不同，数字观测的数据可以是离散的或连续的形式。对于大多数有趣的环境，Agent 将需要若干连续的数字观测，而对于具有少量独特配置的简单环境，离散观测就足够了。另外，视觉观测是附加到 Agent 的摄像头所生成的图像，代表着 Agent 在该时间点看到的内容。我们通常会将 Agent 的观测与环境（或游戏）的状态混淆。环境状态表示包含所有游戏角色的整个场景的相关信息。但是 Agent 观测仅包含 Agent 了解的信息，通常是环境状态的一个子集。例如，军医观测不能包括军医不知道的隐身敌人的信息。
- 动作：军医可采取的动作。与观测类似，根据环境和 Agent 的复杂性，动作可以是连续的或离散的。就军医而言，如果环境是一个只是基于位置的简单网格世界，那么采用四个值（东、西、南、北）之一的离散动作就足够了。但是，如果环境更加复杂并且军医可以自由移动，那么使用两个连续动作（一个对应于方向，另一个对应于速度）更合适。
- 奖励信号：一个表示军医行为的标量值。需要注意的是，不需要在每个时刻都提供奖励信号，只有在军医执行好的或坏的动作时才提供。例如，军医在死亡时会得到很大的负奖励，每当恢复受伤的队员时会得到适度的正奖励，而在受伤队员因缺乏救助而死亡时会得到适度的负奖励。这里需要注意的是，奖励信号表示如何将任务的目标传达给 Agent，所以采用的设置方式需要确保当获得的奖励达到最大值时，Agent 能够产生我们最期望的行为。

在定义这三个实体之后，我们就可以训练军医的行为了。为此需要通过许多试验来模拟环境，随着时间的推移，通过最大化未来奖励，使军医能够针对每次的观测学会采取最佳的动作。关键在于，军医学习能够使奖励得到最大值的动作的过程，便是在学习使自己成为一名优秀军医（即拯救最多生命的军医）的过程。在 Reinforcement Learning 技术中，所学习的行为称为 Policy，我们想学习的 Policy 本质上是一个从每个可能的观测到该观测下最优动作的映射。需要注意的是，通过运行模拟来学习 Policy 的过程被称为训练阶段，而让 NPC 使用其学习到的 Policy 玩游戏的过程被称为预测阶段。

在示例中，我们有两个各自拥有自己军医的军队。因此，在我们的学习环境中将有两个 Agent，每名军医对应一个 Agent，但这两个军医都可以关联到同一个 Brain。需要注意的是，这两个军医与同一个 Brain 相连是因为他们的观测和动作空间是相似的。这并不意味着在每种情况下他们都会有相同的观测和动作值。换句话说，Brain 定义了所有可能的观测和动作的空间，而与之相连的 Agent（在本示例中是指军医）可以各自拥有自己独特的观测和动作值。如果我们将游戏扩展到包含坦克驾驶员 NPC，那么附加到这些角色的 Agent 不能与连接到军医的 Agent 共享一个 Brain（军医和驾驶员有不同的动作）。

在 ML-Agents 内置的多种用于训练智能 Agent 的算法下，在训练期间，场景中的所有军医通过 External Communicator 将他们的观测结果发送到 Python API（这是采用 External Brain 时的行为）。Python API 会处理这些观测结果并发回每个军医要采取的动作。在训练期间，这些动作大多是探索性的，旨在帮助 Python API 学习每位军医的最佳 Policy。训练结束后，便可导出每个军医所学的 Policy。

2. Procedural AI

Procedural AI（程序化人工智能）是一种用于自动生成智能角色的技术，它结合了算法和机器学习的方法，能够自动创建具有差异化行为的角色。与传统的手动设计和编写智能角色相比，Procedural AI 具有更高的效率和灵活性，能够快速生成大量具有差异化行为的角色，并根据需要进行调整和优化。接下来，我们将介绍 Procedural AI 的特点、应用和发展方向。

Procedural AI 的核心思想是利用算法和机器学习技术来生成智能角色的行为。传统的手动设计通常需要大量的时间和人力投入，而 Procedural AI 通过自动化生成过程能够极大地提高角色生成的效率。使用 Procedural AI，开发者只需要定义一些基本规则、行为和目标，然后让算法自动生成符合这些规则的智能角色。这些角色可以具有不同的特点、偏好和策略，使得游戏中的角色多样化和更具挑战性。

Procedural AI 在游戏开发中有着广泛的应用。首先，它可以用于生成敌对角色。通过 Procedural AI，开发者可以自动生成一系列具有不同行为和策略的敌对角色，使得游戏中的仿真更加多样化和刺激。这些敌对角色可以根据玩家的行为和能力进行适应性调整，增加游戏的难度和挑战性。其次，Procedural AI 还可以用于生成友好角色和非玩家角色（NPC）。通过自动生成友好角色和 NPC，游戏世界可以更加生动和真实，角色之间可以进行复杂的交互和合作。最后，Procedural AI 还可以应用于游戏的任务生成和关卡设计，自动生成各种类型的任务和关卡，增加游戏的可玩性和持久性。随着人工智能和机器学习技术的不断发展，Procedural AI 在游戏开发中的应用也在不断拓展和深化。未来的发展方向之一是更加高级的自动生成技术。目前，Procedural AI 主要基于预定义的规则和行为进行生成，但随着机器学习技术的进步，可以期待将更多的智能和自适应性引入到生成过程中。例如，通过使用深度强化学习等技术，角色可以在与玩家互动的过程中不断学习和改进，提供更加个性化和逼真的行为。此外，Procedural AI 还可以与其他技术相结合，如生成仿真训练网络（GAN）和自然语言处理（NLP），以生成更加复杂和丰富的角色。

总之，Procedural AI 是一项创新的技术，为游戏开发者提供了快速生成具有差异化行为的智能角色的方法。它的应用范围广泛，可以用于生成敌对角色、友好角色、NPC 以及游戏任务和关卡等。随着人工智能和机器学习技术的不断发展，Procedural AI 的应用将变得更加智能化和个性化。未来，我们可以期待看到更多创新的 Procedural AI 技术在游戏开发中的应用，为玩家带来更加丰富和逼真的游戏体验。

(1) Procedural AI 的特点

① 自动化。Procedural AI 是一种自动化的技术，不需要手动编写和设计智能角色。它基于算法和机器学习技术，根据预设的规则和目标，自动生成具有差异化行为的角色。这种自动化的过程，大大提高了角色生成的效率和灵活性。

② 差异化。Procedural AI 可以生成具有差异化行为的角色。相比于传统的手动设计和编写智能角色，Procedural AI 可以生成大量具有不同行为和特征的角色，使得游戏中的角色更加多样化和丰富化。这种差异化的特点，可以提高游戏的可玩性和趣味性。

③ 可调整性。Procedural AI 生成的角色可以根据需要进行调整和优化。开发者可以根据游戏的需求和玩家的反馈，对生成的角色进行调整和优化，使得其行为更加符合游戏的要求和期望。这种可调整性的特点，可以提高游戏的适应性和可持续性。

④ 学习能力。虽然 Procedural AI 主要基于预设的规则和目标进行生成，但随着机器学习技术的发展，可以将学习能力引入到生成过程中。通过使用强化学习、模仿学习等技术，角色可以在与玩家互动的过程中不断学习和改进，提高其适应性和智能性。这种学习能力的特点可以使得生成的角色更加智能化和个性化。

⑤ 灵活性。Procedural AI 具有很高的灵活性，可以根据不同的需求和场景生成不同类型的智能角色。开发者可以定义各种规则、行为和目标，以及角色之间的关系和交互，从而实现不同类型的角色生成。这种灵活性使得 Procedural AI 适用于各种不同类型的游戏和模拟环境。

⑥ 算法支持。Procedural AI 的实现离不开算法和机器学习技术的支持。目前，有许多先进的算法和方法可以用于 Procedural AI 的实现，如强化学习算法、遗传算法、深度学习等。这些算法的应用使得 Procedural AI 能够生成更加智能和逼真的角色行为。

⑦ 适应性。Procedural AI 生成的角色具有一定的适应性，可以根据环境和玩家的行为做出相应的反应。角色可以根据游戏的情境和玩家的动作，调整自己的策略和行为，以达到更好的游戏体验。这种适应性的特点使得游戏中的角色更加智能化和真实化，增加了游戏的挑战性和乐趣性。

⑧ 可扩展性。Procedural AI 提供了可扩展性的优势，能够适应不同规模和复杂度的游戏。不论是小型独立游戏还是大型开放世界游戏，Procedural AI 都能够生成符合要求的智能角色。开发者可以根据游戏的需求和规模，调整生成角色的数量和复杂度，以满足游戏的需求。

⑨ 快速迭代。由于 Procedural AI 的自动化特性，开发者可以更加快速地进行迭代和测试。他们可以通过修改和优化生成规则、行为和目标，快速生成新的角色并进行测试。这种快速迭代的能力，使得开发者能够更加高效地调整和优化游戏中的智能角色，提升游戏的质量和用户体验。

（2）Procedural AI 的应用

① 游戏。Procedural AI 在游戏中的应用最为广泛。它可以用于生成具有差异化行为的敌人和 NPC 角色，使得游戏中的角色更加多样化和丰富化。这些角色可以根据游戏的需要和难度，自动调整和优化其行为和特征，提高游戏的可玩性和趣味性。

② 艺术。Procedural AI 可以用于艺术创作。例如，可以用它来生成具有差异化风格的艺术作品，或者用于音乐和声音的生成。这种艺术创作，可以带给人们全新的视听体验和思考方式。

③ 机器人。Procedural AI 可以用于机器人的设计和制造。它可以根据机器人的任务和环境，自动生成适合的行为和策略，使得机器人能够更加智能化和自适应。这种技术的应用可以推动机器人在各个领域的发展和应用。

④ 模拟。Procedural AI 可以用于模拟现实中的场景和情境。例如,可以用它来模拟城市中的交通流量和交通事故,或者模拟自然环境中的动物行为和生态系统。这种模拟可以帮助人们更好地理解和掌握现实世界的复杂性和变化性,为科学研究和决策提供有价值的参考。

⑤ 教育。Procedural AI 在教育领域也有着广泛的应用。它可以用于虚拟教学环境的创建,通过生成智能角色和场景,提供与学生互动的学习体验。这种虚拟环境可以模拟真实情境,帮助学生进行实践和应用,提高他们的学习效果和兴趣。

⑥ 决策支持。Procedural AI 可以用于决策支持系统的开发。通过生成具有差异化行为的智能角色,可以模拟和评估不同决策方案的效果和结果。这种决策支持系统可以应用于各个领域,例如城市规划、交通管理、金融投资等,为决策者提供科学的参考和指导。

(3) Procedural AI 的发展方向

① 更高的智能化。未来的 Procedural AI 将会更加注重机器学习技术和深度学习技术的应用,使得生成的角色具有更高的智能和自适应能力。这样的角色将能够更好地适应复杂和变化的环境,更好地完成各种任务和目标。

② 更加个性化。未来的 Procedural AI 将会更加注重角色的个性化特征和行为,使得每个角色都具有独有的特征和行为。这种个性化的特点,可以让角色更加真实和生动,更加引人入胜。

③ 更高的可扩展性。未来的 Procedural AI 将会更加注重算法和架构的设计,使得其能够更加容易地进行扩展和优化。这样的 Procedural AI 系统将能够更好地应对未来的需求和挑战。

④ 更好的应用场景。未来的 Procedural AI 将会更加注重不同领域和场景的应用,例如游戏、模拟、机器人和艺术等。这样的应用场景将会带给人们更多的新颖体验和思考方式。

⑤ 更好的用户参与和互动。未来的 Procedural AI 将注重用户体验和用户参与度的提升。通过引入更多的互动机制和反馈系统,使得用户能够与生成的角色进行更加紧密的互动和沟通。这样的互动体验将增强用户的参与感和代入感,提升游戏和应用的吸引力。

⑥ 更强的创造力和创新性。未来的 Procedural AI 将致力于提供更多的创造性工具和算法,以激发开发者的创造力和想象力。通过引入自动生成的角色和行为,开发者可以更加自由地创作和设计游戏世界,推动游戏产业的创新发展。

⑦ 更好的伦理和道德考量。未来的 Procedural AI 将需要更好地考虑角色生成过程中的伦理和道德问题,确保生成的角色不会产生不当行为或造成负面影响。同时,还需要制定相应的规范和准则,以保障 Procedural AI 的正当和负责任地使用。

⑧ 跨学科合作与交叉创新。未来 Procedural AI 的发展方向将会促进计算机科学、人工智能、认知科学、心理学等多个领域的融合。通过跨学科的合作,可以充分利用不同领域的知识和技术,推动 Procedural AI 的发展和应用。

综上所述,Procedural AI 作为一种自动生成智能角色的技术,具有自动化、差异化、可调整性、学习能力、适应性、可扩展性和快速迭代的特点。未来的发展方向包括更高的智能化、更加个性化、更高的可扩展性、更好的应用场景、更好的用户参与和互动、更强的创造力和创新性,以及更好的伦理和道德考量。在跨学科合作和交叉创新的推动下,Procedural AI

将不断发展和进步，为人们带来更多创新和乐趣。

三、CryEngine

CryEngine 是一款由德国游戏开发公司 Crytek 开发的游戏引擎，最初发布于 2002 年。自发布以来，CryEngine 在游戏开发领域取得了巨大的成功和广泛的应用。它被许多游戏开发者和工作室选择作为开发游戏的引擎，产生了多款备受赞誉的游戏作品。CryEngine 以其卓越的图形渲染技术而著名。它采用了先进的渲染技术，包括全局光照、实时反射和抗锯齿等，使得游戏画面更加逼真和细腻。通过 CryEngine，开发者可以创建出令人惊叹的视觉效果，为玩家提供身临其境的游戏体验。这也是 CryEngine 在制作高质量游戏方面的一大优势，特别是对于那些需要呈现真实感和氛围感的游戏。

除了出色的图形处理能力，CryEngine 还具备强大的大规模场景处理能力。它支持无缝地创建和渲染广阔的游戏世界，能够处理大量细节和复杂的场景。这使得开发者能够打造出丰富多样的游戏环境，提供开放世界的探索和自由度。CryEngine 的场景管理系统能够有效地处理地形、植被、物理效果和粒子系统等要素，使得游戏中的世界更加真实和具有交互性。

CryEngine 还具备强大的游戏开发工具和资源库，使开发者能够快速构建游戏内容。它提供了可视化的编辑器，使得开发者能够直观地创建场景、设置物理效果、调整光照和粒子效果等。此外，CryEngine 还内置了丰富的资源库，包括高质量的材质、模型和动画等，可以帮助开发者节省制作资源的时间和精力。除了游戏开发，CryEngine 还具备广泛的应用领域。它可以用于创建虚拟现实和增强现实应用，提供沉浸式的体验和交互。此外，CryEngine 还被用于电影制作和建筑可视化等领域，为创作者提供了一个强大的工具来实现其创意和想象。随着技术的不断发展，CryEngine 也在不断演进和改进。新版本的 CryEngine 引入了更多的先进技术和功能，例如实时光线追踪和虚幻世界构建工具，以提供更高质量的图形和更便捷的开发流程。CryEngine 的社区也非常活跃，开发者们通过分享经验和资源，推动着 CryEngine 的发展和创新。

然而，与其他游戏引擎相比，CryEngine 也存在一些挑战和限制。首先，由于其高级图形处理能力，CryEngine 对硬件要求较高，对于低端设备可能存在性能问题。其次，学习和掌握 CryEngine 的技术需要一定的学习曲线，对于初学者来说可能会有一定的挑战。再次，CryEngine 的许可费用较高，对于独立开发者或小型团队来说可能有一定的经济压力。

（一）引擎特点

CryEngine 有许多特点，其中最显著的特点是其图形渲染技术。引擎使用了许多独特的技术，如屏幕空间环境光遮蔽（SSAO）、全局光照（GI）和体素全局光照等，这些技术使得引擎可以呈现出高度真实的图形。以下是 CryEngine 的图形渲染特点。

（1）屏幕空间环境光遮蔽

屏幕空间环境光遮蔽（SSAO）是一种基于屏幕空间的技术，通过模拟环境光在遮蔽物体上的散射效果，增强了场景的真实感。它能够更好地模拟光线的反射和遮挡效果，使得场景中的阴影和细节更加明显和逼真。

(2) 全局光照

CryEngine采用了全局光照(GI)技术，通过模拟光线在场景中的传播和反射，使得光照效果更加真实和自然。GI技术可以模拟光线在环境中的多次反射和间接光照，使得场景的明暗、色彩和阴影更加精细和逼真。

(3) 体素全局光照

引擎还支持体素全局光照(VXGI)，这是一种高级的渲染技术，可以实现真实的全局光照和阴影效果。VXGI技术可以模拟光线在场景中的传播和反射，使得场景中的光照和阴影更加细腻和真实，增强了游戏的视觉效果。

引擎还具有一些其他的特点，如对虚拟现实(VR)的支持、多人游戏支持和网络游戏支持等。具体如下。

(1) 虚拟现实(VR)支持

引擎提供了丰富的工具和功能，使开发者能够轻松地将游戏适配到虚拟现实设备上。这为开发虚拟现实游戏和体验提供了强大的平台。

(2) 多人游戏支持

CryEngine具有出色的多人游戏支持功能，可以轻松地构建多人游戏体验。引擎提供了可靠的网络通信系统和服务器架构，支持大规模多人游戏的开发和运行。

(3) 网络游戏支持

引擎具备丰富的网络游戏支持功能，包括联机对战、多人合作、服务器托管等。开发者可以利用引擎的网络功能，轻松实现各种在线游戏模式和功能。

此外，CryEngine还具有高度可定制性的特点。引擎允许游戏开发者根据自身需求进行修改和定制，以实现特定的游戏玩法、功能和美术风格。开发者可以通过使用CryEngine提供的编辑器和工具，自由地调整和优化游戏的各个方面。

综上所述，CryEngine作为一款强大的游戏引擎，以其卓越的图形渲染技术和丰富的功能特点而著名。无论是图形质量的提升、虚拟现实的支持还是多人游戏和网络游戏的开发，CryEngine都提供了强大的工具和平台，帮助开发者创造出令人惊叹的游戏作品。未来，我们可以期待CryEngine在图形渲染、VR技术、多人游戏和网络游戏等方面继续创新和突破，为游戏开发者和玩家带来更加出色的游戏体验。

(二) 版本历史

CryEngine的版本历史展示了该引擎在游戏开发领域的不断演变和创新。以下是对每个主要版本的进一步扩展。

1. CryEngine (2002)

CryEngine的首个版本于2002年发布，最初是为开发《孤岛危机》而设计的。这个版本引入了Crytek独特的图形渲染技术，使得游戏画面达到了前所未有的真实感和细腻度。同时，它还提供了强大的游戏物理引擎和AI系统，为开发者提供了丰富的工具和资源来构建引人入胜的游戏体验。

2. CryEngine 2（2007）

CryEngine 2 是为《孤岛危机》的续作《孤岛危机 2》而开发的版本。这个版本在前一版的基础上做出了重大改进，特别是在图形处理和多线程支持方面。CryEngine 2 引入了全局光照、实时反射和抗锯齿等先进的渲染技术，为游戏带来了更逼真和出色的视觉效果。

3. CryEngine 3（2009）

CryEngine 3 是 Crytek 对引擎进行全面重写的版本。该版本重点改进了游戏逻辑和渲染引擎，以支持更好的图形和性能。CryEngine 3 的推出为开发者提供了更灵活和强大的工具，使他们能够更好地构建大规模场景和复杂的游戏世界。此外，CryEngine 3 还引入了一套完整的开发工具和编辑器，使开发过程更加流畅和高效。

4. CryEngine V（2016）

CryEngine V 是 CryEngine 的最新版本，也是目前最为强大和先进的版本之一。这个版本专注于支持虚拟现实（VR）和与虚幻引擎 4（UE4）竞争。CryEngine V 进一步提高了图形处理能力和性能，通过引入先进的渲染技术、全局光照和实时阴影等，为游戏开发者提供了更多创作的自由度和更逼真的游戏体验。

除了这些主要版本之外，CryEngine 还不断更新和改进，推出了许多小版本和补丁，以修复漏洞、改善性能并添加新功能。

CryEngine 的版本演进反映了游戏开发技术的进步和行业需求的变化。Crytek 通过不断改进和创新，使 CryEngine 成为一款备受推崇的游戏引擎之一，为开发者提供了强大的工具和平台，帮助他们实现视觉上令人惊叹且富有创意的游戏作品。未来，随着技术的进一步发展，我们可以期待 CryEngine 在图形处理、性能优化和开发流程方面的更多创新和突破。

（三）应用领域

CryEngine 已经被用于开发多个游戏，其中一些游戏已经取得商业成功。例如《孤岛危机》系列：CryEngine 的第一个版本是为这个系列的开发而创建的，这个系列的游戏以其高度真实的图形和开放世界设计而闻名。

CryEngine 还提供了可用于游戏制作的工具，如它的游戏制作工具集，使开发人员能够轻松地创建游戏世界和角色。CryEngine 还包括多个内置的编辑器和工具，如流程编辑器、物理编辑器、材质编辑器和粒子编辑器等，使开发人员能够更快速地创建游戏内容。CryEngine 还支持各种游戏平台，包括 PC、主机和移动设备。此外，CryEngine 还支持多种编程语言，如 C++、C# 和 Lua。

在游戏制作方面，CryEngine 强调游戏开发的可视化，开发人员可以通过可视化编辑器快速创建游戏场景、地形、建筑、道具、粒子效果、物理模拟等，并可以实时预览游戏效果。此外，CryEngine 支持实时的全局光照计算、动态天气系统、物理破坏、多层次的细节纹理、高清晰度渲染等特性，使得游戏画面表现效果更加逼真。

CryEngine 还具有很强的社交游戏和多人游戏支持。它包括多种联网功能,如多人游戏和社交平台集成等,为开发者提供了完善的社交功能,使玩家之间能够进行交流、合作和竞争等。CryEngine 还支持多人游戏的网络同步,支持局域网和在线游戏,可以处理大规模的游戏场景和玩家数量。

总之,CryEngine 是一款功能强大的游戏引擎,提供了丰富的工具和特性,使得游戏开发人员能够轻松创建高质量的游戏。它具有优秀的图形表现效果和物理模拟,支持多种游戏平台和编程语言,也支持多人游戏和社交功能。CryEngine 的优点在于其创新的技术和工具,以及对游戏制作可视化的强调,能够使开发者更加高效地完成游戏制作工作。

(四) CryEngine 3 中的人工智能

CryEngine 3 作为一款功能强大的游戏引擎,不仅在图形渲染方面取得了巨大的成就,还在人工智能(AI)领域展现出了令人瞩目的特点和功能。接下来将介绍 CryEngine 3 中的人工智能,并详细介绍其各种特点和工具。

首先,CryEngine 3 集成了一系列 AI 系统,包括感知系统、决策系统和行动系统等。感知系统使得游戏中的角色和 NPC 能够感知周围环境,包括视觉、听觉、嗅觉和触觉等。这些感知能力使得 AI 角色能够准确地察觉敌人、障碍物和其他重要的环境信息。决策系统根据角色的目标和环境信息制订行动计划,例如选择最优的路径、掩护和攻击等。行动系统使角色能够实现计划中的行为,并反馈给其他系统,从而与玩家和游戏世界进行交互。

其次,CryEngine 3 中的人工智能包含了多种行为模式和规则,如避障、巡逻、搜寻、追逐和攻击等。这些行为模式可以通过脚本编写或者可视化编辑器进行设置,使得游戏开发者能够更加灵活地设计 AI 角色的行为模式。通过这些行为模式,AI 角色能够自主地做出决策和行动,增加了游戏的挑战和可玩性。

CryEngine 3 还支持人工智能的学习和适应,使得 AI 角色能够根据玩家的行为和环境变化来调整其行为。引擎内置了多种学习算法,包括基于规则的学习、强化学习和神经网络等。通过这些学习算法,开发人员可以训练 AI 角色从经验中学习,提高其智能水平和适应能力。AI 角色可以根据玩家的策略和游戏进程做出智能的反应,为玩家带来更加真实和挑战性的游戏体验。

此外,CryEngine 3 还提供了多种 AI 工具和插件,使开发人员能够更加方便地创建 AI 角色和行为。其中,可视化编辑器是一个强大的工具,通过直观的界面和拖拽操作,开发人员可以快速设置 AI 角色的感知、决策和行动。另外,行为树和状态机是 CryEngine 3 中最为常用的 AI 工具之一。行为树能够将 AI 角色的行为和动作分解为各个小步骤,并通过状态和事件进行控制,使得开发人员可以更加精细地控制 AI 角色的行为。状态机则能够根据角色的当前状态和条件进行状态转换和行为选择,为 AI 角色提供了更加灵活和智能的行为控制。

总之,CryEngine 3 作为一款集成了高级 AI 系统和工具的游戏引擎,为开发人员提供了丰富的人工智能功能和选择。其强大的学习能力、多样化的行为模式和规则,以及便捷的 AI 工具和插件,使得开发人员能够更加自由地创建高质量的游戏角色和 NPC 等。CryEngine 3 的人工智能特点不仅为游戏带来了更加智能和逼真的角色体验,也为玩家提供了更加有趣和挑战性的游戏环境。

1. AI 系统概览

CryEngine 3(简称 CE3)的 AI 系统在游戏开发中起到了至关重要的作用,它能够帮助开发者创建出更加逼真和智能的游戏角色,使玩家获得更真实的游戏体验。CE3 的 AI 系统包括导航系统、个体 AI、全局 AI、群组 AI 以及集群检测器等多个模块,下面将对这些模块进行详细介绍。

首先是导航系统,它负责处理游戏角色在游戏世界中的移动和路径规划。CE3 的导航系统采用了先进的算法和技术,能够根据地形、障碍物和其他环境因素生成最佳的移动路径。这使得游戏角色能够以自然而流畅的方式在游戏世界中移动,避开障碍物并寻找最短路径。导航系统的高效和准确性为游戏的探索性和仿真性玩法提供了良好的基础。

其次是个体 AI,它是 CE3 中最基本的 AI 模块,负责管理和控制单个游戏角色的行为和决策。个体 AI 能够感知环境、制订行动计划并实施相应的动作。通过个体 AI,游戏角色可以具备丰富的行为模式,如巡逻、追击、躲避等,使得游戏世界中的角色更加智能和可信。

然后 AI 是 CE3 中的另一个重要模块,它负责管理整个游戏世界中的 AI 角色的行为和协调。全局 AI 能够处理大规模场景中的 AI 角色,并确保它们之间的协作和互动。例如,在一场仿真中,全局 AI 可以分配不同的任务给不同的 AI 角色,使它们能够团队合作、协同训练。全局 AI 的存在使得游戏世界更具生命力和真实感。

接着 AI 是 CE3 中的一个补充模块,它能够将多个 AI 角色组织成一个群组,并赋予群组一些共同的行为特征。群组 AI 能够使得 AI 角色在行动上更具协同性,例如,一支 AI 角色队伍可以在游戏中形成一个有组织的军团,相互配合,执行特定的任务或仿真。

最后是集群检测器,它是 CE3 中的一个重要工具,用于检测游戏世界中的 AI 角色的位置和状态。集群检测器能够实时监测游戏角色的位置和状态变化,并及时通知其他模块进行相应的处理。这种实时的集群检测能够使得 AI 角色在游戏世界中更加灵敏地对环境变化做出反应,提升游戏的逼真度和挑战性。

除了以上提到的模块,CE3 还提供了一个强大的沙盒机制,允许设计者使用流程图来控制基本的 AI 设置。这种可视化脚本系统使得设计者能够更加直观地理解和掌握 AI 的控制权,而无须深入编程细节。设计者可以通过拖拽和连接节点来构建 AI 的行为逻辑,从而实现复杂的 AI 行为控制。

总之,CE3 的 AI 系统为游戏开发者提供了强大而灵活的工具,帮助他们创造出更加智能和逼真的游戏角色。导航系统、个体 AI、全局 AI、群组 AI 以及集群检测器等模块的结合,使得游戏角色能够具备复杂的行为和互动能力,为玩家提供更丰富、更具挑战性的游戏体验。而可视化脚本系统的引入,则使得 AI 的控制和调整更加简便和直观。未来,我们可以期待 CE3 在人工智能领域的进一步创新和发展,为游戏带来更加引人入胜的体验。

2. AI Action

AI Action 是一种可视化的 AI 行为脚本编写形式,AI Action 允许设计者在不创建新代码的情况下编写 AI 行为脚本。设计者可以在流程图(Flow Graph)编辑器中添加 AI Action。AI Action 流程图中可以使用以下两个实体作为参数。

User:用来执行具体动作的 AI 实体。

Object:可以使任意的实体对象。

通常,使用 AI Action 的流程是:在 CE3 编辑器界面打开流程图编辑器,找到流程图编辑器菜单中的“File”选项,选择“New AI Action”选项。在 CE3 中,AI Action 一般是使用 xml 文件保存,且文件保存的路径一般为“GameSDK\Libs\ActionGraphs\directory”。我们可以在新建的 AI Action 中为想要赋予 AI 操作的实体新建流程图,这个流程图将包含所有的 AI 操作,如图 8-6 所示。

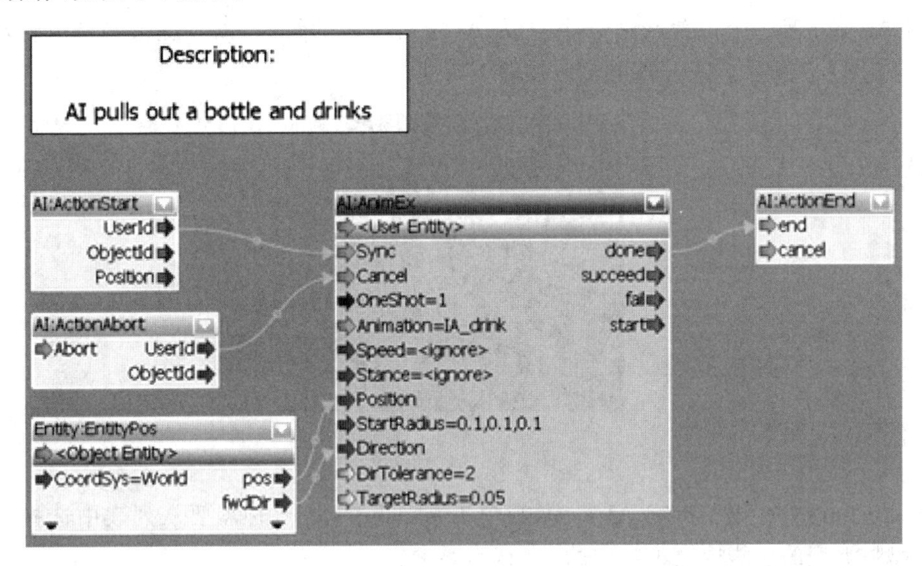

图 8-6 AI Action 示例

3. 决策点系统

决策点系统(Tactical Point System)提供带有在环境中查询感兴趣地方的强有力方法的 AI 系统。它包括 GetHidespot 方法的功能。决策点系统的重要特征包含以下内容。

- 使用结构化查询语言:使用 C++和 Lua 编写,功能强大且易于修改。
- 包含了各种类型的要点:包括指向附近实体的位置;沿地形特征分布的点位,设计者指定的点位。
- 可以进行任意组合的查询,如被查询对象左边的某个位置,且不是软掩体也不包括自身的点。
- 优先权重:可以选择离 AI 对象最近(或最远)的目标或同伴;能够在靠近 AI 对象和远离玩家之间保持平衡;相较于软质掩体,更倾向于坚固的掩体。
- 查询的可视化:查看哪些点是可以接受,哪些点是被拒绝的,以及这些点的相对分数。
- 自动优化查询:了解查询中包含的各个评价的相关开销;根据加权标准,按照潜在适配性动态排列点位;优先评价“最合适的点”,以便在尽量少的点上执行开销大的测试;当相对适配性比其他候选的点都好时,会自动识别,进一步减少评估开销。

4. AI Control Objects

AI控制对象(AI Control Objects)用于控制AI实体和它们在游戏世界中的行为。它们根据其位置定义AI的特定行为。此外,AI Control Objects定义了导航路径或地形上的AI区域,其中包括边界和禁区。AI Actor可以使用这些对象执行特定的动作或者事件,例如设定的动画或者行为。AI Control Objects主要与流程图脚本一起配合使用,用来设计关卡以及脚本化或触发的事件。

AI Anchor是一个位置点对象,用于为AI定义特定的行为,以及提供参考位置点或参考方向,如图8-7所示。AI Anchor包括以下属性。

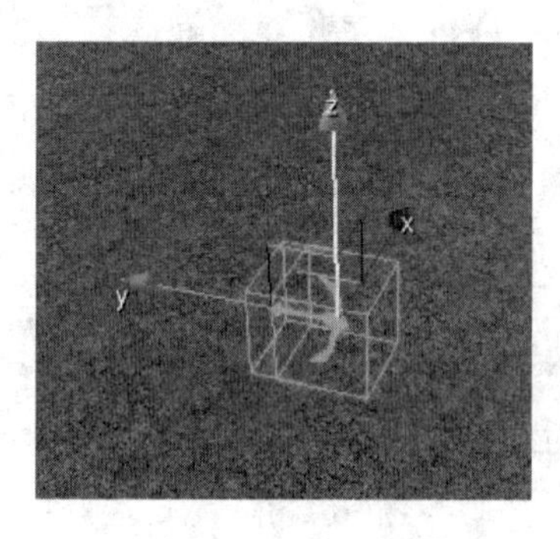

图8-7　AI Anchor

- **AnchorType**:用于影响AI行为,当单击"AnchorType"时需要从列表中选择一种类型,类型的功能取决于特定的AI行为要求。
- **Enabled**:指定打开还是关闭此点。
- **GroupId**:指定能够使用此"Anchor"的AI分组。
- **Radius**:设置此项后,会在AI Anchor设定一个半径,并根据AI Anchor类型将半径应用与不同的目的,例如在AI的半径内找到一个指定目标。
- **SmartObjectClass**:将此AI Anchor设为smart Object,它将根据SO(Smart Object)系统规则与其他SO互动。

5. AI Sequence

AI Sequence是一个用于简化和减少关卡设计者手动控制AI角色所需的关卡逻辑的系统,它有AI实体执行的一系列动作,它工作在流程图系统上。AI Sequence通过将大部分需要手动控制的角色以及游戏过程中可能发生的所有不同场景所需要的微观管理逻辑进行自动化处理,以减少编写空闲操作脚本所需要的流程图节点数量。AI Sequence为代理执行其各种操作提供了上下文信息,这简化了AI代码,并且使其更加稳定。同时,AI Sequence可以在关卡设置中添加验证步骤,最大限度地减少错误的发生,并在出现错误时提供更加全面的调试信息。

AI Sequence::Start和AI Sequence::Start定义了序列的开始和结束,而AI的动作节点定义要执行的动作顺序,如AI Sequence::Move或AISequence::Animation等。单个代理智能激活一个序列并且一次只能执行一项操作,如图8-8所示。

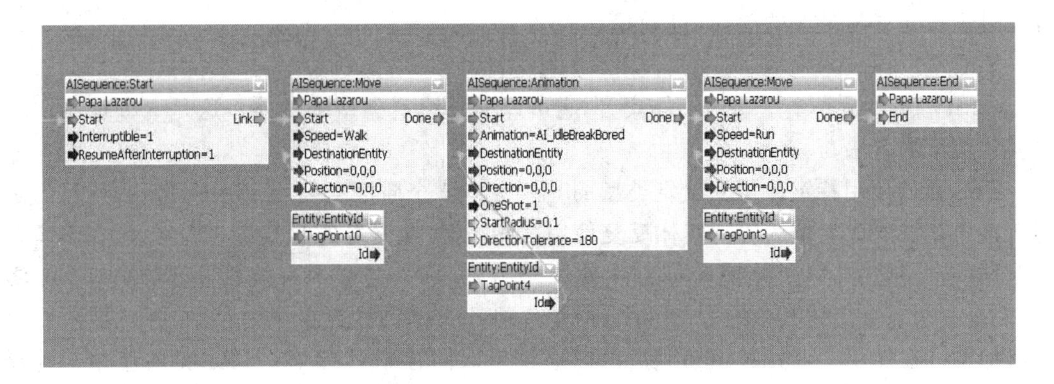

图 8-8 AI Sequence 逻辑序列

在图 8-8 中，AI Sequence 使代理走到标记 10，然后到标记点 4，并播放动画，最后移动到标记点 3。

当 AI Sequence 的中断标志设置为 True 时，一旦 AI 实体离开空闲状态，AI Sequence 将自动停止执行，并停止任何在之后可能被激活或触发的动作。如果它被设置为中断后恢复，当 AI Sequence 回答空闲状态时，执行序列也将被恢复。它将从 AI Sequence 的开始或标签处恢复。标签是由 AISequence：Bookmark 流程图节点定义的，可以放置在序列的中间，作为序列恢复时的检查点，即当序列恢复时应从此处开始恢复。

如图 8-9 所示，如果代理在移动到第二个标签点时被打断，那么当它回到空闲状态时，将不会从头开始，而是直接从第二个标签点恢复序列。

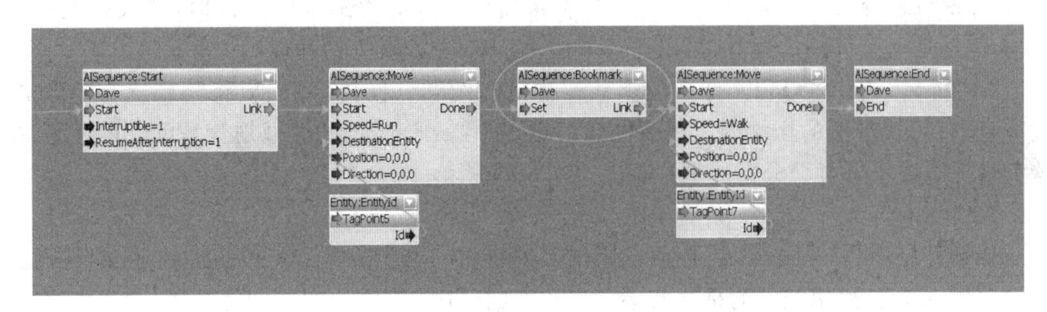

图 8-9 标签示例

CE3 为了最大限度地减少可能的错误和意外行为，规定只能使用 AI Sequence 中支持的流程图节点来定义 AI Sequence，如果使用不支持的节点，则在触发 AI Sequence 时会出现错误消息。

AI Territories and Waves

AI Territories and Waves(简称 T/W)可以帮助关卡设计师使用简单的流程图逻辑随时控制游戏中的活动 AI(AI 实体)的数量，但是 T/W 一般不应用于车辆 AI。

我们将某一块区域定义为 Territory，那么分配到这块区域的所有 AI 实体都可以被激活、停用，并通过单个流程图节点生成。同时，对于“Waves”也被包含在区域内，并且可以在区域内进行独立的 AI 激活。

T/W 可以让设计者在他们的关卡找那个更加容易、更加快速的设置 AI，并且能够显著加快调试 AI 流程图问题的速度。同时，使用这个系统控制 AI 也有利于关卡设计者不会放置超过系统允许的最大的活动 AI 数量。

Entity Pool

Entity Pool 是一个空置的实体集合,它可以准备给定类型的实体。这是一种控制内存中实体数量的方法。

CE3 通过使用特定数量的给定类型的“空”实体填充插槽来创建 Entity Pool,其目的是为游戏中存在的该类型的所有实体反复使用这些插槽,在需要的时候将它们带入,在不需要的时候将它们删除,以供其他实体继续使用。例如,一个关卡中可能创建了 100 个 AI 实体,但是一次只会使用其中的 8～16 个,但是其他的实体仍然存在于内存中,并且被游戏保存和加载。在使用了 Entity Pool 后,可以通过确保内存中只有 16 个 AI 实体存在于内存中,从而将内存中多余的 AI 实体删除。

当 AI 实体被设置为通过 Entity Pool 运行,当关卡加载时不会创建它,而是会将它的具体信息保存下来。当后来在游戏进行过程中需要该实体时,就会将它从 Entity Pool 中准备好。当不需要该实体时,就将其释放掉。

若 AI 实体被标记为通过 Entity Pool 创建并在 AI Wave 中使用,那么我们不需要手动准备或者释放这个 AI 实体。相反,只需要启用 AI Wave,那么所有在 AI Wave 中的 AI 实体都将被准备好并激活,从而产生于 AI Wave 一致的行为。此外,如果我们禁用 AI Wave,则 AI Wave 中的所有 AI 实体都将被释放。

当 AI 实体被“杀死”时,AI 实体不需要立即被释放掉。死亡的 AI 实体被置于一个中间状态,即它仍然占用 Entity Pool 中的一个插槽,如果系统急需一个插槽,那么包含“死亡”AI 的插槽将被释放并重新启用。当系统不再需要 Entity Pool 中的 AI 时,释放掉其中的 AI 实体仍是一个很好的选择(可以通过禁用 AI Wave 或者手动释放)。

AI Territories 可以像其他区域形状一样进行编辑。同时,我们应将其放置在包含 AI 实体且 AI 可以导航的区域内。需要注意的是,AI Territories 的区域划分是可以重叠的,在这种情况下要小心自动分配的 AI 实体。

AI Waves

如果要启用 AI Waves,就必须启用与其对应的 Territory。AI Waves 的 ActiveCount 和 BodyCount 方法用于检测是否有必要启用新的 AI。

6. 基础路径导航

这里将介绍如何通过流程图控制基本 AI 导航。

首先,需要在沙盒编辑器中创建一个新的关卡,在设置好关卡中的地形之后,需要创建一个大的导航网格区域。需要注意的是,如果是一个正常的网格,那么它将显示为图 8-10 中方形区域,如果没有看到该区域,可以尝试将网格移动至地形表面以下。一般而言,我们会确保导航区域地域地形表面,以防止导航网格生成出现问题。

在设置 AI 可以自由导航的区域后,就可以添加一些导航所需要的必要资产。这里需要在导航区域中放置标记点(TagPoint),用于 AI 实体获取位置。之后就可以将 AI 角色放置在 NavMesh 区域,如图 8-11 所示。

在准备好了导航网格和 AI 角色之后,就可以开始创建流程图,放入 AI 导航所需要的流程图节点。在流程图编辑窗口,选择 AI 角色后,在 AI:GoTo 节点的“Choose Entity”输

图 8-10　导航网格示例

图 8-11　放置 AI 角色

入端口中，右击并选择“Assign selected entity”。最后，我们需要选择一个位置坐标，这里选择 TagPoint 所在的位置。在编辑器中选择 TagPoint，然后就能在状态栏上看到其对应的 X、Y、Z 坐标，如图 8-12 所示。

图 8-12　输入坐标信息

将其输入到“pos”的输入端口，即可看到如图 8-13 所示的流程图。

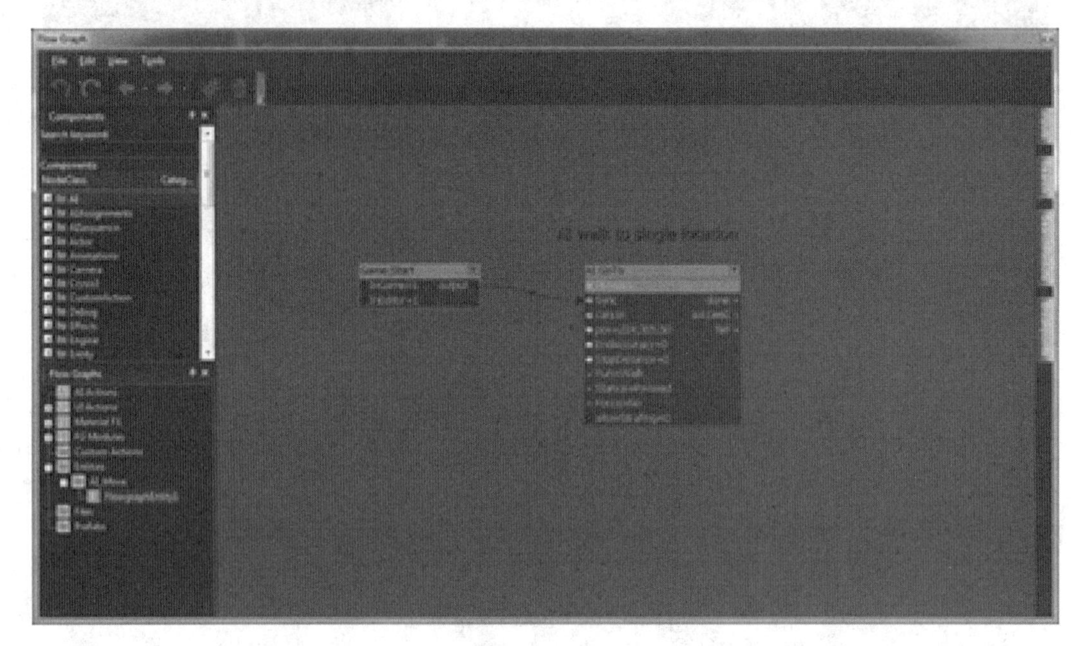

图 8-13　流程图

接下来，我们就可以按逻辑扩展 AI 行为，例如让 AI 移动到多个位置。在 AI:GoTo 节点上有“done”“succeed”“fail”三个输出端口。这里，我们可以复制一个 AI:GoTo 节点，并将“done”的输出连接至第二个 AI:GoTo 节点的“sync”输入上。此外，我们将使用 TagPoint 提供目标位置，在编辑窗口中选“TagPoint”，然后在流程图内右击选择“Add Selected Entity”，如此就能从“TagPoint”获取位置信息，如图 8-14 所示。

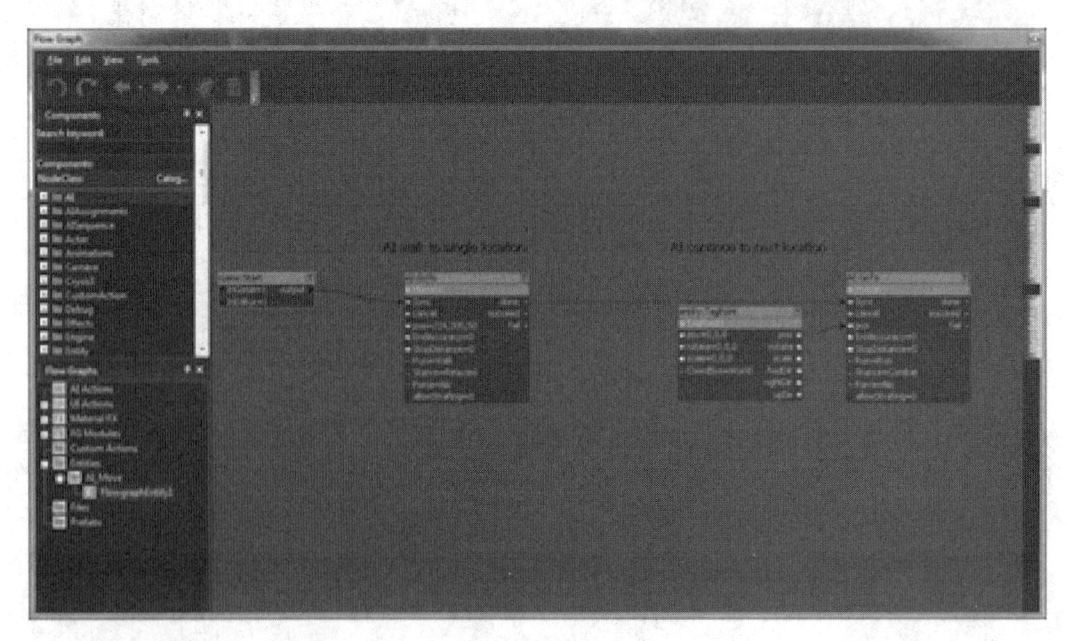

图 8-14　获取位置信息

随着 cryengine AI 系统的不断发展，操控 AI 的方式也在不断发展。在 CE3 中，大多数 AI 控制都是通过“AISequence”节点完成的。这是因为 AI 的核心是模块化的行为树。如果继续使用 AI:GoTo 节点，AI 会继续前进并导航至目的地，而不会管游戏世界中发生了什么，即使有敌人靠近，AI 也会继续行走。

AI Sequence 节点的作用在于，它与 AI 模块化行为树的关系是十分灵活的。MBT 是一个庞大且复杂的选项的集合，AI 被赋予了涵盖世界范围内的一系列可能性。换句话说，如果使用 AISequence 设置流程图，AI 在尝试到达其目的地的同时也会考虑到其 MBT，采取“掩护”“呼叫支援”等行为，如图 8-15 所示。

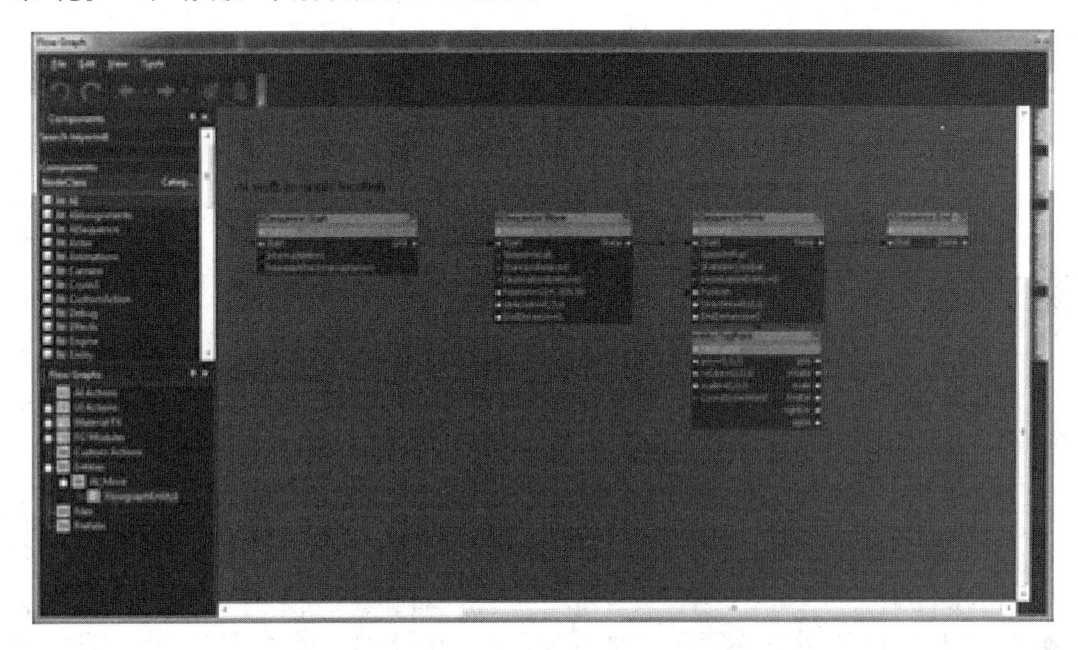

图 8-15 AI Sequence 节点设置

第九章
仿真引擎

一、MATLAB

（一）MATLAB 概述

MATLAB 是美国 MathWorks 公司出品的商业数学软件，用于数据分析、无线通信、深度学习、图像处理与计算机视觉、信号处理、量化金融与风险管理、机器人，控制系统等领域。

1980 年，美国 CleveMoier 博士在新墨西哥大学讲课时，认为高级语言的运用十分不便，于是创立了 Matlab 即知阵实验室，早期的 MATLAB 软件是为了帮助老师和学生更好地学习，是作为一个辅助全真命之后逐渐演变成了一种实用性很强的工具。1984 年，MathWorks 软件公司推出了一种高级语言，它不仅能编程，还能用于数值计算以及图形显示，并用于控制系统以及工程设计。1990 年，MathWorks 软件公司为 MATLAB 开发了一种新的用于图形控制及仿真模型建立的软件 Simulink。它是 MATLAB 的一个扩展软件模块，这个模块为用户提供了一个用于建模仿真各种数学物理模型的软件，并且提供各种动态的结构模型，使用户可以快速方便地建模并且仿真，而不必写任何程序。基于此优点，该工具很快被业界认可，并用于各种控制系统之中。

MATLAB 编程工具不像 C 语言那样难以掌握，所以在这种仿真环境下用户只需要简单地列出计算式，结果便会以数值或图形的方式显示出来。从 MATLAB 被发明以来，它的快速性、集成性，以及应用的方便性在高校中得到了好评。它可以很方便地进行图形输出输入，同时还具有工具箱和函数库，也能针对各个学科领域实现各种计算功能。另外，MATLAB 和其他高级语言也具有良好的接口，可以方便的与其他语言实现混合编程，这都进一步拓宽了它的应用范围和使用领域。

MATLAB 由主程序、Simulink 动态仿真系统和 MATLAB 工具箱三部分组成。其中，主程序包括 MATLAB 语言，工作环境以及应用程序；Simulink 动态仿真系统是一个相互交错的系统，用户制作一个模拟系统，并动态控制它；而工具箱就是 MATLAB 基本语句的各种子程序和函数库。它又可以分为功能性和学科性工具箱。功能性的工具箱主要用于扩展 MATLAB 的符号计算功能、图形建模功能、文字处理功能和与硬件的实时交互过程，如符号计算工具箱等；学科性的工具箱则有较强的专业性，用于解决特定的问题，如信号处理工具箱和通信工具箱。

如今,MATLAB 软件正在成为对数值,线性代数以及其他一些高等应用数学课程进行辅助教学的有力工具:在工程技术界,MATLAB 软件也被用来构建与分析一些实际课题中的数学模型,其典型的应用包括数值计算、算法预设计与验证,以及一些特殊矩阵的计算应用,如统计、图像处理、自动控制理论、数字信号处理、系统识别和神经网络等。它包括了被称作工具箱(Toolbox)的各类应用问题的求解工具。工具箱实际上是对 MATLAB 软件进行扩展应用的一系列 MATLAB 函数(称为 M 函数文件),它可用来求解许多学科门类的数据处理与分析问题。

(二) MATLAB 与人工智能

1. 应用概述及优势

人工智能可以说是现在主要发展的科技潮流,但很多编程语言都有自己相对应的机器学习工具和系统,比如 Python 上做传统机器学习有 Scikit-earn,做深度学习有 Pytorch、MXNET、TensorFow 等,如果要做时间序列还可以选择 statsmodels 作为补充。对于资深开发者,熟练地掌握这些工具库并不困难,但对于绝大部分人只是需要应用机器学习和深度学习的人而言,知道使用什么工具,知道每个工具里可以使用哪些模型,并高效地尝试这些模型并不易事。在这种情况下,MATLAB 可能是更容易上手的工具。MATLAB 比较适合行业应用工程领域中想应用人工智能项目的人,因为它和各个传统工程学科结合得比较好,依托大量的内置工具库,可以满足一站式建模需求。

而新版 MATLAB 对于复杂的人工智能建模需求更加友好。以 R2021a 版本为例,它拥有三大人工智能工具箱(如图 9-1 所示),首先是传统的统计与机器学习工具箱(Statistics and Machine Learning Toolbox),其主要针对的是普通非深度学习建模;其次是深度学习工具箱(Deep Learning Toolbox),专门用于做深度学习相关的建模,十分适合海量复杂的数据;最后就是强化学习工具箱(Reinforcement Learning Toolbox),越来越多的游戏 AI 和探索型的任务都在向强化学习转变,这个工具箱的存在很有必要。

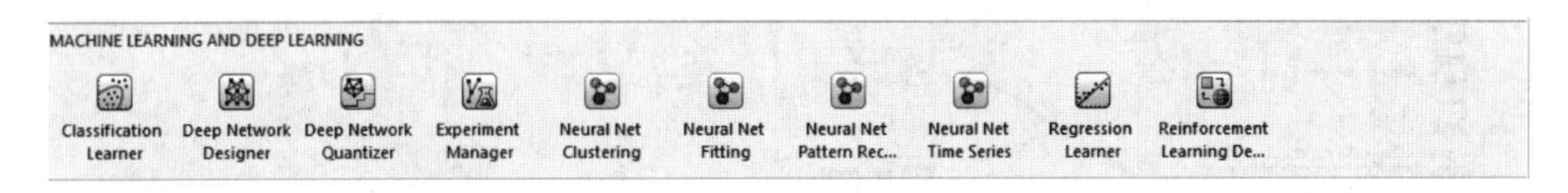

图 9-1 MATLAB 人工智能工具箱

而 MATLAB 中深度学习的优势除了设定简单外,还有很好的可视化和网络设计模块。在深度学习中,我们最想知道的当然是训练的过程中 loss 是否在下降,训练集和验证集上的表现如何。在使用开源的 PyTorch 和 Tensorflow 时,我们虽然可以用额外的可视化(例如 tensorboard 或者 wandb),但也需要进行一些设置。但在 MATLAB 中,我们可以简单地加一个 plot 选项,就能自动生成实时的训练过程的可视化。图 9-2 中 MATLAB 自动画出了训练过程中训练集上的 accuracy 和 loss(图 9-2 上方图片曲线),以及测试集上的相关信息(图 9-2 下方图片曲线)。同时也可以看到额外的信息,例如 Learning Rate 等。因此,使用 MATLAB Deep Learning Toolbox,我们可以实现一站化的监控学习的过程。

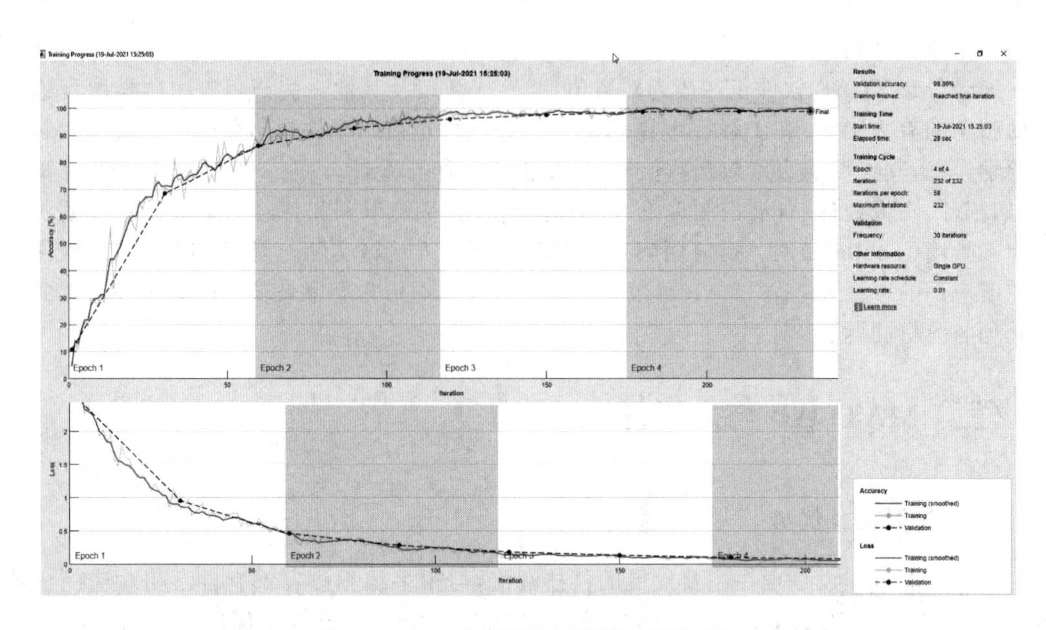

图 9-2　MatLab 深度学习训练过程可视化

另一个让 MATLAB 比传统深度学习更方便的功能，就是可视化的深度学习网络结构设计功能(Deep Network Designer)。换句话说，我们可以很轻松地使用图形化的拖拽生成神经网络，而无须写任何代码。如图 9-3 所示，我们只需要把需要的网络结构连接起来，并像图 9-4 中简单地点击代码生成，就能快速生成对应的深度学习代码，这大大降低了深度学习的使用门槛。

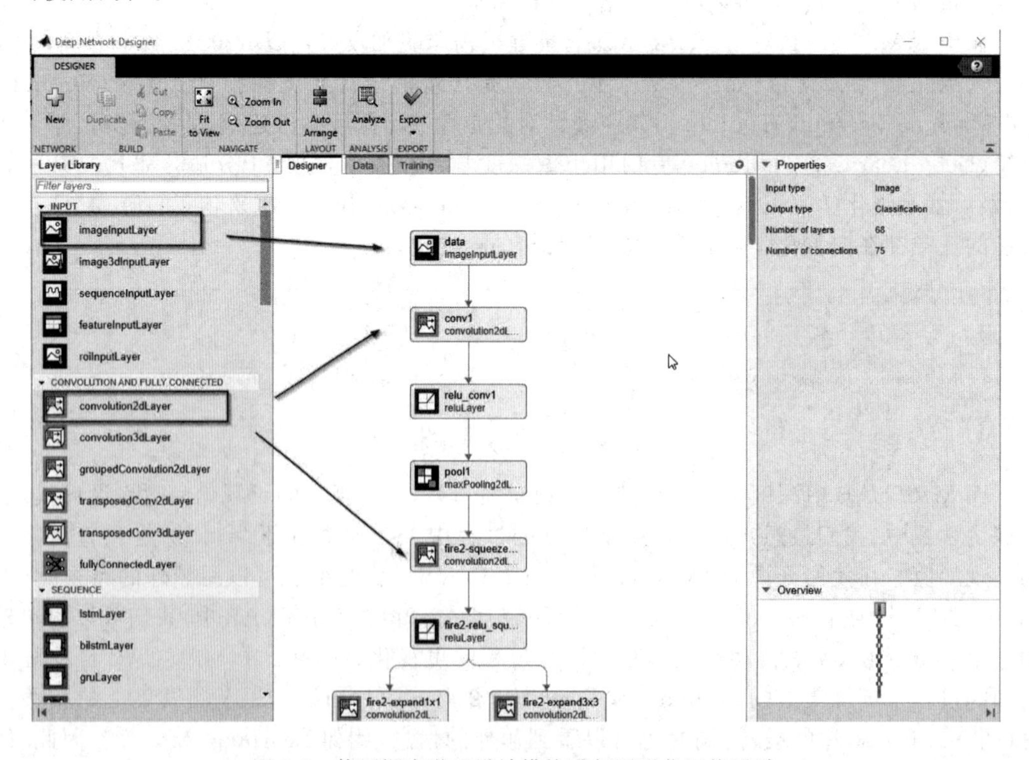

图 9-3　使用深度学习设计模块进行图形化网络设计

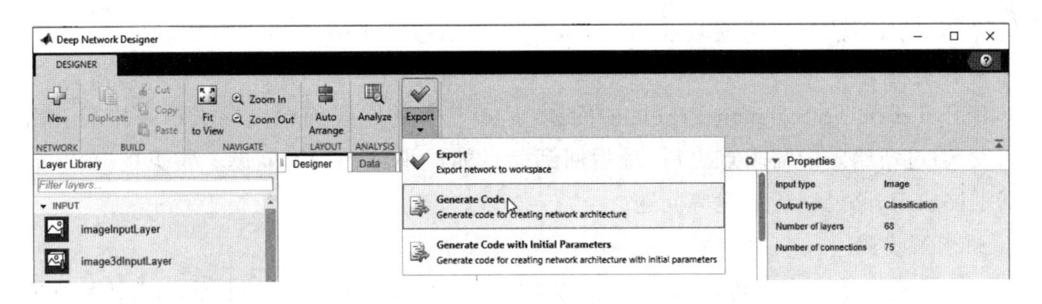

图 9-4 使用深度学习设计模块进行自动代码生成

在这些重要的机器学习和深度学习的基础上，MATLAB 还提供了更多便捷和高级的功能。对于一般使用者来讲，有帮助的包括自动机器学习模块（Automated Machine Learning，AutoML），它包含了特征选择、模型选择等一系列功能，可以方便我们在训练了多个模型后自动选择合适的对象。除此以外 MATLAB 还有很多有趣的高级工具库，例如自动驾驶工具库（Automated Driving Toolbox），如图 9-5 所示。使用该工具库，我们可以进行很多建模，例如前向撞击预警（Forward Collision Warning）等。

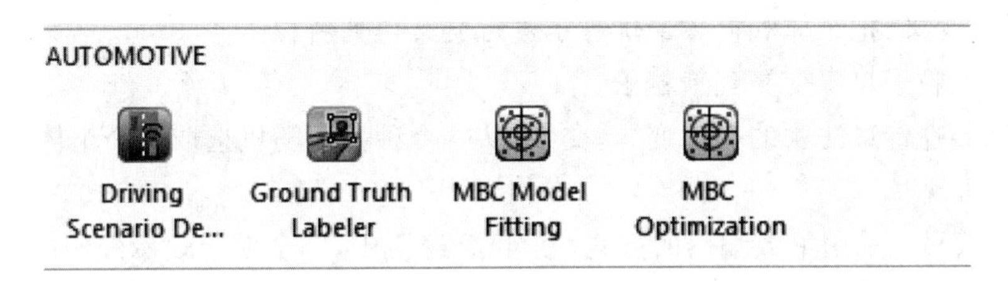

图 9-5 MATLAB 自动驾驶工具库提供的 App

MATLAB 最大的优势就是在众多工具中提供了一站式的人工智能开发平台，以及提供了完整的文档和使用案例。使用者不必再去寻找不同的工具平台，也不用把大量的时间花在设置系统上，而可以专注于设计模型。随着 MATLAB 的发展，它也支持了与更多开源平台的双向调用，例如用 MATLAB 调用 Python，用 Python 调用 MATLAB 等。在这个前提下，MATLAB 可以更好地完成跨语言平台协作，从而改变 Python 在很多传统领域缺少成熟工具的现状。这对于很多传统学科的从业者来说无疑是一大利好，因为已有的数学模型可以简单地复用并加入深度学习里，而这一切都可以在 MATLAB 中完成，无须过多的编程基础。此外，我们也可以协同开源的平台，利用 MATLAB 成熟的数据处理和建模能力简化工作量。而所谓一站式的开发平台，最终也要落回到模型部署上来，MATLAB 已经有十分成熟的部署方案，MATLAB 中的 AI 模型可广泛部署到嵌入式设备或板、现场边缘设备、企业系统或云中。

2. 典型算法案例

与粒子群优化算法不同，传统算法通过跟踪极值[①]来更新粒子的位置，该算法引入遗传算法中交叉和变异操作，通过粒子同个体极值和群体极值交叉以粒子自身变异的方法搜索

① 极值包括个体极值和群体极值。个体极值：个体所经历位置中计算得到最优位置；群体极值：种群中的所有粒子搜索到的适应度的最优位置。

最优解，扩展了算法的应用领域。

- 问题描述

TSP(Traveling Saleman Problem)问题：是最基本的路线问题。寻求单一旅行者由起点出发，通过所给定的需求点之后，最后回到起点的最小路径成本问题。常见的 TSP 问题包括零件加工、路径遍历最优等问题。

- 求解步骤

与粒子群优化算法不同，该算法在流程中添加了交叉环节(包括个体最优交叉和群体最优交叉)和变异环节(粒子变异)，在粒子群优化算法中，那两个步骤为速度更新和位置更新。

- 流程描述

种群初始化：怎样用一个个体表达这个问题的解以及把所有的个体累积到一起来表达整个种群。

适应度值计算：根据个体编写评价函数，使得评价函数能对应其他的适应度值。

更新粒子：有了适应度值之后，更新每次的个体极值和群体极值。

个体最优交叉：把个体和个体最优粒子进行交叉得到新粒子。

群体最优交叉：把个体和群体最优粒子进行交叉得到新粒子。

粒子变异：粒子自身变异到新粒子。

补充说明：遗传算法中的交叉变异，交叉：从一个种群中随机选取两个个体。变异类似。

- 算法实现

① 个体编码。采用整数编码的方式，在 TSP 遍历中，每个粒子表示经历的所有城市。

适应度操作：适应度值为所有路径的路径之和，适应度值越小，表示路径越短。要结合具体问题具体分析，适应度值可以简单可以复杂。

② 交叉操作。个体通过和个体极值和群体极值交叉来更新，交叉方法采用整数交叉法，首先选择两个交叉位置，然后把个体和个体极值和群体极值进行交叉。

③ 变异操作。变异方法采用个体内部两位互换的方法，首先随机选择变异位置(POS1 和 POS2)，然后把两个变异位置互换。

二、物理学仿真引擎

物理引擎(尤其是实时和低精度的)的一个重要应用是游戏运行时的开发。根据这些软件框架的流行性，有很多开源选项可供选择。这里着重探讨其中的一些开源物理引擎并展示它们的简单应用。

(一) Box2D

Box2D 是一个简单却用途广泛的物理引擎。它最初由 Erin Catto 为了在 2006 年召开的 Game Developers Conference 上做物理学演示而设计。Box2D 起初被称为 Box2D Lite，但这个引擎现已被扩展，除了包括连续碰撞检测外，还增强了 API。Box2D 是用 C++编写的,其可移植性从它可用于的平台(Adobe ® Flash ®、Apple iPhone 和 iPad、Nintendo DS 和 Wii 以及 Google Android)可见一斑。Box2D 为许多流行掌上游戏,包括愤怒的小鸟和蜡笔物理学,提供了物理机制。

Box2D 提供了一个完整的物理引擎来模拟和模拟二维物理世界中的物体之间的相互作用。这些物体可以具有各种形状和质量,并且可以应用力、碰撞、重力等。Box2D 还包括支持碰撞检测以及分离轴算法(SAT)来处理碰撞,并提供实用程序,例如根据物体的速度和位置计算彩色图形。在游戏编程和计算机图形学中,Box2D 已成为一种常用的物理引擎,因为它具有良好的性能、容易使用和可移植性。

Box2D 提供了支持像圆形或多边形这样的几何形状的刚体仿真。Box2D 可用接头连接不同的形状,甚至可以包括关节马达和滑轮。在 Box2D 内,此引擎在处理碰撞检测和所产生的力学的同时可施加重力和摩擦力。

Box2D 可被定义为一个能提供多种服务的富 API。有了这些服务就得以定义一个由很多物体和属性组成的世界。定义了对象和属性后,接下来就可以以离散时间步长仿真该世界了。这个示例应用程序(基于 Erin Catto 的示例应用程序)研究的是一个立方体投掷到有重力的世界。

(二)Gazebo 物理仿真平台

Gazebo 是一款功能强大的三维物理仿真平台,具备强大的物理引擎、高质量的图形渲染、方便的编程与图形接口,最重要的是其开源免费的特性。Gazebo 中的机器人模型与 rviz 使用的模型相同,但是需要在模型中加入机器人和周围环境的物理属性,例如质量、摩擦系数、弹性系数等。机器人的传感器信息也可以通过插件的形式加入仿真环境,以可视化的方式进行显示。它具备如下特点。

- 动力学仿真:支持多种高性能的物理引擎,例如 ODE、Bullet、SimBody、DART 等。
- 三维可视化环境:支持显示逼真的三维环境,包括光线、纹理、影子。
- 传感器仿真:支持传感器数据的仿真,同时可以仿真传感器噪声。
- 可扩展插件:用户可以定制化开发插件,扩展 gazebo 的功能,满足个性化的需求。
- 多种机器人模型:官方提供 PR2、Pioneer2 DX、TurtleBot 等机器人模型,当然也可以使用自己创建的机器人模型。
- TCP/IP 传输:Gazebo 可以实现远程仿真,后台仿真和前台显示通过网络通信。
- 云仿真:Gazebo 仿真可以在 Amazon、Softlayer 等云端运行,也可以在自己搭建的云服务器上运行。
- 终端工具:用户可以使用 gazebo 提供的命令行工具在终端实现仿真控制。

Gazebo 的社区维护非常积极。自 2013 年以来,几乎每年都会有较大的版本变化,可以看到 Gazebo 的版本迭代,以及近几个 ROS 版本对应的 Gazebo 版本。Gazebo 的版本变化虽然较大,但是兼容性保持得比较好,indigo 中 2.2 版本的机器人仿真模型在 Kinetic 的7.0 版本中运行依然不会出现问题。

三、运动学仿真引擎

（一）Bullet

Bullet 是一款强大的开源物理引擎，其设计初衷是为了快速、准确和逼真地模拟三维物体之间的碰撞和交互作用。该引擎最初由 Erwin Coumans 创建，并以 C++语言编写，但同时也提供了 Python、Java、C# 等多种语言的接口，使它在游戏、动画、电影和机器人仿真等领域得到广泛应用。

Bullet 的广泛应用性可见于许多知名软件和平台的使用。例如，Blender、Maya 和 Unity3D 等著名的 3D 建模和游戏开发软件，都集成了 Bullet 作为其物理引擎的一部分。这使得开发人员可以利用 Bullet 的功能来模拟物体之间的物理交互，如碰撞、重力和摩擦力等，从而实现更加真实和逼真的场景效果。此外，一些仿真平台和机器人开发框架，如 Gazebo、V-rep 和 Roboschool 等，也采用了 Bullet 作为其物理仿真引擎，以支持机器人的运动和环境交互的模拟。

Bullet 引擎的一个重要特点是其对各种可定制的碰撞检测形状的支持。它提供了多种常见的形状，如球体、箱体、圆柱体和网格形状等，使得开发人员可以根据场景需求选择合适的碰撞形状。这为物体之间的准确碰撞检测和响应提供了灵活性和多样性。此外，Bullet 还支持约束和关节的模拟，如固定连接、旋转关节、滑轮和绳索等。通过这些约束和关节，开发人员可以模拟物体之间的各种约束条件，如连接、旋转和运动限制等，从而实现更加复杂的物理交互效果。

除了基本的物理模拟功能外，Bullet 还实现了一些高级物理效果，使得模拟结果更加逼真。其中包括布料模拟、软体仿真和液体仿真等。布料模拟可以模拟布料的动态行为，如飘动、折叠和撕裂等，为游戏和动画中的角色服装和环境布料效果提供了高质量的模拟。软体仿真可以模拟软体物体（如橡胶、绳子和肌肉等）的形变和弹性行为，使得角色动画和物体模拟更加真实。液体仿真则可以模拟流体的流动和互动，使得液体效果在游戏和动画中得以还原，如水流、波浪和水柱等。

Bullet 作为一款开源物理引擎，拥有强大的社区支持和活跃的开发者社群。它持续地进行更新和改进，不断推出新的功能和修复漏洞，以满足不断变化的需求和挑战。同时，Bullet 还支持多线程和并行计算，使得它能够利用现代计算机的多核处理能力，提供更高效的物理模拟性能。总而言之，Bullet 作为一款强大的开源物理引擎，在三维建模、游戏开发、动画制作和机器人仿真等领域发挥着重要作用。它提供了准确、可靠且逼真的物理模拟，使开发人员能够创造出更加真实和沉浸的虚拟环境。随着技术的不断进步和创新，相信 Bullet 引擎将继续发展，并在各个领域为开发者提供更多强大的功能和工具，推动数字世界的进一步发展。

Bullet 的开发重点是高性能和精度。它广泛应用于 3D 游戏、虚拟现实、机器人学、可视化和科学仿真等领域。Bullet 还与各种游戏引擎和编辑软件(如 Unity、Unreal Engine 和 Blender)集成,并支持多线程执行。其他的物理引擎还有 PhysX、Havok 等。引擎运行的流程图如图 9-6 所示。

物理引擎的主要功能如下。

① 连续和离散物体的碰撞检测,物体形状包括网格和基本几何体。

② 快速稳定的刚体约束求解器,包括车辆动力学、人体、直线约束、铰链约束等。

③ 软体物体动力学,包括衣服、绳子、可变形体等,同时支持约束。

④ 自定义格式.bullet,支持 URDF 格式和 bsp 格式。

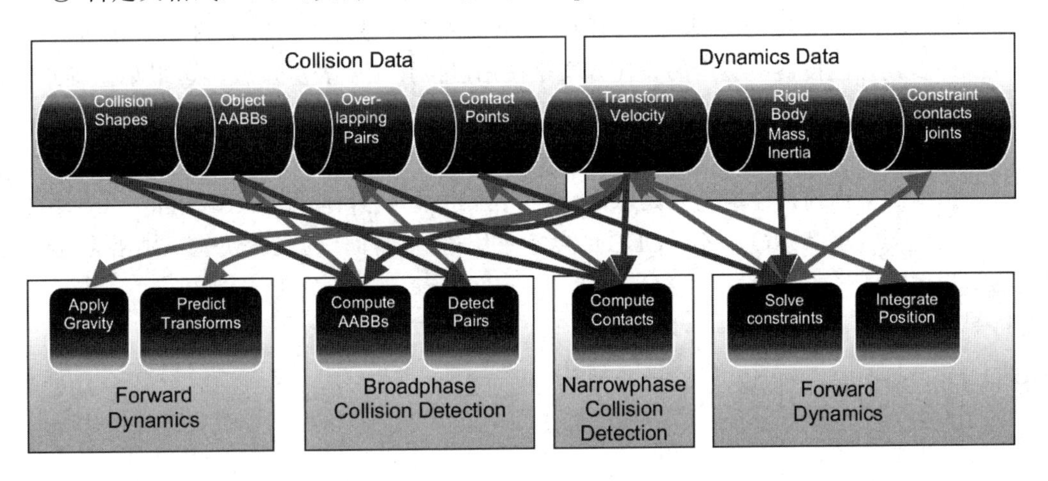

图 9-6 引擎运行的流程

(二) Open Dynamics Engine

Russell Smith 的 Open Dynamics Engine(ODE)是一个开源的物理引擎,使用它可以仿真铰接式固形体运动。这样不管使用哪种图形库(可能使用 OpenGL),都可以对真实对象的物理特性进行仿真。我们可以使用 ODE 来对合成环境中的各种对象进行建模,例如三维游戏环境中的人物或虚拟驾驶中的交通工具。除了速度快之外,ODE 还可以支持实时仿真的碰撞检测。

目前,ODE 可以支持球窝、铰链、滑块、定轴、角电机和 hinge-2(用于交通工具的连接)连接类型,以及其他一些连接类型。它还可以支持各种碰撞原语(例如球面碰撞和平面碰撞)和几个碰撞空间。

ODE 主要是使用 C++语言编写的,但是它也提供了 C 和 C++的清晰接口来帮助开发者与应用程序进行集成。有关 ODE 更好的一点是它发行所采用的许可证:LGPL(GNU Lesser General Public License)和 BSD License。在这两个许可证中,开发者都可以在商业产品中使用 ODE 的源代码,而不需要任何费用。其结果是开发者在很多商业游戏、飞行模拟器和虚拟现实仿真中都可以找到 ODE。

ODE 的具体特征如下。

- ODE 适用于模拟铰接刚体结构。当各种形状的刚体与各种接头连接在一起时，就会形成铰接结构。例如地面车辆(车轮连接到底盘)、有腿生物(腿连接到身体)或成堆的物体。
- ODE 设计用于交互式或实时仿真。它特别适合在多变的虚拟现实环境中模拟移动物体。这是因为它快速、稳健且稳定，即使在仿真运行时，用户也可以完全自由地更改系统结构。
- ODE 使用高度稳定的积分器，因此仿真误差不会失控。这样做的物理含义是模拟系统不应该无缘无故地“爆炸”。ODE 强调速度和稳定性，而不是物理精度。
- ODE 有硬接触。这意味着每当两个物体碰撞时，都会使用特殊的非穿透约束。在许多其他模拟器中使用的替代方案是使用虚拟弹簧来表示接触。这很难做到正确，而且极易出错。
- ODE 具有内置的碰撞检测系统，但是开发者可以忽略它并根据需要进行自己的碰撞检测。当前的碰撞基元是球体、盒子、圆柱体、胶囊体、平面、射线和三角形网格，以后会有更多碰撞对象。ODE 的碰撞系统通过“空间”的概念快速识别潜在的相交物体。

四、载具仿真引擎

UE4 引擎中包括了一个车辆模拟系统，被称为 UE4-Vehicle。这个系统允许开发者轻松创建各种类型的车辆，在游戏中实现各种驾驶体验，包括赛车、越野车等。

高级载具系统是 UE4-Vehicle 的一个子系统，它提供了更高级的车辆物理特性和控制操作。与传统的 UE4-Vehicle 不同，高级载具系统允许开发者更精细地控制车辆的各种属性，如车轮的摩擦力、悬挂系统、驾驶员的重心等。

高级载具系统提供了一整套车辆创建工具和操纵系统，其中包括真实的车辆物理引擎、前后轮组件控制系统、摄像机系统、车内操作系统等。这些工具和系统可以帮助游戏开发者创建非常逼真和流畅的驾驶员体验，不论是在赛车游戏还是在模拟器中。

在 UE4 的高级载具系统中，开发者可以使用 UE4 的材质编辑器和蓝图系统，来自定义车辆的外观和操纵方式。开发者还可以增加和调整车辆的动态物理特性，使其行驶、漂移、转向等效果更加逼真。

在高级载具系统中，还有一些高级功能，如轮胎轨迹跟踪系统，它可以实时显示车辆轮胎在地面上的轨迹，以及轮胎痕迹贴图系统，它可以将轮胎留下的痕迹渲染到地面上，提高游戏的真实感。

UE4-Vehicle 的功能如下。

- 基于物理的车辆。
- 完全网络复制，客户端权限。
- 接机式发动机模型(基于空气/车轮速度的扭矩曲线)。
- 简单的“滑动支柱”(Sliding Pillar)悬架模型。

- 自动/手动变速器(无离合器输入)。
- 基于制动压力和手刹的车轮锁定。
- 支持静态和骨骼网格载具。
- 内置运行时拆卸和重新连接车轮的功能。

第十章
总　结

一、现有的可视化引擎

UE(Unreal Engine)引擎是一种用于游戏开发的综合性引擎软件,由 Epic Games 开发,以其出色的可视化效果,高度可定制性和完整性而著称。UE 引擎具有强大的图形渲染引擎:使用先进的图形技术,如可编程着色器、光线追踪(Ray Tracing)等技术进行三维渲染。这可以让游戏开发者创建逼真的游戏世界,包括高品质的灯光系统、逼真的水和天空等。强大的物理引擎,可以模拟现实中物体的运动和碰撞。这使得游戏物品的动态效果变得更加真实。使用 Blueprint 系统,允许开发者在不需要编写代码的情况下创建交互式游戏逻辑。这个系统的强大之处在于它允许开发者轻松地组合既有的节点来创建新的游戏逻辑。UE 引擎还包含了一个强大的动画系统,使开发者能够创建逼真的角色动画。这个系统支持使用动画蓝图来创建动画状态机,提供了在角色过渡和插值方面的工具。人工智能(AI)系统来创建逼真的 NPC 行为。这个系统包括动态路径生成、人工智能感知系统和状态机等。同时,UE 引擎可以跨平台使用,支持 Windows、macOS、Linux、各种主流游戏主机、移动设备等多种平台。这意味着开发者只需要编写代码一次,就可以在多个平台上运行他们的游戏。总之,UE 引擎是一种功能强大、高度可定制的游戏开发引擎,可以满足各种游戏开发者的需求。它的易用性和广泛的平台支持使得开发者能够创建逼真、令人惊叹的游戏,从而打造最好的游戏体验。

Unity 是一种广泛用于游戏开发以及其他交互式数字媒体项目的引擎。它提供了许多功能,使用可视化编程工具,可以让开发者创建游戏逻辑和互动行为的脚本,而无需编写代码就可以发布到多个平台,包括 Windows,Mac,iOS,Android,WebGL 和控制台。使用现代图形技术,如前向渲染、延迟渲染、最新的中间件和增强现实引擎,以提供高质量的图形效果。同时,Unity 包括一个高度可定制的物理引擎,在游戏中处理物理交互和动画效果。一个高级音频引擎可用于在游戏中播放声音和音乐。开发者可以使用 Unity 的网络功能来构建多人游戏或增强单人游戏的在线体验。Unity 还包括对虚拟现实和增强现实应用的支持,允许开发者创建逼真的虚拟世界或增强真实世界的体验。包含各种 3D 和 2D 资源的大型资源库,供开发者使用,节省时间和成本。Unity 引擎是一个功能全面的工具,旨在帮助开发者创建高质量的游戏以及其他交互式数字媒体项目。它提供了许多工具和功能,以支持图形、音频和物理交互等各种方面的开发。

CryEngine 引擎具有先进的图形特效和物理引擎。它可以处理大量复杂的几何体和沉浸式 3D 图像以及高度逼真的物理模拟。物理引擎特别强大,可以模拟几乎任何自然现象,例如重力、流体动力学、碎片和动态液体模拟等。CryEngine 引擎是一种可移植的跨平台工具,这意味着它可以在各种计算机和设备上运行,从台式计算机到移动设备和云系统。这使得开发者能够开发适用于多个平台的游戏,并且可以轻松地调整和优化每个平台上的体验。CryEngine 引擎还具有先进的开发工具和资源管理器,这些工具可以帮助开发者快速构建和编辑内容,包括动画、声音和游戏世界。开发者还可以使用这些工具来实时修改和测试游戏,从而大大减少开发周期并提高效率。此外,CryEngine 引擎具有高度可定制性和开放式架构,这意味着开发者可以根据需要修改和扩展引擎的核心功能和模块,从而创建自己的定制解决方案。这种灵活性使 CryEngine 引擎成为开发复杂游戏的理想选择,并且与其他引擎相比更容易进行个性化定制。总之,CryEngine 引擎是一种功能强大、高度可移植、可定制和开放式的游戏引擎。它集成了先进的图形特效和物理引擎,具有先进的开发工具和资源管理器,同时还具有高度可定制性和灵活性,使得开发者可以轻松地构建复杂且高质量的游戏。

二、现有的编程语言

C++是一种面向对象的编程语言,它是在 C 语言基础上发展而来,具有许多先进的功能和特性。它是一种面向对象的编程语言,采用了面向对象的编程理念,即将数据和相应的操作方法封装在一起,以便实现更加模块化的代码设计。泛型编程是 C++语言的另一个重要特性,它允许开发者编写通用的代码,从而可以处理不同类型的数据。C++语言中的多线程编程功能使程序员能够实现并行计算,以提高程序的性能。运算符重载是 C++语言的一种强大的特性,它允许开发者重新定义运算符的含义,以适应不同的数据类型和操作。C++语言允许程序员直接管理内存,这意味着程序员可以更细致地控制程序的行为。C++语言的特性和功能都旨在提高程序的效率和性能。对于需要访问底层硬件或进行大量计算的应用程序而言,C++是一种非常有效的编程语言,具有良好的可移植性,这意味着在不同的平台上编写的程序可以不做修改地运行,这对于跨平台应用程序开发非常重要。C++是一种功能强大的面向对象编程语言,具有许多吸引开发者的特性和功能。通过使用 C++语言,程序员可以实现高性能的应用程序,并且可以更细致地控制程序的行为,以适应不同的需求。此外,C++语言还具有可移植性的好处,使得它成为跨平台应用程序开发的理想选择。

C#是一种现代化的、面向对象的编程语言,由微软公司开发和维护,被广泛用于 Windows 桌面应用程序、游戏开发、Web 应用程序、移动应用程序和云服务等领域。C#是一种强类型的编程语言,它支持现代化的面向对象编程方法,能够将复杂的程序设计问题分解为更小的问题,同时具备封装性,能够隐藏事物内部的细节,提高代码组织和安全性。C#的类型系统能够帮助开发者更好地管理程序中的各种数据类型和对象,避免出现类型不匹配的错误。同时,C#也提供了许多安全特性,以确保程序的可靠性和安全性,例如内存管理和异常处理。C#支持多线程编程,可以使用多个线程同时执行程序的不同部分,从而提高程序的性能和响应能力。同时,C#还具有异步编程的特性,可以使用异步方法来处理大量的I/O操作,使程序能够更好地响应客户端请求。C#的语法简单易学,具有可读性和易于维护的特点,使其成为适合初学者使用的编程语言。同时,C#也有丰富的集成开发环境和快速开发工具,例如Visual Studio,能够帮助开发者更高效地完成程序的开发和调试工作。C#提供了开源的.NET Core平台,支持在Windows、Linux和MacOS等不同操作系统上运行程序,拥有良好的跨平台能力。同时,C#还支持开放式的索引、扩展和自动生成代码,让开发者更容易地分享和重用代码,提高程序的效率和可读性。

Lua是一种轻量级、高效的解释性编程语言,最初由巴西里约热内卢天主教大学的一个小组开发,其设计旨在嵌入应用程序中作为脚本语言使用。Lua拥有简洁而强大的语法,同时提供了多种数据类型和API,以便程序员可以开发出高度灵活的应用程序和游戏。

Lua是一种动态类型的编程语言,它使用完全无类型的变量,这意味着常量和变量的值只在运行中才能被赋值和处理。它支持多种数据类型,包括布尔、数字、字符串、表、函数和线程等。布尔类型包含两个值:true和false;数字类型可以是浮点数或整数,支持所有常规数学运算,如加、减、乘、除等;字符串类型被处理为字节数组,提供了许多字符串相关的操作和函数。作为一种脚本语言,Lua在游戏设计和开发中得到了广泛应用。在Unity、Cocos2d-x和Corona SDK等游戏引擎中,Lua被广泛地使用作为游戏逻辑的实现。它的简单性和高度可定制性使得它成为开发者的选择。要使用Lua编程,需要在应用程序中包含Lua解释器。Lua提供了大量API,以便程序员可以轻松地添加自定义函数和类,甚至可以直接访问C和C++函数。此外,Lua还支持协程,提供了一种轻量级线程模型,使得开发者可以处理复杂的控制流程,创建具有高度响应性的应用程序。总之,Lua具有强大的功能和灵活的编程方式,可以被用于开发各种应用程序和游戏,为开发者提供了一个高度可定制的脚本语言,虽然它不像其他编程语言一样通用,但它在特定领域的高效性和可靠性使它成为一种非常有用的语言。

参考文献

[1] 周玉芳,余云智,翟永翠. LVC仿真技术综述[J]. 指挥控制与仿真,2010,32(04):1-7.

[2] 杨芸,胡建军,李京伟. LVC训练体系建设发展现状及关键技术[J]. 兵工自动化,2023,42(01):4-15.

[3] 李润泽,肖飞,常智超,等. 面向航空保障系统LVC仿真的虚实交互设计[C]//中国仿真学会. 第三十四届中国仿真大会暨第二十一届亚洲仿真会议论文集. 2022:937-941.

[4] 周恩玲,李革,杨中华. 基于LVC的设备仿真联合仿真试验平台设计与实现[C]//中国自动化学会系统仿真专业委员会,中国仿真学会仿真技术应用专业委员会. 第23届中国系统仿真技术及其应用学术年会(CCSSTA23rd 2022)会议论文集. 合肥工业大学出版社,2022:132-135.

[5] 邓旭,李灿晗,穆富岭,等. LVC仿真联合仿真通用数据交换仿真配试系统设计[J]. 系统仿真技术,2022,18(03):209-214.

[6] 李进,王岩,杨秋辉,等. 基于LVC的仿真联合试验任务支撑平台总体设计[C]//国防科技大学系统工程学院. 第四届体系工程学术会议论文集——数字化转型中的体系工程. 2022:103-108.

[7] 张远,宋洁. 舰载对空多设备协同LVC仿真试验方法[J]. 计算机测量与控制,2022,30(09):249-254.

[8] 苏千叶,王成飞. 基于LVC仿真的海军训练体系研究[J]. 指挥控制与仿真,2022,44(05):107-111.

[9] 杜楠,彭文成,谭亚新. 基于SAAS的LVC装备试验资源实时调度模型研究[J/OL]. 系统工程与电子技术:1-11[2023-06-02]. http://kns. cnki. net/kcms/dera il/11. 2422. TN. 20220328. 014. html.

[10] 庞维建,李辉. LVC仿真集成技术发展趋势研究[C]//中国仿真学会. 第三十三届中国仿真大会论文集. 2021:32-36.

[11] 徐强,金振中,杨继坤. 基于LVC的水面舰艇训练试验环境构设研究[J]. 舰船电子工程,2021,41(09):157-160.

[12] 杜楠,谭亚新,冯斌. 基于对象元模型的LVC实验资源服务化方法研究[J]. 系统仿真学报,2022,34(08):1834-1846.

[13] 王斌,张志勇,文豪. 刍议"网络+LVC"模式下轻设备射击训练[J]. 海仿真救援程大学学报(综合版),2021,18(01):84-87.

[14] 高昂,董志明,李亮,等.面向 LVC 训练的蓝方虚拟实体近距空战决策建模[J].系统工程与电子技术,2021,43(06):1606-1617.

[15] 邓青,施成浩,王辰阳,等.基于 E-LVC 技术的重大综合灾害耦合情景推演方法[J].清华大学学报(自然科学版),2021,61(06):487-493.

[16] 冯琦琦,董志明,贾长伟,等.面向 LVC 仿真的多层分级时间管理方法研究[J].计算机仿真,2020,37(12):1-4.

[17] 李超,朱宁,吴正雄,等.基于 LVC 仿真的资源描述方法与规范研究[C]//中国自动化学会专家咨询工作委员会,中国计算机系统仿真应用工作委员会,中国仪器仪表学会产品信息委员会,北京国信融合信息技术研究院.2020 中国系统仿真与虚拟现实技术高层论坛论文集.2020:215-219.

[18] 刘怡静,李华莹,刘然,等.LVC 空战演训系统发展研究[J].飞航导弹,2020(12):55-60.

[19] 王晓路,贾长伟,刘闻,等.体系级 LVC 仿真集成技术研究[C]//中国仿真学会.2020 中国仿真大会论文集.2020:358-364.

[20] 白爽,洪俊.美国政府面向 LVC 仿真联合训练的技术发展[J].指挥控制与仿真,2020,42(05):135-140.

[21] 冯琦琦,蔡卓函,先大蓉.军用 LVC 仿真技术的发展研究[J].价值工程,2020,39(27):176-179.

[22] 周进登,宋健,刘影,等.美国政府 LVC 建设梳理及对我军仿真建设的启发[J].网信军民融合,2020(08):45-48.

[23] 吴金平,陆铭华,薛昌友.潜艇训练系统 LVC 一体化仿真设计与引擎实现[J].系统仿真学报,2021,33(07):1647-1653.

[24] 王东昊.LVC 资源组件生成工具开发[D].哈尔滨:哈尔滨工业大学,2020.

[25] 高昂,董志明,张国辉,等.LVC 训练系统中计算机生成个体生成技术研究[J].系统仿真学报,2021,33(03):745-752.

[26] 高昂,董志明,郭齐胜,等.分队 LVC 决策训练虚实实体配置研究[J].系统仿真学报,2021,33(04):982-994.

[27] 董志明,高昂,郭齐胜,等.基于 LVC 的体系试验方法研究[J].系统仿真技术,2019,15(03):170-175.

[28] 赵严冰,崔连虎.基于 LVC 的舰艇电子仿真训练反导能力试验研究[J].舰船电子工程,2019,39(07):161-165.

[29] 杨晓岚,陈splash,张翠侠,等.基于 LVC 的试验鉴定支撑平台构建方法研究[C]//中国指挥与控制学会.第六届中国指挥控制大会论文集(上册).电子工业出版社,2018:534-536.

[30] 罗永亮,张珺,熊玉平,等.支持 LVC 仿真的航空指挥和保障异构系统集成技术[J].系统仿真学报,2017,29(10):2538-2541.

[31] 张衡.基于 DDS 的 LVC 实时互联及变步长仿真技术研究[D].长沙:国防科技大学,2017.

[32] 周小媛.基于 LVC 的多分辨率模型聚合解聚关键技术研究[D].长沙:国防科技大

学,2017.

[33] 许雪梅.分布式LVC仿真联合试验环境构建[J].遥测遥控,2017,38(04):58-63.

[34] 孟宪国,蒋旭,邸彦强,等.一种基于模板的LVC仿真系统空情信息互操作方法研究[J].军械工程学院学报,2017,29(02):62-66.

[35] 涂亿彬. LVC仿真联合试验体系结构及关键技术研究[D].长沙:国防科技大学,2016.

[36] 徐鸿鑫.基于LVC的仿真联合仿真试验与技术研究[D].长沙:国防科技大学,2015.

[37] 蔡继红,卿杜政,谢宝娣.支持LVC互操作的分布式仿真联合仿真技术研究[J].系统仿真学报,2015,27(01):93-97.

[38] 董志华,朱元昌,邸彦强.基于网关的LVC互操作研究[J].军械工程学院学报,2014,26(04):51-55.

[39] 董志华,朱元昌,邸彦强.广域网环境下创建LVC仿真环境技术的分析与比较[J].火力与指挥控制,2014,39(08):1-4.

[40] 胡鹏,沈建京,郭晓峰.基于本体的LVC仿真联邦构建技术[J].计算机工程与设计,2014,35(07):2487-2493.

[41] 马能军,王丽芳.分布式LVC仿真系统关键技术研究[J].微电子学与计算机,2014,31(07):32-36.

[42] 张昱,张明智,胡晓峰.面向LVC训练的多系统互联技术综述[J].系统仿真学报,2013,25(11):2515-2521.

[43] 王志佳,郝建国,张中杰,等.基于实时仿真代理的异构LVC系统集成研究[C]//中国自动化学会控制理论专业委员会,中国系统工程学会.第三十二届中国控制会议论文集(F卷).2013:387-392.

[44] 陈春鹏.基于ADS的仿真体系结构及其在EW靶场的应用[J].指挥控制与仿真,2010,32(06):65-69.

[45] 周玉芳,余云智,翟永翠.LVC仿真技术综述[J].指挥控制与仿真,2010,32(04):1-7.

[46] 孟凡松,汪霖,陈科勋.基于BOM的LVC仿真资源互操作实现[J].科技通信技术,2009,30(02):75-79.

[47] 王鹏.虚实结合的设备试验方法的若干技术研究[D].长沙:国防科技大学,2018.

[48] 程路尧.试验训练一体化仿真建模研究[J].计算机与数字工程,2017,45(03):478-481.

[49] 朱双华.基于虚拟化的大规模试验环境构建技术研究[D].南京:东南大学,2015.

[50] 向杨蕊,姜守达,宋国东.虚实合成试验环境运行支撑软件的性能测试研究[J].黑龙江大学工程学报,2013,4(01):88-91.

[51] 王西宝.设备仿真联合仿真试验关键技术研究[D].长沙:国防科技大学,2017.

[52] 彭春光,邓建辉,张博.设备测试真实-虚拟-构造仿真技术研究[J].兵工学报,2015,36(S2):118-123.

[53] 何晓骁."真实-虚拟-构造"仿真技术发展研究[C]//中国航空工业集团有限公司防务生产与保障部,中国航空工业技术装备工程协会.2019航空装备服务保障与维修

技术论坛暨中国航空工业技术装备工程协会年会论文集.2019:342-345.

[54] 王玉龙,董志明,彭文成,等.基于融合先验信息的仿真交互可信度评估方法[J].装甲兵工程学院学报,2019,33(03):103-108.

[55] 邵延华,张铎,楚红雨,等.基于深度学习的YOLO目标检测综述[J].电子与信息学报,2022,44(10):3697-3708.

[56] 刘革平,王星,高楠,等.从虚拟现实到元宇宙:在线教育的新方向[J].现代远程教育研究,2021,33(06):12-22.

[57] 李柯泉,陈燕,刘佳晨,等.基于深度学习的目标检测算法综述[J].计算机工程,2022,48(07):1-12.

[58] 张珂,冯晓晗,郭玉荣,等.图像分类的深度卷积神经网络模型综述[J].中国图象图形学报,2021,26(10):2305-2325.

[59] 赵永强,饶元,董世鹏,等.深度学习目标检测方法综述[J].中国图象图形学报,2020,25(04):629-654.

[60] 陈彦斌,林晨,陈小亮.人工智能、老龄化与经济增长[J].经济研究,2019,54(07):47-63.

[61] 王毅星.基于深度学习和迁移学习的电力数据挖掘技术研究[D].杭州:浙江大学,2019.

[62] 崔雍浩,商聪,陈锶奇,等.人工智能综述:AI的发展[J].无线电通信技术,2019,45(03):225-231.

[63] 沈霞娟,张宝辉,曾宁.国外近十年深度学习实证研究综述——主题、情境、方法及结果[J].电化教育研究,2019,40(05):111-119.

[64] 张熠,钟菡,简工博.高速发展的人工智能会引发游戏行业失业潮吗?[N].解放日报,2023-04-12(005).

[65] 王远.人工智能在射击类电子游戏中的应用研究[D].郑州:华北水利水电大学,2021.

[66] 朱杰.基于Unity3D游戏人工智能的研究与应用[D].广州:广东工业大学,2020.

[67] 王宇轩.浅析游戏人工智能的发展与应用[J].科技传播,2019,11(02):125-126.

[68] 吴汉东.人工智能时代的制度安排与法律规制[J].法律科学(西北政法大学学报),2017,35(05):128-136.

[69] 王科俊,赵彦东,邢向磊.深度学习在无人驾驶汽车领域应用的研究进展[J].智能系统学报,2018,13(01):55-69.

[70] 李焜,李平,李立波.MOBA游戏人工智能的设计与实现[J].电脑与信息技术,2018,26(04):8-11.

[71] 李昊原.浅谈游戏人工智能关键技术与应用[J].数码世界,2018(05):449.

[72] 袁军.大型多人在线角色扮演游戏人工智能的设计及优化[D].武汉:华中科技大学,2018.

[73] 涂浩.游戏人工智能中寻路与行为决策技术研究[D].武汉:武汉理工大学,2017.

[74] 贾森浩.游戏人工智能中A*算法的应用研究[D].杭州:杭州电子科技大学,2017.

[75] 张岩.遗传算法在游戏人工智能中的应用概述[J].信息化建设,2015(10):307.

[76] 何赛. 游戏人工智能关键技术研究与应用[D]. 北京:北京邮电大学,2015.

[77] 余璞,祝忠明,邢万里. 游戏人工智能关键技术介绍[J]. 信息通信,2014(10):132.

[78] 李博. 游戏人工智能关键技术的研究[D]. 上海:上海交通大学,2011.

[79] 张子开. 游戏虚拟仿真人工智能中间件的设计与实现[D]. 上海:复旦大学,2011.

[80] 邹会来. 人工智能技术在游戏开发中的应用与研究[D]. 金华:浙江师范大学,2011.

[81] 余可春. 基于人工智能的计算机游戏软件开发技术研析[J]. 软件,2022,43(10):39-41.

[82] 李俊. 神经网络及遗传算法在飞行射击游戏中的应用[J]. 电脑编程技巧与维护,2022(06):133-135.

[83] 李俊平. 人工智能技术的伦理问题及其对策研究[D]. 武汉:武汉理工大学,2013.

[84] 周飞,李久艳. 人工智能在游戏开发中的应用现状和展望[J]. 中国管理信息化,2020,23(23):183-185.

[85] 张浩,吴秀娟. 深度学习的内涵及认知理论基础探析[J]. 中国电化教育,2012(10):7-11.

[86] 孙志军,薛磊,许阳明,等. 深度学习研究综述[J]. 计算机应用研究,2012,29(08):2806-2810.

[87] 杨传宇. 基于人工智能的游戏智能体行为决策[D]. 杭州:浙江工业大学,2020.

[88] 邹蕾,张先锋. 人工智能及其发展应用[J]. 信息网络安全,2012(02):11-13.

[89] 毛健,赵红东,姚婧婧. 人工神经网络的发展及应用[J]. 电子设计工程,2011,19(24):62-65.

[90] 许心怡,吴可仲. 游戏引擎拓写现实:Unity 如何构建智慧城市? [N]. 中国经营报,2023-03-27(B16).

[91] 薛精华. 游戏引擎技术与电影虚拟影像创作新机制[J]. 电影文学,2023(03):15-20.

[92] 许心怡,吴可仲. Unity 拆分中国业务:纵向深挖游戏引擎市场[N]. 中国经营报,2022-08-29(B18).

[93] 张琛,贺彪,郭仁忠,等. 倾斜摄影三维模型 Unreal Engine 4 渲染的数据转换方法[J]. 武汉大学学报(信息科学版),2023,48(04):514-524.

[94] 张明,郭亮,张蜀军,等. 耦合 GIS 和游戏引擎的数字孪生系统构建与实现[J]. 地理空间信息,2022,20(05):116-120.

[95] 陈凌超. 3D 游戏引擎构架及游戏动画渲染技术分析[J]. 中国新技术新产品,2022(01):16-18.

[96] 杨一. 公路工程 BIM 设计与游戏引擎可视化交互应用研究——以汶川至马尔康高速公路汶川枢纽互通式立交 BIM 咨询服务项目为例[J]. 四川水泥,2021(10):207-208.

[97] 吴扬飞. 基于游戏引擎的 VR 游戏开发之场景美术设计浅析[J]. 现代信息科技,2021,5(18):102-105.

[98] 李耀羲. Unity3d 人物追逐手机游戏的设计与实现[J]. 福建电脑,2021,37(07):91-93.

[99] 乔彬. 当代建筑学的虚拟特征初探[D]. 南京:东南大学,2021.

[100] 宋昀. 面向游戏引擎 WEB GIS 倾斜摄影三维数据可视化优化方法[D]. 福州：福建师范大学，2021.

[101] 章国雁. 基于游戏引擎的第三人称射击类案例制作解析[J]. 安徽职业技术学院学报，2021，20(01)：29-32.

[102] 陈煦予，张正，李佳一. 基于游戏引擎的情景化数字展示设计[J]. 时尚设计与工程，2021(01)：1-5.

[103] 李悦乔，邹昆，黄燕挺，等. 基于工作过程系统化的“游戏引擎应用开发”课程改革探索与实践[J]. 教育教学论坛，2020(43)：150-151.

[104] 田杰仁. 基于实时分析的城市建筑环境动态模拟研究[D]. 南京：东南大学，2020.

[105] 陈磊. 基于三角剖分的寻路算法在 Unreal 游戏引擎中的实现[J]. 电子世界，2020(10)：190-191.

[106] 刘珊珊. 使用 UE4 游戏引擎构建虚拟校园动画漫游[J]. 工业建筑，2020，50(04)：197.

[107] 岳天赐. 简析 3D 游戏引擎的优点[J]. 山西青年，2020(08)：289.

[108] 张文启. 游戏引擎在游戏开发中的应用分析[J]. 数码世界，2020(03)：56.

[109] 段中原，刘馨予. 虚拟现实语境下三维游戏引擎对动画制作技术的应用性探究[J]. 科技传播，2020，12(02)：144-145.

[110] 赵峰辉. 浅析游戏引擎中的实时特效渲染[J]. 数码世界，2020(01)：107-108.

[111] 邓益平. 面向游戏引擎的内容编辑与渲染技术应用[J]. 广东省：广州硕星信息科技股份有限公司，2019-07-24.

[112] 陈俊龙. 虚幻 4 引擎在数字艺术领域的应用研究[D]. 南京：南京艺术学院，2019.

[113] 马力. 基于 Unity3D 旅行故事游戏软件设计与实现[D]. 武汉：华中科技大学，2019.

[114] 邵兵，阚旭阳. 论游戏引擎对游戏总体效果的影响[J]. 艺术品鉴，2018(36)：131-132.

[115] 胡海，王芳. 基于 Box2D 引擎的物理仿真课件设计与实现——以“测量平均速度”为例[J]. 物理通报，2021(05)：122-125.

[116] 常鹏，王国庆，卢化龙，等. 基于半物理仿真的四轴加工中心虚拟实训系统[J]. 实验室研究与探索，2018，37(11)：117-120.

[117] 司晨. 三维管线自动生成与物理仿真研究[D]. 青岛：中国海洋大学，2013.

[118] 谭立国，陈岳林. 基于 Box2D 的高中物理仿真系统的设计研究[J]. 学园(教育科研)，2012(09)：11.

[119] 黄立. 机器人建模与仿真系统研究与实现[D]. 杭州：浙江大学，2011.

[120] 秦丹. 基于 3D 的多移动机器人仿真系统的研究与设计[D]. 广州：华南理工大学，2010.

[121] 田超，张文俊，张小凤，等. 基于物理引擎三维物理仿真实验的实现方法[J]. 微型电脑应用，2010，26(02)：26-29+5.

[122] 谷宁. 基于刚体特性的物理仿真引擎的设计与实现[D]. 长春：东北师范大学，2009.